中国轻工业"十四五"规划立项教材

印刷设备与控制原理

罗运辉　主　编

王　庆　徐倩倩　副主编

武吉梅　主　审

U0205950

中国轻工业出版社

图书在版编目（CIP）数据

印刷设备与控制原理/罗运辉主编. —北京：中国轻
工业出版社，2023.8

ISBN 978-7-5184-4430-4

Ⅰ.①印… Ⅱ.①罗… Ⅲ.①印刷—设备—控制系统
Ⅳ.①TS803.6

中国国家版本馆 CIP 数据核字（2023）第 087370 号

责任编辑：杜宇芳　　责任终审：张乃东
文字编辑：王晓慧　　责任校对：吴大朋　　封面设计：锋尚设计
策划编辑：杜宇芳　　版式设计：霸　州　　责任监印：张　可

出版发行：中国轻工业出版社（北京东长安街6号，邮编：100740）
印　　刷：三河市万龙印装有限公司
经　　销：各地新华书店
版　　次：2023 年 8 月第 1 版第 1 次印刷
开　　本：787×1092　1/16　印张：14.75
字　　数：355 千字
书　　号：ISBN 978-7-5184-4430-4　定价：59.80 元
邮购电话：010-65241695
发行电话：010-85119835　传真：85113293
网　　址：http://www.chlip.com.cn
Email：club@ chlip.com.cn
如发现图书残缺请与我社邮购联系调换
211408J1X101ZBW

前　　言

现代印刷设备种类繁多，功能多样，是印刷、包装工业的基础。作为复杂的自动机械，印刷设备一般包含着众多的功能部件和运动机构，以及不同程度的软硬件控制系统。随着社会发展和科技进步，这些设备的结构和功能也不断在演进，不断地有新的技术成果应用于其中。本书以传统印刷机械为主，针对常用平版、凸版、凹版、孔版、数字印刷机，以及常用印前及印后加工设备，介绍它们的基本组成，分析典型机构的工作原理；之后，在简单介绍印刷电气控制基本知识的基础上，讲解印刷设备中常用的检测与自动控制过程、计算机集成印刷过程。本书参阅了大量国内外教材和相关资料，汇总了编者多年的教学经验，融入了印刷技术的部分最新研究进展。

本书内容从结构上大体可分为两部分。第一部分从第一章至第八章，主要介绍了印刷机的概述知识及整体结构及传动（第一章、第二章）、单张纸平版胶印机的结构原理（第三章至第五章）、卷筒纸胶印机结构原理（第六章）、其他印刷机械结构原理（第七章，包括凸版、凹版、孔版及数字印刷机）、印前及印后主要设备结构原理（第八章，包括印前 DTP 及 CTP、印品表面整饰设备、书刊装订设备）。第二部分从第九章至第十三章，主要介绍电气控制基础（第九章，包括自动控制原理、计算机测控系统及常用电气元器件）、常用电动机及控制（第十章）、可编程控制器的原理及设计（第十一章）、印刷过程中典型的检测与控制系统（第十二章），以及印刷设备中的数字化及集成化简介（第十三章）。通过对本书内容的学习，学生将掌握典型印刷设备结构原理以及印刷电气控制基本原理，能培养印刷机械及电气控制系统的设计能力，具备一定的印刷机械故障及电气故障的分析、诊断及维修能力。

近年来，高等教育新工科建设不断深化，传统工科专业的升级改造也包括其中。本教材力求适应新的工程教育教学要求，在内容编排上配合构建印刷、包装工程人才新知识体系，在组织形式上适应工程教育"面向产出"的新模式，精简内容、重点突出，强调基础知识和基本原理，减少技术资料内容，配合 48 学时的课程教学。另外，近年来虚拟仿真、线上线下混合式教学迅速发展，要求教材也应适应和配合这些新的变化。为此，本书章节内容尽量模块化，以清晰阐明重点和难点为中心，适当穿插一些扩展学习内容，每章之后给出一些课后习题。本书配套有课件及电子资源，读者可以通过扫描封面的二维码联系编者获取。

本书可作为印刷工程、包装工程等相关专业的印刷设备课程教材，也可作为从事印刷包装行业工作的技术人员、涉足印刷设备相关工作的技术人员的参考资料，还适合作为需要对印刷设备基本结构和电气控制原理进行快速了解的专业人员的入门教程。

本书获齐鲁工业大学教材建设基金资助，由齐鲁工业大学罗运辉副教授担任主编，齐鲁工业大学王庆副教授、徐倩倩博士担任副主编。西安理工大学武吉梅教授担任本书主审，对本书进行了详尽的审校，并提出了非常中肯的修改意见。在此对武吉梅教授表示衷心的感谢！

　　由于编者水平有限，书中难免存在错误和疏漏之处，恳请读者批评指正。

罗运辉

2022 年 7 月 10 日

目　　录

第一章 概　　述

第一节　印刷设备的发展

一、印刷设备发展历程

大约在 1000 年前，我国发明了活字印刷术。从泥活字、木活字到铜活字，中国对世界印刷的发展做出了贡献。但直到世界上第一台垂直螺旋手扳式印刷机问世，才标志着印刷开始步入机械化时代。1439 年，德国的谷登堡制造出木制凸版印刷机，这是一种垂直螺旋式手扳印刷机，虽然结构简单，但是沿用了 30 年之久；1812 年，德国的柯尼希制成第一台圆压平凸版印刷机；1847 年，美国的霍伊发明轮转印刷机；1904 年，美国的鲁贝尔发明胶版印刷机。图 1-1 所示为早期的一种滚筒式平版印刷机。20 世纪 50 年代以前，传统的凸版印刷工艺在印刷业中占据统治地位，印刷机的发展也以凸版印刷机为主。但铅合金凸版印刷工艺存在劳动强度高、生产周期长和污染环境的缺点。从 20 世纪 60 年代起，具有周

图 1-1　带有急回曲柄装置的自动滚筒式平版印刷机

期短、生产率高等特点的平版胶印工艺开始兴起和发展，铅合金凸版印刷逐渐被平版胶印印刷所代替；软凸版印刷、孔版印刷、静电印刷、喷墨印刷等，在包装印刷、广告印刷方面也得到广泛应用。

世界印刷机械自 20 世纪 80 年代以来取得了较大的发展，大致经历了三个阶段：

第一阶段是 20 世纪 80 年代初至 20 世纪 90 年代初期，这一阶段是胶印印刷工艺发展的鼎盛时期。这一时期的单张纸胶印机最大印刷速度为 1000 印/h。一台四色印刷机印刷前的预调准备时间一般为 2h 左右。印刷机自动控制主要集中于自动给纸、自动收纸、自动清洗、墨色的自动检测及墨量自动调节，以及套准遥控等方面。这一时期除了单色、双色机外，每个单张纸胶印机制造厂商几乎都还具有四色机的制造能力，多数制造商都能够制造纸张翻转机构，用于双面印刷。

第二阶段是 20 世纪 90 年代初至 20 世纪末，国际上印刷机械设计与制造水平向前迈进了一大步。以单张纸胶印机为例，与第一阶段的机型相比，新一代机型的速度进一步提高，由 1000 印/h 提高到数千印/h，印前预调时间也由 2h 左右缩短为 15min 左右。机器的自动化水平和生产效率提升较大。

进入 21 世纪以来，印刷机械迎来第三个发展阶段。目前，单张纸胶印机的某些机型可以达到 17000~18000 印/h。但制造厂商并不极力追求印刷机最大印刷速度的提高，而

是通过信息技术的应用，进一步缩短印前准备时间和印刷活件更换时间，追求更高的生产效率、更好的印刷质量。在印刷机械自动化方面，网络化、生产集成化、数字化工作流程与管理信息系统（MIS）的连接等技术成为开发的重点。此外，为了适应人们对高档彩色印刷品的需求，8 色组甚至 10 色组的多色组双面印刷（图 1-2）、附加联机印后加工功能成为各类单张纸胶印机的开发趋势。近年来，随着社会发展需求变化，便捷快速的数字印刷越来越受到重视，数字印刷设备的开发和应用发展迅猛。

图 1-2　典型多色印刷机

中国印刷机械制造业是在模仿国外先进机型和吸收国外先进技术的基础上发展起来的，迄今已取得了较大的发展成就。但从行业整体发展水平来看，目前国内印刷机械行业仍落后于国际水平。在当前信息技术高速发展的时代背景下，我国印刷机械行业要借势奋起，向数字印刷、绿色印刷转型与发力。这是一项迫切的工程。

扩展学习：

查阅资料，了解国内外主要的印刷设备制造公司及其主要产品。

二、印刷设备技术发展趋势

印刷设备的系统结构一直在改进、发展，以单张纸胶印机为例，表 1-1 列出了近年来一些典型的结构改进及其特点。

表 1-1　　　　　　　　　　　　　单张纸胶印机系统结构改进

结构改进	特　点
无轴传动给纸机	飞达轴转动、输纸皮带运动、给纸台升降传动均采用独立电机驱动
高速飞达	采用共轭凸轮驱动递纸吸嘴运动，既保证了高速下分纸吸嘴与递纸吸嘴交接纸张的共同持纸时间，又确保了机械运动的准确性和稳定性
负压输纸	穿孔输纸皮带下的输纸板台带有与气腔相连的气孔，通过气泵抽气，使气腔形成负压，利用输纸皮带对纸张的吸力输送纸张
吸嘴数量增多	分纸吸嘴和递纸吸嘴从"两提两送"变成"四提四送"，或采用更多数量的吸嘴，保证了高速下的纸张准确分离和平稳输送，使给纸机适合更大变化范围的纸张
下摆组合前规	采用共轭凸轮驱动的下摆组合前规，有利于保证定位时间，满足高速下前规定位的稳定性
新型滚轮式侧拉规	在滚轮式侧拉规拉纸的同时进行双张检测，同时增加吸气装置防止纸张离开输纸板台前位置的变化
侧规伺服调节	利用遥控台自动设定功能，在纸张幅面变化时，通过伺服电机调整侧规的定位位置
下摆定心摆动递纸牙	利用异形传纸滚筒(非圆滚筒)配合下摆定心摆动递纸牙，有利于递纸牙尽早摆回取纸，提高递纸牙的稳定性，不必增大滚筒的空档
印刷滚筒"七点钟"排列	三个印刷滚筒排列呈"七点钟"形状（图 1-3），保证在压印滚筒与传纸滚筒交接时，橡皮滚筒与压印滚筒已完成印刷，提高印刷过程的平稳性，减少印刷品墨杠

续表

结构改进	特　点
印刷滚筒直径变化	压印滚筒采用倍径滚筒,有利于减少纸张的交接次数,提高套印精度,有利于降低滚筒的转速,提高印刷机的稳定性。滚筒曲率减小,适合更厚纸张的印刷
一体结构墙板	改变传统传动面、操作面与底座连接的墙板结构,采用传动面、操作面、底座一体的墙板结构,增加机器的稳定性
高精度主传动斜齿轮	提高主传动齿轮的运动精度、平稳性精度、接触精度和侧隙精度,利用斜齿轮的轮齿啮合性好、重合度大的优点,提高印刷机的运动精度和平稳性
组合轴承	利用滚动轴承的运转灵活性、滑动轴承的平稳性,组合制作成具有偏心特点的多环轴承(图 1-4),用于滚筒的支承、调压和离合压
防蹭脏护衬的压印滚筒	为了防止印刷时压印滚筒表面沾脏带来印刷品脏污,利用喷涂特殊防蹭脏护衬材料对印刷滚筒表面进行处理
共轭凸轮控制压印滚筒叼牙	采用共轭凸轮驱动压印滚筒叼牙的开闭,确保闭牙时间和叼牙叼力的稳定,如图 1-5 所示
输墨系统冷却	在墨斗辊、串墨辊等辊子内部通有循环冷却液,保证输墨系统温度恒定,有利于油墨的传递和转印
去纸毛纸粉的润湿装置	当印版上的纸毛纸粉影响印刷质量时,启动润湿系统的一套独立传动装置,使着水辊与印版滚筒产生速差,在不停机状态下,清除印版上的纸毛纸粉
新型收纸牙排	改进收纸牙排的结构,改变收纸牙排在高速移动时空气扰流对印张平稳性的影响,减少收纸过程中纸张出现的剧烈抖动,使收纸齐整

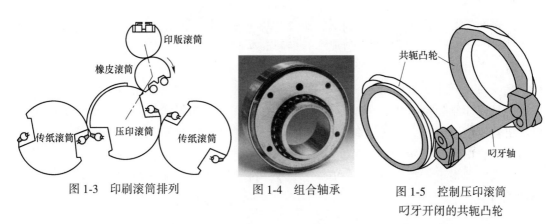

图 1-3　印刷滚筒排列　　　　图 1-4　组合轴承　　　　图 1-5　控制压印滚筒叼牙开闭的共轭凸轮

三、对印刷机的性能要求

印刷机是为实现一定的印刷工艺要求而设计制造的,必须具备一定的技术性能以实现其功能。从操作方面讲,一台高效的印刷机还需要操作者的精心操作和维护保养,它必须为人工操作和干预提供相应的条件。此外,印刷机的具体结构和印品质量要求、印刷适性有着密切关系。因此,印刷机通常有技术、使用、工艺等方面的性能需求。

1. 技术性能要求

(1) 套印准确　这是代表印刷机工作性能的主要指标之一。纸张的输送、交接和印刷等,不论是在低速还是在高速下,都应保证处于规定的位置上。对于要求较高的精细印品和彩色图像印刷,这一点更为重要。这要求印刷机的传动系统、纸张传递交接位置和时间，以及印版和压印机构的运动精度等都应达到一定的标准。

（2）墨色匀实　这是衡量印品质量的又一项指标。不论采用哪一种印刷方式，要印制墨色清晰牢实的印品，必须要求墨色均匀。因此，给墨装置需要足量而均匀地供墨，并且保持稳定；压印机构需要提供足够的印刷压力，保持充分的油墨转移。

（3）生产率高　印刷机的生产率一般以每小时印刷多少张印品作为衡量标准。印刷机的结构特点往往决定了其生产率的高低。当前，印刷机正向大型、高速化、轮转化、联动化的方向发展，以最大限度地提高生产率。

2. 使用性能要求

（1）经久耐用　要求机器具有较长的使用寿命，即印刷机经过长期使用还能保持其原有的精度。要实现这一点，主要需要做到：正确选择零件的材料和热处理工艺，以保证零件的耐磨性；提高传动系统的运动精度，各配合表面有正确的几何形状精度以及恰当的配合间隙；使用中应注意保养机器，保持良好而及时的润滑和维修。

（2）操作方便　在提高印刷速度及自动化程度的同时，要便于人工操作。印刷机一般占地面积较大，应设几套操纵盘，以保证操作者在每个主要工作位置都能进行操作。各操纵盘要符合人的动作习惯，工作位置应方便观察、易于靠近等。

（3）安全可靠　为了保证操作人员的人身安全和设备安全，在印刷机上除附有安全保护装置外，还应设有安全保险装置，一旦机器发生故障便能自动停机。

3. 工艺性能要求

印刷机在满足工作要求的前提下，要力求其结构简单、紧凑，具有良好的加工装配工艺性，便于维护保养，以降低制造成本和维修成本。

需要指出的是，上述各项要求往往是彼此制约、互相矛盾的。套印准确和提高速度往往是一对矛盾体。纸张快速而准确的交接和输送、油墨的快速干燥、运动部件的平稳性等都与印刷速度有关，但高速使套准不易保证，而如果增加一些辅助装置，又会提高机器的制造成本。另外，结构复杂程度与提高自动化水平之间、印刷速度与使用寿命之间也都存在一定矛盾。因此，只能把上述要求作为分析问题的出发点，在满足基本要求的前提下，抓主要矛盾和薄弱环节，科学地、务实地解决印刷机研发中的冲突和矛盾。

第二节　印刷设备的分类及命名

一、印刷机的分类与组成

印刷机的类型多种多样，不同的分类方式对应不同的印刷机类型。例如，按照印版和压印面的结构形式，可分为为平压平、圆压平、圆压圆印刷机（图1-6）；按同时可印刷的面数，可分为单面、双面、可翻面印刷机；按照印刷色数分类，可分为单色、双色、四色、多色印刷机；按照印版类型可分为凸版、平版、凹版、孔版印刷机；按照纸张类型可分为单张纸印刷机、卷筒纸印刷机；按照承印物材料可分为纸张印刷机、塑料薄膜印刷机、金属印刷机等。

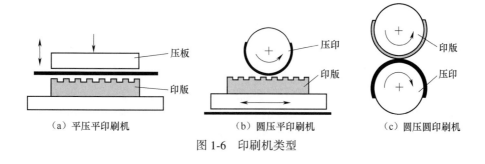

（a）平压平印刷机　　　　（b）圆压平印刷机　　　　（c）圆压圆印刷机

图 1-6　印刷机类型

二、印刷机型号与命名

印刷机命名是指用字母和数字表示印刷机名称及型号特点。迄今为止，涉及国产印刷机命名和型号编制的标准主要有：JB/Z 106—1973、JB 3090—1982、ZBJ 87007.1—1988、JB/T 6530—1992、JB/T 6530—2004、JB/T 6530—2018。下面逐一进行简要介绍。

1. JB/Z 106—1973

此标准于 1973 年 7 月 1 日实施，1983 年 1 月 1 日废止。此标准将印刷机型号分为基本型号和辅助型号两部分。基本型号采用印刷机分类名称汉语拼音第一个字母来表示；而辅助型号则包括机器的主要规格（如纸张幅面、印刷色数等）和顺序号。纸张幅面用数字表示（1 代表全张纸，2 代表对开纸，4 代表四开纸，8 代表八开纸）。单面印刷不标注，双面印刷用 S 表示。印刷色数用数字表示（1 代表单色，2 代表双色，以此类推）。产品的顺序号用 01、02、03 等表示。如在顺序号后面加字母 A、B、C 等，表示改进次数，即为第一次、第二次、第三次改进设计等。例如：

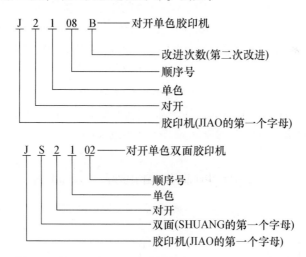

2. JB 3090—1982

此标准于 1983 年 1 月 1 日实施，1989 年 1 月 1 日废止。此标准将胶印机代表符号由"J"改为"P"（平版印刷机），同时用纸张宽度（例如 880mm）代替了纸张幅面（纸张开数）。此标准规定产品型号由主型号及辅助型号两部分组成。主型号一般按产品分类名称、结构特点、纸张品种、机器用途及自动化程度等顺序编制。辅助型号为产品主要性能规格及设计顺序。主型号均采用汉语拼音字母表示，辅助型号中性能规格用数字表示，设计顺序采用字母 A、B、C 等表示。例如：

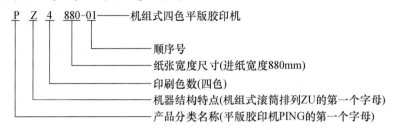

P Z 4 880-01——机组式四色平版胶印机
顺序号
纸张宽度尺寸(进纸宽度880mm)
印刷色数(四色)
机器结构特点(机组式滚筒排列ZU的第一个字母)
产品分类名称(平版胶印机PING的第一个字母)

3. ZBJ 87007.1—1988

此标准于 1989 年 1 月 1 日实施，1993 年 7 月 1 日废止。此标准的产品型号由以下 7 个方面组成，说明及示例如下：

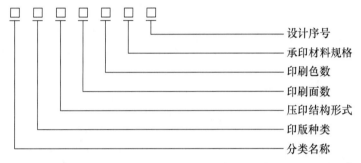

设计序号
承印材料规格
印刷色数
印刷面数
压印结构形式
印版种类
分类名称

① 分类名称　如果是对印刷机进行型号编制，代号用印刷机拼音的第一个字母"Y"表示。

② 印版种类　如胶印机采用的是平版，用 PING 的第一个字母"P"表示。

③ 压印结构形式　对于胶印机，因采用圆压圆的压印方式极具普遍性，此位可以不表示。

④ 印刷面数　双面或可变双面印刷用"S"表示，单面印刷此位不标注。

⑤ 印刷色数　用数字 1、2、3、4、……，表示一次走纸单面印刷的色数，一面多色的印刷机用色数表示。

⑥ 承印材料规格　表示印刷机所能印刷的最大承印材料尺寸，单张纸用 A0、A1、A2、……或 B0、B1、B2、……表示，其中 A、B 代表 A、B 系列纸张规格。

⑦ 设计序号　表示改进设计的先后顺序，使用字母 A、B、C、……，第一次设计的产品不表示。

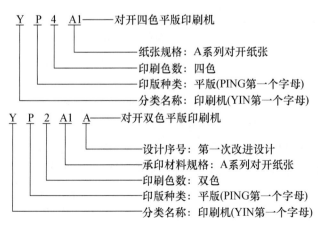

Y P 4 A1——对开四色平版印刷机
纸张规格：A系列对开纸张
印刷色数：四色
印版种类：平版(PING第一个字母)
分类名称：印刷机(YIN第一个字母)

Y P 2 A1 A——对开双色平版印刷机
设计序号：第一次改进设计
承印材料规格：A系列对开纸张
印刷色数：双色
印版种类：平版(PING第一个字母)
分类名称：印刷机(YIN第一个字母)

4. JB/T 6530—1992

此标准名称为《印刷机产品型号编制方法》，于 1993 年 7 月 1 日实施，2005 年 4 月 1 日废止。此标准与 1988 年标准基本相同，仅有三个方面的变化：

① 用"S"表示双面印刷机或单双面可变印刷机，单面印刷机不表示；而且，卷筒纸及其他卷材类双面印刷机在印刷面数这一位也不表示。

② 单色印刷机在印刷色数这一位不表示。

③ 设计序号这一位上，改进设计的字母也可表示第二个厂家开发的产品。

例：

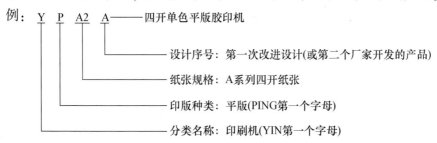

该印刷机采用圆压圆型压印结构形式、单面单色印刷，所以第三、四、五位均不表示。

5. JB/T 6530—2004

此标准名称为《印刷机　产品型号编制方法》，于 2005 年 4 月 1 日实施，2018 年 12 月 1 日废止。此标准与 1988 年标准有较多相同之处，仍分别有分类名称、印版种类、压印结构形式、印刷面数、印刷色数、承印材料规格和设计序号七项内容，但增加了第八项特殊功能项目代号。此外在细节上有以下变化：

① 将印版种类中的凸版分成了两类，用硬版（T）和柔版（R）表示。

② 对承印材料规格中单张纸非标准纸张规格，采用以 mm 为单位的数字表示。

③ 特殊功能代号，企业可以自己编写。

例：

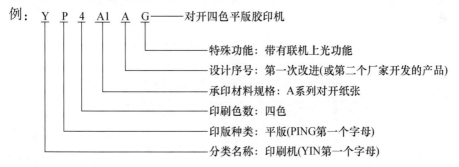

6. JB/T 6530—2018

此标准名称为《印刷机产品命名与型号编制方法》，于 2018 年 12 月 1 日实施，为现行的行业标准。

此标准规定各类印刷机的代号应采用该类印刷机汉语拼音的第一个字母表示：对于用一个字母无法表示清楚或不能概括该印刷机类型的印刷机，可采用有代表性的简化称谓的两个字母表示，代号均用大写字母表示。印刷机类别及其代号应符合表 1-2 的规定，对于表 1-2 之外的特殊类型的印刷机以及其他数字印刷机宜也按上述规定编写印刷机的代号，比如：盲文印刷机（MW）、票据印刷机（PJ）、表格印刷机（BG）、标签印刷机（BQ）。

表 1-2 印刷机类别代号一览表

印刷机类别	平版印刷机	凸版印刷机		凹版印刷机	孔（网）版印刷机	喷墨数字印刷机	静电成像数字印刷机	组合印刷机	凸版胶印机	移印机
		硬版	柔版							
代号	P	Y	R	A	K	PM	JD	见表注	TJ	YY

注：对于组合印刷机，宜按印刷的先后顺序，在各类印刷代号之间用斜划线"/"隔开表示（比如"柔印/平印"，表示成 R/P）。

（1）印刷机产品命名 此标准规定印刷机产品命名应使用规范中文表示。对于型号中未表示出的而需要特别说明的其他技术特征或承印材料类型，在产品类别名称前可作为产品全称的一部分表示出来。对单张料（纸）印刷机，在产品名称中应增加承印材料的名称，且位于印刷机类别名称之前。对于专门用途的印刷机，可将其特点表示出来，比如：标签印刷机、票据印刷机、表格印刷机。

该标准要求产品名称的表述按照下列顺序进行编排：自动化程度—承印材料类型—型号中未表示出的而需要特别说明的其他技术特征或专门用途—印刷机类型。具体内容包括：

① 自动化程度：手动、半自动机型应注明，全自动机型不用表示。

② 承印材料类型：单张料（纸）、卷筒料（纸）对于不需要注明承印材料类型的机型可以省略。

③ 其他技术特征或专门用途：电子轴传动、紫外线固化等以及不干胶标签、表格、书刊、陶瓷砖玻璃等。

（2）印刷机产品型号 该标准要求产品型号应表达出印刷机所属类别以及承印材料最大宽度。产品型号的组成应力求简明。在不同产品能够明确区分的前提下，应尽量减少型号的字母个数。产品型号中的字母和数字，其字体大小应一致，字母均应采用大写印刷体表示，不应使用角注和脚注。产品型号应由基本型号和辅助代号构成。

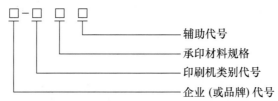

基本型号中，企业（或品牌）代号宜由 2～4 个大写字母表示，为企业名称（或品牌）的简化称谓的开头字母。印刷机类别代号应按表 1-2 的规定。承印材料规格是指印刷机能印刷的承印材料的最大尺寸。对于单张印刷机应使用最大宽度，必要时可使用"最大宽度×最大长度"；对于固定裁切的卷筒料（纸）印刷机应使用"最大宽度裁切尺寸"；对于可变裁切的卷筒料（纸）印刷机应使用"最大宽度裁切尺寸范围"；对于直接复卷的卷筒料（纸）印刷机应使用"最大宽度"。

辅助代号宜按以下顺序进行选择：

① 印刷机型式（机组式 Z、层叠式 C、卫星式 W、间歇式 J）。

② 印刷色数（用阿拉伯数字 1，2，3……表示），并且要在印刷色数之前加短

划线"–"。

③附加功能（模切 M、自动检测 J、烫印 T、上光 G、分切 F 等），并且要在功能代码之前加短划线"–"；对于两个以上的附加功能，各附加功能之间用斜划线"/"隔开。

④改进顺序（依次用 A、B、C、D、……），并且要在顺序字母之前加双斜划线"//"。

例1：卫星式柔版印刷机

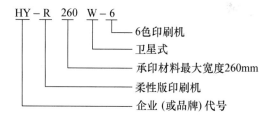

```
HY－R  260  W－6
                  └─ 6色印刷机
              └───── 卫星式
        └─────────── 承印材料最大宽度260mm
    └─────────────── 柔性版印刷机
└─────────────────── 企业（或品牌）代号
```

例2：卷筒料间歇式平版印刷机

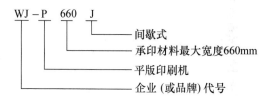

```
WJ－P  660  J
              └─ 间歇式
        └─────── 承印材料最大宽度660mm
    └─────────── 平版印刷机
└─────────────── 企业（或品牌）代号
```

例3：电子轴传动凹版印刷机

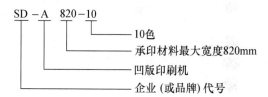

```
SD－A  820－10
                └─ 10色
        └────────── 承印材料最大宽度820mm
    └────────────── 凹版印刷机
└────────────────── 企业（或品牌）代号
```

例4：软管凸版胶印机

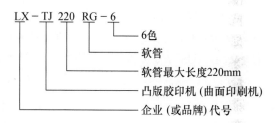

```
LX－TJ  220  RG－6
                    └─ 6色
                └────── 软管
          └──────────── 软管最大长度220mm
      └──────────────── 凸版胶印机（曲面印刷机）
  └────────────────────── 企业（或品牌）代号
```

例5：停回转式网版印刷机

```
JB－K  1050  AG
                 └─ 加高改进型
          └────────── 承印材料最大宽度1050mm
      └────────────── 网版印刷机（孔版印刷机）
  └────────────────── 企业（或品牌）代号
```

例6：陶瓷砖喷墨印刷机

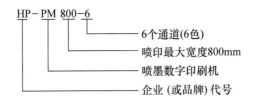

例 7：卷筒纸平版印刷机

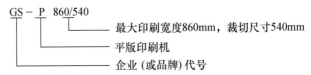

例 8：单张纸平版印刷机

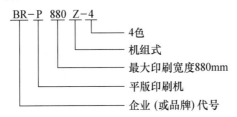

扩展学习：

国内印刷设备的型号是依据该设备生产时期所执行的相应国家标准或行业标准命名的。国外印刷机一般按照企业自行的规则进行命名，大部分采用"产商+系列+参数"的形式。请通过网络检索和学习，列出有代表性的国内外印刷机制造商生产的印刷机型号，在了解其特点和性能的基础上，说明其型号命名所代表的含义。

本章习题：

1. 简述印刷技术变化带来了哪些印刷设备的发展。
2. 国产印刷机型号编制经历了哪几项标准？
3. 目前中国印刷市场上主要的胶印机品牌有哪些？各有何特点？
4. 如果要购买单张纸平版胶印机，需要从哪些方面评价和考察？请查阅资料进行分析。

第二章 单张纸胶印机整体结构与传动系统

第一节 印刷机基本结构

一、印刷机械典型结构

印刷机械的种类繁多、用途各异，其组成也不尽相同。但总体来看，印刷机械主要由以下几部分组成：

1. 输纸系统

对于单张纸印刷机来说，主要由输纸头（飞达）、输纸板、给纸台组成。由于单张纸输纸系统需要将堆放在给纸台上的纸张进行分离和输送，还必须能够满足连续、快速印刷的需要。因此，输纸系统必须与印刷主机速度匹配，满足不停机连续工作等要求。

卷材类印刷机的承印材料是卷筒类型，在卷材的输送与控制上与单张纸有很大的差异。卷筒纸输纸系统由纸卷的安装、开卷、接纸、制动等装置组成，以保证纸带能够按照输纸要求连续不断地进入印刷装置。

2. 传纸系统

在进入印刷装置以前，单张纸印刷机的纸张要经过定位和传递。定位的作用是使输纸系统传递过来的每一张纸相对于印刷滚筒有确定的位置，通过定位装置中的前规和侧规，将每一张纸进行位置纠正和确定。传递的作用是将经过定位的纸张传递到高速运转的印刷滚筒上。为了保证传递质量，不破坏原有的定位精度，传递装置通常还是纸张的加速装置。

卷筒纸的展开通常依靠拉伸和引导系统。连续料带缠绕在料卷筒芯上，被固定在给纸系统的支撑轴上。大部分卷筒类印刷机主要采用驱动辊进行纸带拉伸和控制，使纸带获得必要和稳定的张力，维持纸带的正常印刷和印刷质量。引导系统则根据机器设计和印刷要求，支撑和牵引纸带沿规定的路线运行，可使纸带获得导向、翻转、平移和晾晒。

3. 印刷、涂布装置

印刷装置是印刷机械的核心。不同类型的印刷机械印刷装置的组成并不完全相同，一般主要由印刷滚筒部件、离合压部件和调压部件组成。凸版与凹版印刷机械都是由印版滚筒、压印滚筒组成，但其印版滚筒的结构形式却并不相同。平版印刷机械由印版滚筒、橡皮滚筒和压印滚筒组成，与其他印刷机械在印刷原理上有很大差异。离合压与调压装置虽然在各种不同的印刷机械上的表现形式不同，但其原理却基本相同。

与印刷装置原理相仿的涂布装置目前已经成为印刷机上的重要组成部分。涂布装置是将上光装置（相当于印刷装置的给墨部分）给予的涂布液，通过涂布滚筒（作用与印刷滚筒相同）传递到纸张上。涂布装置也需要与印刷装置原理和作用一样的离合压与调压装置。

4. 输墨、润湿和上光装置

输墨装置一般由供墨、匀墨、着墨三部分组成。供墨部分是为了保证墨斗中的油墨能够定时、定量地输送到匀墨装置而设置的；匀墨装置是将油墨打匀，并能合理分配墨路和墨流的大小；着墨装置可以保证印版获得均匀、适量的油墨，并与印刷离合压系统协调工作。不同印刷机械的输墨装置存在较大差异，如以网纹辊或刮墨刀为核心的短墨路输墨系统是柔性版印刷机械与凹版印刷机械的主要输墨方式，而孔版印刷机械的输墨装置则是采用刮墨与回墨装置，与其他设备的输墨系统完全不同。

润湿装置是平版胶印机独有的组成部分，它由保证印版获得定时、定量、均匀润湿液的供水、匀水和着水部分组成。近年来，润湿系统有了很大的变化，各种新型的润湿系统可以用更简单的装置获得更均匀的水膜，更方便、快捷，环保性更好。

上光装置是使涂布装置获得确定数量、均匀的涂布液的装置，其功能和原理与输墨装置相仿。上光装置通常使用与柔性版印刷机输墨系统类似的组成和结构。

5. 收纸装置

在单张纸印刷机械中，收纸装置必须满足快速、齐整、连续、不沾脏的收纸要求。其主要装置有印张传送、印张减速、印张防污与平整、印张齐平、收纸台等装置。

卷筒纸印刷机的收纸方式通常有裁单张、折页和复卷等方式。一般的商业印刷机带有模切、分切、裁单张、打孔、打垄、折页等一系列印后加工和处理装置；印刷报纸、书刊、杂志等类型印刷品的印刷机则要求能够联机裁切、折页、计数、堆积、打包等；印刷延展性材料的印刷机通常需要复卷装置，为其进一步加工打下基础。

干燥和冷却装置用于保证印刷品上的图文快速干燥、不被蹭脏，具有防止承印材料变脆的加热、固化装置和冷却、恢复装置。除非带有上光单元或采用 UV 油墨印刷，绝大多数单张纸平版印刷机不带有干燥装置，也不需要冷却装置。采用热固型印刷油墨的卷筒纸平版印刷机通常配有干燥和冷却装置。由于柔性版和凹版印刷机采用水性或挥发型溶剂油墨，均需要配备干燥装置。

二、单张纸胶印机结构组成

各种不同类型的印刷机各有特点，以典型的单张纸胶印机为例，主要由传动、给纸、定位、递纸、印刷、输墨、润湿（输水）、传纸、收纸等部分组成，各部分主要作用如下：

① 传动装置　将电机动力通过各种传动机构传递到各个印刷机组。

② 给纸装置　完成给纸台上单张纸的连续分离和输送。

③ 定位装置　对纸张进行位置确定，保证印刷图文在纸张上的位置正确。

④ 递纸装置　将定位后静止的纸张进行加速，在不破坏定位精度的前提下，传递给印刷装置。

⑤ 印刷装置　将印版上图文部分的油墨通过橡皮滚筒转移到压印滚筒表面的承印物上。

⑥ 输墨装置　为印版图文部分提供适量、均匀的胶印油墨。

⑦ 润湿装置　为印版非图文部分提供致密、均匀的润湿液，以防止非图文部分上墨。

⑧ 传纸装置　在多色印刷机中将纸张从一个机组传递到另一个机组进行印刷。

⑨ 收纸装置　将完成印刷后的印张从印刷单元传送到收纸台上，并整齐地堆叠成垛。

⑩ 控制系统　操作和运行整个印刷机，检测异常情况，控制设备正常运行；也包括印刷质量检测与控制等辅助系统。

思考：

卷筒纸印刷机的组成结构和单张纸印刷机可能有哪些不同?

第二节　印刷机传动系统

一、传动系统组成

1. 组成

按其本身的功能来看，印刷机是由三个部分组成的，即原动部分、传动部分、工作部分。传动部分连接原动部分和工作部分，将电动机输出的动力传递到印刷机的工作部分，同时由它实现减速（或增速）以及运动形式的转变，把电动机的输出功率和扭矩传递到执行机构上，使各执行机构实现预想的运动。执行机构利用获得的机械能来实现印刷机对承印物的印刷。

印刷机（包括单张纸印刷机和卷筒纸印刷机）墙板两侧分为操作面和传动面，操作面是操作人员控制印刷机的主要位置，设有印刷控制台或操作手柄，而大部分传动机构设置在传动面，如图2-1所示。

2. 对传动系统的要求

单张纸胶印机中印刷部件的运动，还有输水、输墨、给纸、收纸等部件的运动，其动力均来自传动系统。这些运动都是有机联系在一起的，必须保证各部件的协调与同步。目前，印刷机的传动部分普遍采用定传动比的

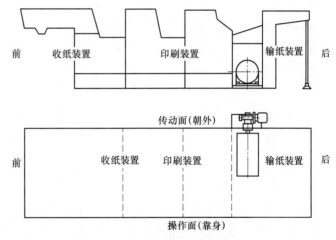

图 2-1　平版印刷机的传动面与操作面

齿轮传动和链传动，滚筒滚压时的纯滚动依靠齿轮节圆直径与滚筒直径相等来实现。

一般单张纸胶印机对传动系统有如下要求：

① 应有低速启动（速度在3000r/h左右）功能，以满足调版、试印刷等需要。

② 要有高印刷速度。启动速度到高速印刷速度之间应该是无级变速且调节要方便。

③ 有点动机构。由于在单张纸胶印机上要进行频繁的橡皮布清洗和印版擦拭操作，希望有低速（3～16r/min）爬行和点动机构。这样也能在装卸印版和橡皮布时相对保证安全。

④ 主传动减速机构应平稳，不得影响印刷质量。

二、典型传动系统

J2203A、J2205、J2108A（J2108B）型对开单张纸胶印机的传动系统与传动路线基本是一致的。图2-2为J2205型对开双色胶印机全机传动系统简图，全机各部分动力都是由主电机经过三角带轮、减速机构传给收纸滚筒，再分配到各部分的。整机传动按照如下五个方向运行：

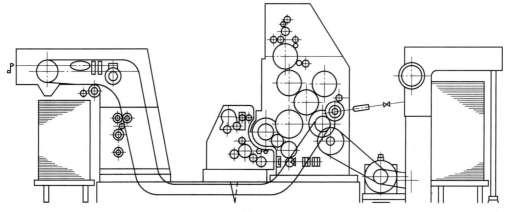

图 2-2　J2205 型对开双色胶印机传动系统

① 收纸滚筒→万向联轴节→输纸机。

② 收纸滚筒→压印滚筒→递纸牙轴。

③ 收纸滚筒→压印滚筒→上橡皮滚筒→上印版滚筒→上输墨、输水装置。

④ 收纸滚筒→压印滚筒→下橡皮滚筒→下印版滚筒→下输墨、输水装置。

⑤ 收纸滚筒→收纸链条→收纸台。

（一）J2205 型胶印机主传动

单张纸胶印机的整机运动一般从收纸滚筒（或传纸滚筒）开始，而将电机到收纸滚筒的传动称为主传动。图2-3所示为J2205型胶印机主传动系统的制动及低速转换。当主电机1运转时，电磁制动器8处于非制动状态，主电机通过带轮2、V带7及大带轮6驱动机器运转。此时电磁离合器10也处于断电离开状态。所以，主电机运转时对低速电机没有影响。需点动或低速运转时，电磁离合器10通电吸合，低速电机由减速器4以3.5r/min的转速经带轮5、V带11、带轮9、电磁离合器10、带轮2、V带7、带轮6传动使机器低速转动。同时，控制电路使主电机停止运转，此时，电磁制动器8仍处于非制动状态。

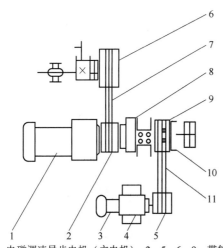

1—电磁调速异步电机（主电机）；2、5、6、9—带轮；
3—低速电机 M2；4—摆线针轮减速器；7、11—V带；
8—电磁制动器 YB；10—电磁离合器 YC。

图 2-3　J2205 型胶印机主传动系统的
制动及低速转换

当停车时，即切断主电机电源时，电磁制动器 8 随之通电制动，使机器迅速停止转动。

（二） J2205 型胶印机传动路线

J2205 型胶印机传动系统如图 2-4 所示。

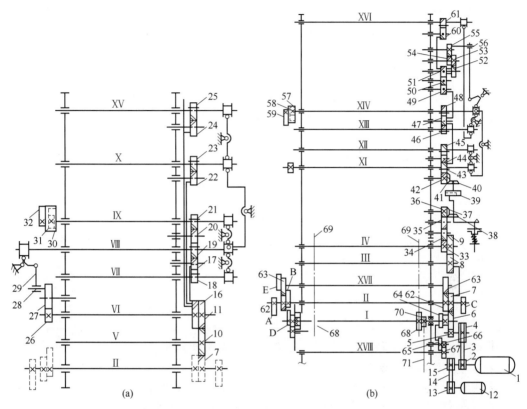

1、12—电机；2、4、13、15—带轮；3、14—V 带；5～11、16～27、30、31、33～36、42～55、57、58、60～64—齿轮；
28、56—曲轴；29—连杆；32、59—凸轮；37、38、40、41、65、66—锥齿轮；39—联轴器；
67—万向轴；68、70—链轮；69、71—链条；Ⅰ～ⅩⅧ—轴；A～E—凸轮。

图 2-4 J2205 型胶印机传动系统

1. 滚筒部件的传动

（1） 压印滚筒的转动 电机 1→带轮 2→皮带 3→带轮 4→齿轮 5→齿轮 6（收纸链轮轴 Ⅰ 转动）→齿轮 7→压印滚筒转动（Ⅱ轴）。

（2） 橡皮滚筒的转动 齿轮 7→齿轮 10→一色橡皮滚筒轴转动（Ⅴ轴）。

齿轮 7→齿轮 8→二色橡皮滚筒轴转动（Ⅲ轴）。

（3） 印版滚筒的转动 齿轮 7→齿轮 10→齿轮 11→一色印版滚筒轴转动（Ⅵ轴）。

齿轮 7→齿轮 8→齿轮 9→二色印版滚筒轴转动（Ⅳ轴）。

2. 输墨部分的传动

（1） 第一色组的输墨运动

① 墨辊的转动 印版滚筒轴端齿轮 16→齿轮 17→齿轮 18→下串墨辊轴Ⅶ转动。

齿轮 17→齿轮 19→中串墨辊轴Ⅷ转动。

齿轮 19→齿轮 20→齿轮 21→上串墨辊轴Ⅸ转动。

印版轴齿轮 16→齿轮 22→齿轮 23→下串墨辊 X 转动。

② 串墨辊的轴向串动　印版滚筒轴端齿轮 26→齿轮 27→曲轴 28、连杆 29→串墨辊轴 Ⅷ 轴向往复运动。

小串墨辊→另一端杠杆→两根下串墨辊和上串墨辊轴向往复运动。

③ 传墨辊的摆动　上串墨辊轴 Ⅸ→齿轮 30→齿轮 31→减速轮系→凸轮 32→传墨辊摆动。

（2）第二色组的输墨运动

① 串墨辊的转动　二色版滚筒轴 Ⅳ 转动→齿轮 33、34、35、36→圆锥齿轮 37、38→离合器 M（未示出）→联轴器 39→圆锥齿轮 40、41→齿轮 42→齿轮 43→中串墨辊转动（Ⅺ轴）。

齿轮 43→齿轮 44→齿轮 45→下串墨辊轴 Ⅻ 转动。

齿轮 43→齿轮 47→齿轮 46→下串墨辊轴 ⅩⅢ 转动。

齿轮 47→齿轮 48→上串墨辊轴 ⅩⅣ 转动。

② 串墨辊的串动　齿轮 47→齿轮 49→齿轮 50→齿轮 51、52（两齿轮固接）→齿轮 53→齿轮 54→齿轮 55→端面曲轴 56→杠杆机构→中串墨辊轴向串动→杠杆机构→上、下串墨辊串动。

3. 输水部件的传动

（1）一色串水辊的转动　齿轮 16→齿轮 24→齿轮 25→一色串水辊轴 ⅩⅤ 转动。

（2）二色串水辊的转动　齿轮 51→齿轮 60→齿轮 61→二色串水辊轴 ⅩⅥ 转动。

（3）传水辊的摆动　传水辊摆动由凸轮连杆机构带动，此处省略。

4. 其他辅助机构的传动

① 压印滚筒轴 Ⅱ 上的齿轮 62→齿轮 63→递纸牙轴 ⅩⅦ 两端的偏心轴承转动。

② 收纸链轮轴 Ⅰ 上链轮 70→链条 71→将运动传给给纸部件。

③ 收纸链轮轴 Ⅰ 上两个收纸链轮 68→链条 69→将运动传给收纸部件。

④ 齿轮 64→圆锥齿轮 65→圆锥齿轮 66→万向轴 67→侧规轴 ⅩⅧ 转动。

⑤ 如图 2-4 所示，凸轮 A 控制滚筒合压动作；凸轮 B 控制滚筒的离压动作，离合压时间由电磁开关控制；凸轮 C（偏心轮）控制递纸牙摆动；凸轮 D 是递纸牙拉簧恒力装置控制凸轮；凸轮 E 控制前规轴的摆动。

本章习题：

1. 按照印版和纸张类型，印刷设备可以进行怎样的分类？

2. 单张纸和卷筒纸印刷机的基本组成及各部分的作用是什么？

3. 印刷机的传动系统由哪几部分组成？各有何作用？

第三章 纸张在印刷机中的传送

第一节 输纸装置

单张纸胶印机的给纸是由单张纸给纸机（也被称为"飞达"）来完成的。单张纸给纸机通常与印刷机主机相对独立，但需通过调节装置保证主机与给纸机的同步和传动匹配。也有一些新型单张纸给纸机具有独立的驱动系统，安装和调节更加简单，适应力更强，被称为无轴飞达。

一、自动给纸机的分类

1. 输纸装置类型

按纸张分离方式，输纸装置可分为摩擦式和气动式两种类型，如图 3-1 所示。摩擦式输纸依靠摩擦力的作用将纸张由纸堆中分离出来，并输送给主机进行印刷。气动式输纸装置依靠吹风和吸气机构将纸堆最上面一张纸分离出来，并输送给主机进行印刷。摩擦式输纸只适用于输纸精度要求较低的小型印刷机，印刷速度和输纸精度要求高的印刷机则全部采用气动式输纸装置。

气动式输纸机基本组成如图 3-2 所示，主要包括输纸传动机构 1、分离机构 2、给纸台 3、纸张检测装置 4、纸张输送装置 5。

2. 输纸的形式

单张纸输纸装置一般有间隙式和重叠式两种输纸形式，如图 3-3 所示。间隙式输纸的

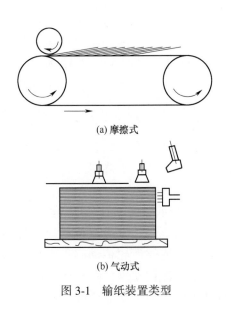

(a) 摩擦式

(b) 气动式

图 3-1 输纸装置类型

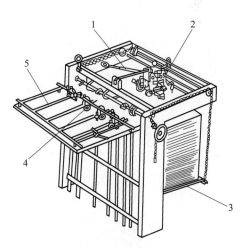

1—传动机构；2—分离机构；3—给纸台；
4—纸张检测装置；5—纸张输送装置。

图 3-2 气动式输纸机基本组成

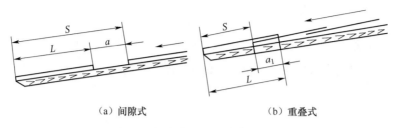

（a）间隙式　　　　　　　　（b）重叠式

图 3-3　间隙式和重叠式输纸形式

特点是在输纸过程中相邻两张纸间存在一定的间距 a；而重叠式输纸相邻两张纸首尾相互重叠，重叠尺寸为 a_1。图中 S 为输纸步距，L 为纸张幅面（长度）。为有利于纸张的输送，不论是间歇式输纸还是重叠式输纸，输纸板均保持一定的倾斜度。

为了确保纸张的正常输送定位，相邻两张纸间的间距或相互重叠的程度均应有严格的要求：

① 对于间隙式输纸，纸张间所留间距 a 必须保证前张纸在定位过程中直至递纸机构将其咬住送往印刷装置前，后一张纸的前口始终不能碰到前一张纸的纸尾，以确保前张纸定位的准确性和后面纸张的输送。纸张定位时间越长，输纸速度越快，间距 a 应越大。

② 对于重叠式输纸，相邻两张纸张的重叠程度 a_1，必须保证前一张纸张的前口行至纵向和横向两个方向定位时，后一张纸张的前口不应碰到用于对纸张进行横向定位的侧规。因为纸张的横向定位是必须靠侧规拉纸装置将纸张压住并将其拉到侧规定位板定位的。如果相邻两张纸相互重叠过大，输纸速度过快，就可能导致在前张纸进行侧规定位时，后张纸的前口进入侧拉规装置或碰到侧拉规装置，这样既影响前张纸定位精度，又影响了后张纸的正常输送。

另外，通过分析对比可知，在印刷幅面及印刷速度相同情况下，采用重叠式输纸较间隙式输纸步距小、输纸速度低、前规定位时间长，有利于提高纸张输送的平稳性和纸张定位的精确度。气动式输纸装置一般都采用重叠式输纸方式。

思考：

根据图 3-3，若印刷输纸速度相同，尝试进行数值推导，说明采用重叠式输纸的优势。

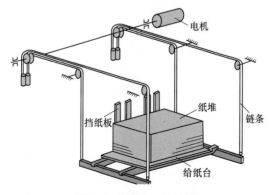

图 3-4　给纸台快速升降

二、给　纸　台

单张纸放置在给纸台上，给纸台自身可以实现上升、下降等运动，配合纸张的分离及往前递送。

（1）给纸台快速升降　如图 3-4 所示，按动给纸台"上升"按钮时，锥形电机转动，通过齿轮传动副、蜗轮蜗杆传动副、链轮传动副，由链条带动给纸台快速上升；当按动给纸台"下降"按钮时，锥形电机反向转动，由链条带动给纸台快速下降。

（2）给纸台自锁　锥形电机通过驱动蜗杆使蜗轮旋转（图3-5），带动链轮、链条使给纸台上升或下降。由于蜗轮蜗杆机构具有单向传动特性，只能蜗杆带动蜗轮旋转（正反转均可），蜗轮不可以带动蜗杆旋转，因此当电机停机时，给纸台的高度会保持，不会因给纸台自重而降下来。

（3）给纸台升降限位　在给纸台相应位置安装有上、下限位开关（图3-6）。当通过手动按钮使给纸台上升（下降）时，一旦给纸台触动相应的限位开关，电机就会停止转动，纸堆的上升（下降）高度得到限制。

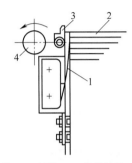

1—限位开关；2—纸堆；3—前挡纸板；4—送纸辊。

图3-5　蜗轮蜗杆机构　　　　　　　图3-6　用限位开关控制给纸台高度

（4）给纸台自动上升　当按动按钮使给纸台持续上升时，纸堆面触及上限位触头，快速上升电路将被断开，纸台由快速上升转为自动上升模式。此后，由压纸脚进行纸堆高度探测。当探测到纸堆高度不足时，压纸脚微动开关被触压产生自动上升信号，纸台由主机动力驱动自动上升；直到升至纸堆表面达到正常输纸高度，压纸脚微动开关复位，纸台上升停止。详细原理参见第十二章第一节。

（5）不停机上纸　当给纸台上的纸张快印刷完毕时，可以在不停机的情况下为给纸台续纸。

扩展学习：

了解给纸机如何实现不停机上纸。

三、纸张分离装置

（一）纸张分离装置

纸张分离装置（纸张分离头）是给纸机的关键和核心部件，它的主要任务是按印刷机的工作周期，准确、无误地自纸堆上逐张分离纸张，并且按一定规律将纸张向前递送。

如图3-7所示，用于纸张分离和递送的主要装置和机构有固定吹嘴1、压纸吹嘴（压纸脚）2、挡纸毛刷3和4、稳纸压块5、分纸吸嘴6、递纸吸嘴7、挡纸板8和9。纸张分离装置各结构单元协调配合，才能稳定、快速分离纸张。

（1）固定吹嘴　也称松纸吹嘴，它的作用是吹松纸张，使纸堆最上面几张纸吹松，如图3-8所示。

（2）分纸吸嘴　它的作用是将固定吹嘴吹疏松的纸堆最上面一张纸吸住、提起，并

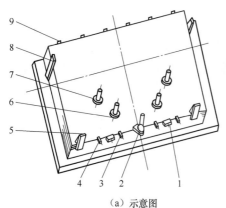

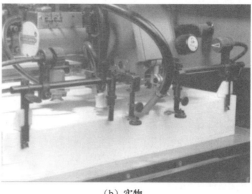

（a）示意图　　　　　　　　　　　（b）实物

1—固定吹嘴；2—压纸吹嘴（压纸脚）；3、4—挡纸毛刷；5—稳纸压块；6—分纸吸嘴；7—递纸吸嘴；8、9—挡纸板。

图 3-7　纸张分离装置

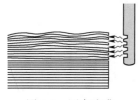

图 3-8　固定吹嘴

交给递纸吸嘴向前走纸。

　　分纸吸嘴机构工作原理如图 3-9 所示。该机构主要由凸轮 1、摆杆 2、导杆 3、导轨 4 组成的凸轮-连杆机构和由气体活塞 6、缸体 5 组成的气动机构组合而成。这里吸嘴仅作单一的上下运动，其运动的行程是两组机构运动的合成。当凸轮 1 旋转到最小半径与摆杆 2 上的滚子接触时，分纸吸嘴在最低位置，此时吸嘴与气路接通，吸嘴吸住已吹松的上面一张纸。这时吸嘴内形成负压（真空），在大气压的作用下，活塞 6 连同吸嘴克服弹簧 8 的作用力迅速上升。随着凸轮 1 与摆杆 2 上的滚子接触由最小半径转到最大半径，导杆 3 带动整个气动机构上升约 24mm。当递纸吸嘴接过纸张后，分纸吸嘴停止吸气，气缸 5 内真空消失，在弹簧 8 的作用下，活塞 6 连同吸嘴 7 一起被弹下，恢复原位。当凸轮 1 与摆杆 2 上的滚子接触由最大半径处转向最小半径处，使导杆 3 带动气动机构下降，直到吸嘴降到吸纸位置准备下一次吸纸工作。图中 A 为偏心销轴，用来调节分纸吸嘴与纸堆面的相对距离。为适应不同厚度的纸张，分纸吸嘴机构除了能进行吸嘴高度调节之外，还能实现对吸嘴角度和吸气风量等的调节。

　　（3）递纸吸嘴　也称送纸吸嘴，该机构的任务是接过分纸吸嘴分离出来的单张纸，并向前传送到送纸辊上。为此递纸吸嘴应前后往复运动，其典型的运动轨迹如图 3-10 所示。

　　由图 3-10 可知，轨迹曲线由 ab、bc、cd、da 四段组成。在 a 点递纸吸嘴吸住由分纸吸嘴分离出来的单张纸，ab 段是分纸吸嘴将纸移交给递纸吸嘴的过程。因为分纸吸嘴与递纸吸嘴应当有一段交接时间（即共同吸住纸张的时间），故在这段时间内递纸吸嘴的运动轨迹 ab 略偏向分纸吸嘴方向。这样可使两吸嘴之

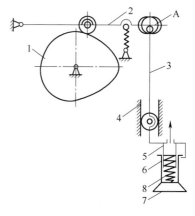

1—凸轮；2—摆杆；3—导杆；4—导轨；
5—缸体；6—活塞；7—吸嘴；8—弹簧；
A—偏心销轴。

图 3-9　分纸吸嘴机构

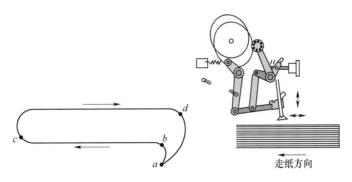

图 3-10 递纸吸嘴运动轨迹

间纸张松弛，避免纸张撕破，待纸张完全脱离分纸吸嘴后，递纸吸嘴由 b 点开始直线向前传递纸张到 c 点。所以，bc 段为递纸吸嘴向前送纸的过程。递送纸张的速度应等于送纸辊的速度。cd 段为返回过程，da 段为下降取纸过程。

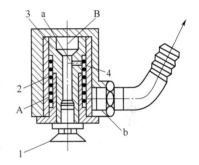

递纸吸嘴本身结构也较为特殊，能吸住纸张后向上运动，如图 3-11 所示为一种典型的递纸吸嘴结构。

（4）压纸吹嘴 也称压纸脚，主要有两个主要作用，一是当分纸吸嘴吸起纸堆最上面的一张纸时，立即向下压住纸堆，以免递纸吸嘴带走下面的纸；二是能够探测纸堆面高度，当纸堆下降后，压纸脚探测机构及时发出信号，使给纸台自动上升，保证纸张分离的连续。同时，压纸脚压住纸堆后吹风，使分纸吸嘴分离出来的纸张完全与纸堆分离，便于输送。

1—吸嘴；2—弹簧；3—活塞；4—气缸；
A、B—气室；a—阻尼孔；b—通气孔。

图 3-11 SZ206 型递纸吸嘴气动机构

如图 3-12 所示为一种压纸吹嘴（压纸脚）机构。当凸轮 2 大面与滚子接触时，摆杆 1 绕飞达驱动轴逆时针摆动，推动连杆 3，摆杆 5 使压纸脚 4 上升，带动摆杆 6 绕轴逆时针摆动，压纸脚离开纸堆开始进行纸张分离。当凸轮 2 小面与滚子接触时，在弹簧作用下，摆杆 1 顺时针摆动，通过连杆 3，带动摆杆 5 及压纸脚 4 下降，压纸脚压在纸堆上，防止纸张输送时带起纸堆上纸张。压纸时，若纸堆高度过低，摆杆 6 及压纸脚 4 均顺时针摆动较大角度，导杆 7 上升，克服弹簧力顶动微动开关 9 的触点 8，将电路接通，发出纸堆上升信号。当纸堆高度满足要求时，压纸脚摆杆 5 顺时针摆动得较少，不能推动导杆 7 上升较大距离，不会使微动开关发出纸台上升信号。

（5）稳纸压块 稳纸压块的作用主要是保证纸堆前后位置的准确及保证分纸稳定，协助分纸吸嘴及挡纸毛刷稳定地分纸，防止出现双张、多张等故障。稳纸压块如图 3-13 所示。

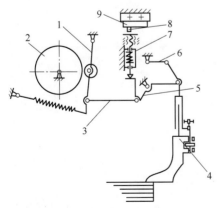

1、5、6—摆杆；2—凸轮；3—连杆；4—压纸吹嘴（压纸脚）；7—导杆；8—触点；9—微动开关。

图 3-12 压纸吹嘴（压纸脚）

（6）挡纸毛刷　挡纸毛刷一般有两种形式，一种是斜挡纸毛刷，另一种是平挡纸毛刷，如图3-14所示。斜挡纸毛刷是在固定吹嘴吹风时，将被吹松的纸张由刷毛支撑，使之持续保持吹松状态，同时还能协助分纸吸嘴分离纸张。斜挡纸毛刷的位置以刷毛能挂住被吹松的纸为宜。平挡纸毛刷是将被固定吹嘴吹松的纸张控制在适当的高度，并刷掉被分纸吸嘴吸起的多余纸张，防止双张或多张现象发生。

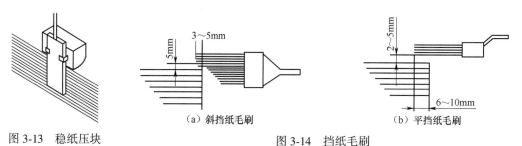

图 3-13　稳纸压块

（a）斜挡纸毛刷　　　　（b）平挡纸毛刷

图 3-14　挡纸毛刷

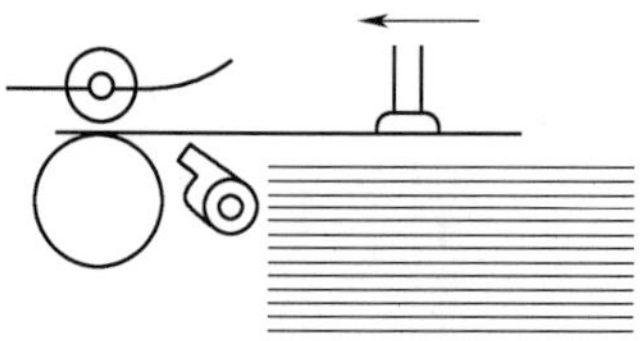

图 3-15　前挡纸板

（7）挡纸板　挡纸板分为前挡纸板及侧挡纸板，分别如图3-7中9、8所示。当固定吹嘴吹松纸堆上面几张纸时，前挡纸板立起挡住被吹松的纸张，以免纸张向前错动；当递纸吸嘴吸纸向前递送时，前挡纸板提前倾倒让纸（图3-15）。而侧挡纸板安装在纸张侧边，垂直纸张运动方向理齐纸边，具体机构与本章第四节图3-58所示的侧齐纸装置类似。

（二）气路系统

现代单张纸平版印刷机都设有气路系统，其作用是为输纸装置提供吹气和吸气气源，配合分纸机构分离纸张。气路系统也为收纸装置的减速机构和喷粉装置提供吸气和吹气气源，配合收纸装置收纸。

1. 基本组成

如图3-16所示是一种旋转式叶片泵气路系统，主要由气泵、气阀、气嘴等部分组成。该系统中，电机带动气泵1，进气室5经过空气滤清器3与吸气管4相通，2为吸气气压调节阀。排气室6经过滤油器7与吹气管8相通，9为吹气气压调节阀。吸气管4与吸气分配阀11相接，吹气管8与吹气分配阀10相接。吹气分配阀10与压纸吹嘴12和松纸吹嘴13相接；吸气分配阀11与分纸吸嘴14和送纸吸嘴15相接。补气室24经空气滤清器与吸气管25相接，补气室24又与收纸减速器16相接。

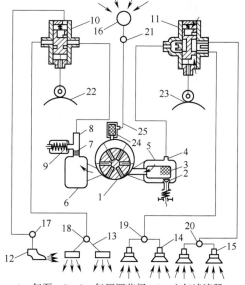

1—气泵；2、9—气压调节阀；3—空气滤清器；
4—吸气管；5—进气室；6—排气室；7—滤油器；
8—吹气管；10、11—气体分配阀；12—压纸吹嘴；
13—松纸吹嘴；14—分纸吸嘴；15—送纸吸嘴；
16—收纸减速器；17、18、19、20、21—气量调节阀；
22、23—凸轮；24—补气室；25—吸气管。

图 3-16　旋转式叶片泵气路系统示意图

2. 气泵

气泵是产生气源的装置，印刷机械中使用的气泵可分为两大类：活塞式气泵和旋转式叶片泵。高速印刷机上广泛应用旋转式直叶片气泵。如图 3-17 所示为直叶片气泵外形图，气泵 2 由电机 1 带动旋转，吸气口 6 接吸气管，吹气口 3 接吹气管，5 是补气所用的吸气口。旋钮 8 用来固定盖板。

如图 3-18 所示为直叶片气泵原理示意图。可以看出，气泵主要机件由泵体 1、转子 2 和叶片 3 组成。泵体上有进气口 4、排气口 5 以及补气口 6；转子 2 偏心配置在泵体内，与泵体内壁形成月牙形空间，且转子上开有若干条经向槽，在槽中装有叶片 3。当电机带动转子 2 转动时，转子 2 中的叶片 3 在离心力作用下沿经向槽甩出，紧贴于泵体内壁，将月牙形空间分成若干扇形气室，转子转一周，各个气室的容积依次由小变大，气室内压强逐渐变小，与小气室相通的进气口 4 向内吸气。当气室容积到达最大时，由于内部气压小于大气压，与其相通的补气口 6 进气补充气源；气室再由大变小时，由于气室内气压大于大气压，与小气室相通的排气口 5 向外排气。随着转子的不断旋转，进气口 4 不断吸气，排气口 5 不断吹气。

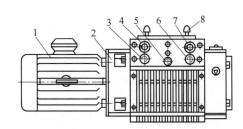

1—电机；2—气泵；3—吹气口；4—气量调节阀；
5—补气吸气口；6—吸气口；7—气量调节阀；8—旋钮。

图 3-17　直叶片气泵外形图

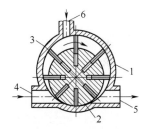

1—泵体；2—转子；3—叶片；4—进气口；5—排气口；6—补气口。

图 3-18　直叶片气泵原理示意图

3. 气阀

气阀用来调节吹气、吸气气压，分配气量。如图 3-16 所示的气路系统中有三类气阀：

（1）气压调节阀 2、9　用于调节气室的气压。

（2）气体分配阀 10、11　用于控制吹气和吸气的时刻及时间长短。气体分配阀目前有两种形式，即往复式和旋转式。由于印刷机速度的提高，近年来输纸机上多采用旋转式气体分配阀。

（3）气量调节阀 17、18、19、20、21　用于调节各个吹嘴、吸嘴的气量大小。

四、纸张输送机构

由纸张分离装置逐张分离出的纸张，需要经过纸张输送机构送至定位装置。传送带式纸张输送机构一般由送纸压轮机构、输纸板装置、纸带传动机构等部分组成。

1. 送纸压轮机构

送纸压轮机构，又称接纸装置，如图 3-19 所示，由送纸辊 1 和压纸轮 2 组成。递纸吸嘴将纸张递送到送纸辊上（也称接纸辊，此处也是线带辊），压纸轮下压，靠摩擦力将纸张向前输送，把分纸头分离出来的纸张在输纸板上传送展平，使纸张平稳地进入规矩部件进行定位。

如图 3-20 所示为一种摆动式送纸压轮机构。凸轮 1 安装在输纸机的凸轮轴上，随轴不断地旋转运动。当凸轮 1 的升程弧与滚子 2 接触时，推动摆杆 3，使螺钉 5 逆时针转动，螺钉 5 顶动摆杆 7 使压纸轮 11 上摆让纸，递纸吸嘴把纸张向前送到送纸辊 12 上。送纸辊 12 为一光滑轴，其上装有两个压纸轮 11。当凸轮 1 的回程弧与滚子 2 接触时，在拉簧 4 的作用下，摆杆 3、螺钉 5 顺时针摆动，通过弹簧 9，使压纸轮 11 下落压纸，此时递纸吸嘴放纸，纸张在压纸轮 11 和旋转的送纸辊 12 之间靠摩擦力的作用向前传送到传送带上。

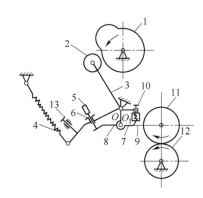

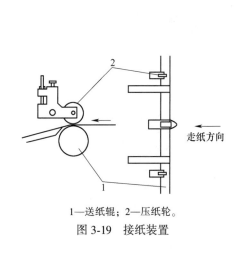

1—送纸辊；2—压纸轮。

图 3-19 接纸装置

1—凸轮；2—滚子；3、7—摆杆；4—拉簧；5—螺钉；
6—螺母；8—支撑座；9—弹簧；10—调节螺钉；
11—压纸轮；12—送纸辊；13—定位螺钉。

图 3-20 摆动式送纸压轮机构

2. 输纸板装置

如图 3-21 所示，输纸板装置（或称输纸台）主要由输纸板 5、压纸框架 4、吸气嘴 11、递纸牙台 9 等组成。在输纸板面上设有六条钢板，相对应配置六条传送带 13，以保证传送带在输纸板面上运动灵活，减少传送带和输纸板的摩擦。在输纸板前端设置的四个吸气嘴 11，主要是在输纸机输纸出现故障时起作用。当输纸机输纸出现故障（双张或其他故障），需取出乱张时，可掀起压纸框架 4（先要打开压纸框，锁住卡板 16），此时接通吸气回路，由吸嘴 11 吸住纸张，使前端纸保持原位置，防止移位。在故障排除后，将压纸框架放下，扳回卡板锁，此时气路断开，可正常输纸印刷。

压纸框架 4 由压纸滚轮 6、压纸毛刷 3、压纸毛刷滚轮 7、压纸球 8 及压纸片 10、17、19 等组成。压纸滚轮、压纸毛刷、压纸毛刷滚轮用来防止纸张到达前规时反弹和飘动。压纸滚轮与线带输纸板之间的压力以及压纸滚轮的导纸方向对输纸的准确性有很大影响。因此，要求所有压纸滚轮的压力一致，轻重适宜。压纸滚轮的旋转方向应与传送带运动方向一致。压纸球一般只在印刷比较厚的纸张时使用，用以增加压力，不用时可把球架抬起。侧规压纸片 17 用来压平纸角，保证纸张顺利进入侧规。压纸片 10 和前压纸片 19 的作用是防止纸边翘起影响前规定位和递纸牙叼纸。

3. 传送带传动机构

纸带传送机构主要由主动带辊、从动带辊、传送带和张紧轮等组成。它是保证纸张正常输送的装置。

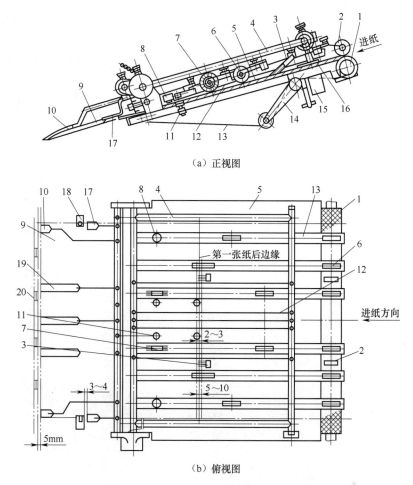

（a）正视图

（b）俯视图

1—送纸辊；2—压纸轮；3—压纸毛刷；4—压纸框架；5—输纸板；6—压纸滚轮；7—压纸毛刷滚轮；
8—压纸球；9—递纸牙台；10—压纸片；11—吸气嘴；12—杆；13—传送带；14—张紧臂；
15—阀体；16—卡板；17—侧规压纸片；18—侧规拉板；19—前压纸片；20—前规。

图 3-21　输纸板装置

第二节　定 位 机 构

一、前规与侧规

定位机构也称规矩部件，是将每一张由给纸机传来的纸张在进入印刷机组之前保持在同一位置，以确保纸张相对于第一色印版有固定而准确的位置，避免出现定位不准导致的印刷问题。

定位机构由前规和侧规组成，分别进行纸张前后位置的定位和左右位置的定位，如图 3-22 所示。纸张在输纸板台上定位时，有一定的位置要求。一般要求纸边至前规中点距离 $b' = (0.2\!\sim\!0.25)b$，侧规中点至前规定位线距离 $a' = (0.2\!\sim\!0.3)a$，其中 a、b 分别为

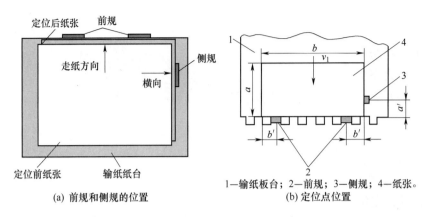

(a) 前规和侧规的位置　　　　　1—输纸板台；2—前规；3—侧规；4—纸张。
　　　　　　　　　　　　　　　　　(b) 定位点位置

图 3-22　纸张定位原理

纸张长度、宽度。

（一）前规

前规的作用是对输纸板台上的纸张进行走纸方向（沿滚筒周向）位置的确定。如图 3-23 所示，前规由定位板 1 和挡纸舌 2 组成。定位时定位板与纸张前缘接触，确定纸张前口位置，保证进入印刷装置之前每一张纸的纵向位置一致。挡纸舌保证纸张前口的平服，使递纸牙能够准确地叼取纸张。

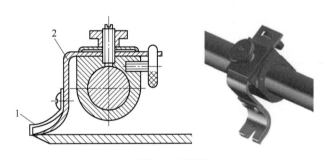

1—定位板；2—挡纸舌。

图 3-23　前规

前规结构形式有多种，按前规定位板和挡纸舌是否为一体，分为组合式、复合式；按机构摆动的方向，分为上摆式、下摆式。

（1）组合上摆式　如图 3-24 所示为一种上摆式前规机构，其中定位板和挡纸舌一体，为组合式结构。工作时，凸轮 1（大/小面）旋转，摆杆 2（滑套 5）上/下摆动，压簧 4 压缩/拉伸，使连杆 7 上/下摆。摆杆 9、22、16 逆/顺时针绕前规轴 18 旋转，这样定位板 15 下摆定位/上抬让纸。组合上摆式前规结构简单，使用方便，但摆回时间受前一张纸纸尾离台时间的影响，在高速、印刷大幅面纸张时前规的稳定时间短、摆回速度快，导致定位稳定性较差。

（2）组合下摆式　如图 3-25（a）所示，前规定位板和挡纸舌安装为一体，前规从前一张纸下方摆回。由于摆回不受纸尾离台的影响，前规稳定时间长，定位精度高。该结构是目前高速印刷机广泛使用的方式。

（3）复合上摆式　如图 3-25（b）所示，定位板和挡纸舌分别由单独装置驱动，且挡纸舌的摆动轴在纸板台的上方，而定位板驱动装置则在输纸板台下方。这种前规改进了组合上摆式前规的不足，传动平稳，但要求输纸板上下均有空间，有时不易实现。

（4）复合下摆式　如图 3-25（c）所示，定位板和挡纸舌分别由单独装置驱动，两者均在输纸板台下方摆动。这种前规将定位板和挡纸舌分开传动，定位板起缓速和定位两个作用，有利于定位稳定，但挡纸舌摆动角度大，在高速时运动性能不好。

（二）侧规

侧规的作用是对输纸板台上的纸张进行横向（沿侧规定位滚筒轴向）位置的确定。如图 3-26 所示，侧规由定位板 3（定位基准）、压纸舌 1（控制纸张平服、保证纸张定位精度）和拉纸（或推纸）装置 2、4 组成。

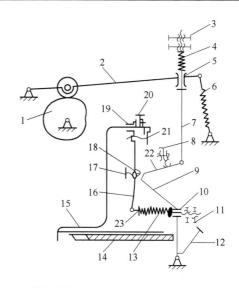

1—前规凸轮；2、9、16、22—摆杆；3—螺母；4、13—压簧；5—滑套；6—拉簧；7、23—连杆；8—紧固螺钉；10—活套；11—螺母；12—互锁机构摆杆；14—递纸牙台；15—定位板；17、20、21—螺钉；18—前规轴；19—调节螺母。

图 3-24　上摆式前规机构

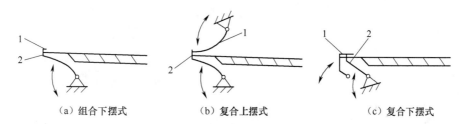

（a）组合下摆式　　　（b）复合上摆式　　　（c）复合下摆式

1—挡纸舌；2—定位板。

图 3-25　三种不同前规

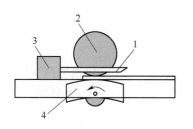

1—压纸舌；2、4—拉纸（或推纸）装置；3—定位板。

图 3-26　侧规

侧规有滚轮式、拉条式、气动式等结构形式，以下简单介绍滚轮式及气动式侧规结构。

1. 滚轮式侧拉规

如图 3-27 所示，端面圆柱凸轮 19 驱动滚子 21 及摆杆 14，带动压纸滚轮 2、压纸舌 28 和定位板 27 上下摆动。侧规定位时，压纸滚轮 2 下摆，将纸张紧压在连续旋转的拉纸滚轮 26 上，依靠摩擦力的作用，将纸张拉到侧规定位板 27 处定位。

2. 气动式侧拉规

如图 3-28 所示，凸轮轴带动圆柱凸轮 1 旋转，经滚子摆杆机构推动吸气托板 2 左右移动，将在前规处完成定位的纸张拉向定位挡板 4。

27

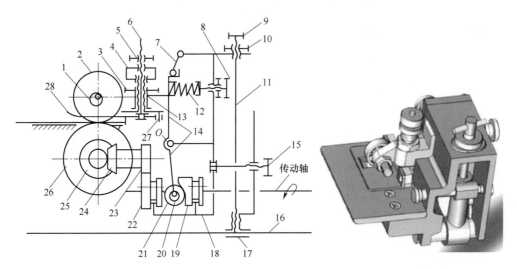

1—压纸轮的偏心装置；2—压纸滚轮；3、5、10—锁紧螺母；4—调节螺母；6、11—螺杆；
7—锁紧偏心；8—调节螺钉；9—手柄；12—压簧；13—有外螺纹套筒；14—摆杆；15—调
节螺钉；16—侧规固定轴；17—套筒座；18—侧规座体；19—凸轮；20—偏心轴；21—滚子；
22、23—齿轮；24、25—锥齿轮；26—拉纸滚轮；27—定位板；28—压纸舌。

图 3-27　滚轮式侧拉规

二、纸张检测装置

1. 双（多）张检测

在接纸过程中或纸张定位时可以检测纸张的双张、多张、折角、撕纸等故障。双（多）张检测可采用不同原理和方法，典型的方法有双滚轮式、光电式、超声波式等。如图 3-29 所示为超声波双张检测的示意图。发射器 1 发射超声波，接收器 3 接收回波，通过测算从发射到接收的时间差即可判断是否出现双张或多张。

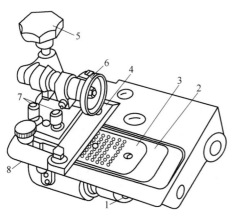

1—凸轮；2—吸气托板；3—吸气板；4—侧规
定位挡板；5、6—手轮；7—调节钮；8—侧规体。

图 3-28　气动式侧拉规

扩展学习：

纸张厚度变化会使通过纸张的透射光强度发生变化。查阅资料，学习光电式双张检测器的工作原理。

2. 空（歪）张检测

前规和侧规对纸张定位后，空（歪）张检测装置在纸张传递到印刷滚筒之前对纸张出现的早到、晚到、空张、歪斜、折角和破损等故障进行检测。检测原理有光电式、光栅式、电触点式等形式。

如图 3-30 所示，电触点式检测装置中，前规定位板底面装有一弹簧片，在输纸板的相应位置装有金属触点，弹簧片接地，触点接触控制电路电源，并连接于控制电路中。根据检测时弹簧片与触点的接触情况即可判断输纸是否正常。

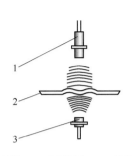

1—发射器；2—印刷纸张；3—接收器。

图 3-29 超声波双张检测

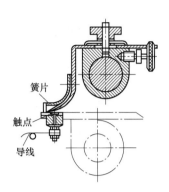

图 3-30 电触点式检测

3. 前规故障的自动处理

在纸张输送和定位过程中，可能会出现双张或多张纸到达前规，纸张在前规处也可能早到、晚到、空张、歪斜、折角或破损等。为防止误送双张或多张进入滚筒造成事故，在检测出上述输纸故障后，输纸机应立即停止输纸，控制机构立即发出信号，使印刷机实现一系列连锁动作。这些动作通常包括：

① 滚筒离压，同时机器转速降至最低运转速度。

② 输纸机停止运转，同时计数器停止计数。

③ 前规不抬起。

④ 递纸牙摆到递纸牙台，叼纸牙不叼纸。

⑤ 传墨辊不与墨斗辊接触，停止传墨。

⑥ 着墨辊抬起，脱离印版。

⑦ 传水辊停止摆动。

⑧ 着水辊抬起，脱离印版。

第三节 纸张传递装置

纸张传递装置包括递纸装置和传纸装置。

一、递 纸 装 置

定位好的纸张传递给第一色组进行印刷，需要递纸装置将纸张递送给压印滚筒。递纸方式不同，递纸装置的结构及特性会有所不同。

1. 间接递纸

这种递纸方式是由专门的递纸装置将在输纸板上已被定位的纸张递给压印滚筒进行印刷。间接递纸的递纸装置是一个加速机构，因此也称之为加速装置或递纸牙。

如图 3-31 所示为一种上摆定心摆动式间接递纸装置，摆动递纸牙绕固定中心摆动。此结构简单，方便调整。但递纸牙摆回时会与正常旋转的压印滚筒表面相碰，递纸牙只能在与压印滚筒空档相对时才能摆回，摆回时间较短，不利于递纸牙的稳定。

如图 3-32 所示为一种偏心摆动式间接递纸装置。此机构中偏心轴的运动为间歇摆动，在递纸牙排摆回取纸时摆动，递纸牙排摆回的运动轨迹位置抬高，摆回时间不受滚筒空档的影响，提高了递纸装置的平稳性。但机构较复杂，高速时冲击较大。

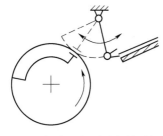

图 3-31 上摆定心摆动式间接递纸装置

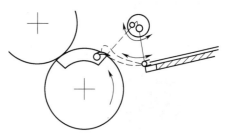

图 3-32 偏心摆动式间接递纸装置

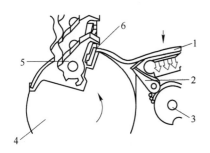

1—纸张；2—前规；3—加速机构；4—压印滚筒；5—压印滚筒叼牙；6—定位板。

图 3-33 超越续纸

2. 超越续纸

这种递纸方式没有采用专门的递纸装置。如图 3-33 所示，纸张 1 在输纸板前经过前规 2 预定位及侧规定位后，通过加速机构 3 使纸张加速到略大于压印滚筒 4 表面的线速度，将纸张牢靠地推到压印滚筒叼牙的定位板 6 上进行二次定位，并由压印滚筒叼牙 5 直接带纸印刷。超越续纸最终的定位放在压印滚筒上，不会破坏定位精度，压印滚筒连续回转运转平稳，目前这种递纸方式被广泛应用在印钞机上。

二、传纸装置

传纸装置是指从递纸装置传纸给印刷装置，或指印刷机组之间传递纸张的装置。这里仅介绍机组间的传纸。

（一）滚筒式与链条式

大部分情况下，传纸装置采用滚筒式结构，如图 3-34 所示，传纸滚筒 2 将纸张从第一机组传递到第二机组的压印滚筒 3 上。也有机组间采用链条传纸的形式。通过链条上的叼牙与压印滚筒叼牙交接纸张，将一个机组上的印张传递到另一个机组上，如图 3-35 所

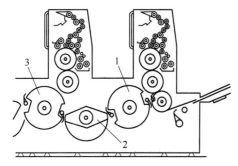

1—压印滚筒；2—传纸滚筒；3—压印滚筒。

图 3-34 滚筒式传纸

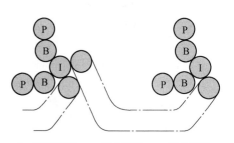

P—印版滚筒；B—橡皮滚筒；I—压印滚筒。

图 3-35 链条式传纸

示。但链条传递纸张精度较低，有冲击振动，现在已较少使用。

（二）不换面传纸与翻转传纸

1. 不换面传纸

单面印刷传纸时，不需换面，可以采用单传纸滚筒、三传纸滚筒等形式。滚筒半径可以与压印滚筒相同（等径），也可以是多倍径，如图 3-36、图 3-37、图 3-38 所示，分别为等径、双倍径、三倍径滚筒传纸的实例。

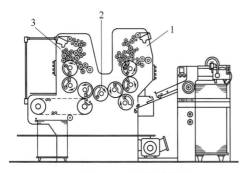

1、3—机组；2—等径传纸滚筒。

图 3-36　等径滚筒传纸

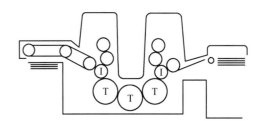

I—压印滚筒；T—传纸滚筒。

图 3-37　双倍径滚筒传纸

2. 翻转传纸

双面印刷传纸，即翻转传纸。可以采用一个翻转滚筒或三个翻转滚筒。如图 3-39 所示为三个翻转滚筒的翻转传纸。进行反面印刷时，传纸滚筒Ⅲ上的翻转叼牙 2 转变成叼取传纸滚筒Ⅱ传递的纸张 1 的纸尾，并将翻转后的纸张交接给下一印刷机组的压印滚筒叼牙。随后叼牙 2 自身翻转，为下一次的翻转做准备。

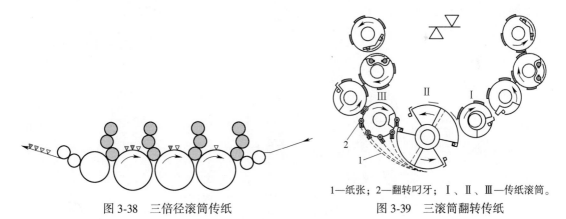

图 3-38　三倍径滚筒传纸

1—纸张；2—翻转叼牙；Ⅰ、Ⅱ、Ⅲ—传纸滚筒。

图 3-39　三滚筒翻转传纸

第四节　收　纸　装　置

一、收纸装置的组成

收纸装置将完成印刷后的印张传送到收纸台上整齐地堆叠成垛，并确保印张在传送过程及堆码中不脏污、不破损，连续收纸。

（一）单张纸胶印机收纸装置的组成

单张纸胶印机收纸装置通常由传送装置、减速装置、稳纸装置、防污装置、干燥装置、平整装置、理纸装置和收纸台组成，如图 3-40 所示为一种收纸装置的示意图，其中传送装置包括收纸滚筒 1、收纸链条及牙排 2、链条导轨 3；干燥装置指喷粉装置 4；制动辊 5 兼有减速装置、平整装置的作用；理纸装置主要包括齐纸板 6 与挡纸板 7；收纸台安装有纸台升降机构 8。

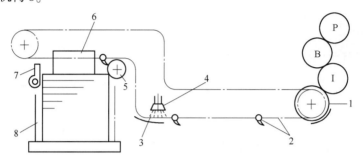

1—收纸滚筒；2—收纸链条及牙排；3—链条导轨；4—喷粉装置；5—制动辊；6—齐纸板；
7—挡纸板；8—纸台升降机构；P—印版滚筒；B—橡皮滚筒；I—压印滚筒。

图 3-40　收纸装置的组成

收纸方式有低台收纸、高台收纸两种，如图 3-41 所示。低台收纸的收纸台一般设置在压印滚筒下方，低于压印滚筒高度，收纸台高度一般不超过 600mm，主要应用在四开及以下小幅面胶印机上。高台收纸的收纸台通常是并列于印刷装置单独成为一个单元，收纸输送链排沿较长的曲线导轨输送纸张，收纸堆高度一般在 900mm 以上，应用在对开及以上幅面的胶印机上。

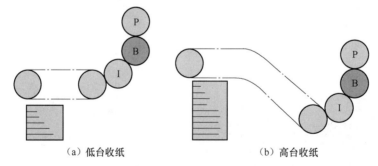

（a）低台收纸　　　　　　　　　（b）高台收纸

P—印版滚筒；B—橡皮滚筒；I—压印滚筒。

图 3-41　收纸方式

（二）收纸滚筒与收纸链排

1. 收纸滚筒

收纸时一般是通过收纸链条安装的收纸牙排叼牙将压印滚筒或后传纸滚筒上的印张剥离，并传递到收纸台上。

如图 3-42 所示为收纸滚筒的结构。齿轮 14 带动收纸滚筒运动，齿轮座 13 用键和收纸滚筒轴 10 相连。双联齿轮 12 向油泵齿轮传递动力，齿轮 11 向油泵、侧拉规和输纸机传递动力，链轮 5、9 向收纸链条咬牙排传递动力。支架 8 用于固定收纸牙排闭牙板。收纸滚筒导杆 7 可依印张表面情况，以不蹭脏印张为原则，任意调节其位置；导杆 7 上防蹭脏轮 6 也可以轴向任意调节。

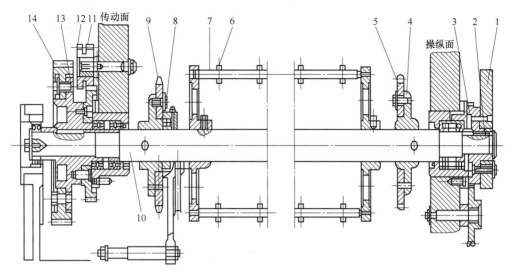

1—恒力凸轮；2、11、14—齿轮；3、4—链轮座；5、9—链轮；6—防蹭脏轮；7—导杆；
8—支架；10—轴；12—双联齿轮；13—齿轮座。

图 3-42　收纸滚筒

2. 收纸链条及牙排

收纸链条一般使用制造精度高的套筒滚子链条，链条重量轻，圆弧过渡大，有良好的精度、耐磨性和较低的噪声。安装了收纸牙排的收纸链条需要在收纸导轨中运行（图 3-43），以保证牙排的运行轨迹符合要求。导轨的结构对提高机器的运动精度、减小振动和噪声起着重要的作用。收纸导轨的结构主要分为开放式导轨和封闭式导轨。目前高速印刷机多采用封闭式导轨，如图 3-44 所示。

图 3-43　收纸链条及导轨

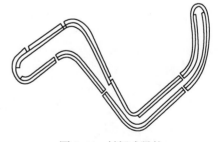

图 3-44　封闭式导轨

收纸牙排装在收纸链条上，直接用来接纸和带纸运行。如图 3-45 所示，收纸牙排装在收纸链条 1、5 之间，收纸链条上的两根轴 2 和 6 相互平行，活动叼牙 3 安装在牙轴 2 上，牙垫 7 固定在牙轴 6 上。滚子 8、摆杆 4 在叼牙开闭牙凸轮作用下做往复摆动，带动叼牙的开闭。

对于收纸牙排，需要精确控制叼牙开闭。如图 3-46 所示，开牙滚子 2 在开牙板 1 作

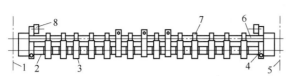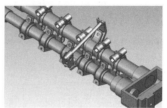

1、5—收纸链条；2、6—牙轴；3—活动叼牙；4—摆杆；7—牙垫；8—滚子。

图 3-45 收纸牙排

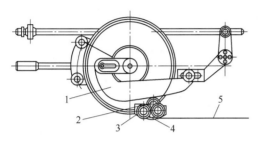

1—开牙板；2—开牙滚子；3—牙轴；4—叼牙；5—印张。

图 3-46 叼牙开闭

用下绕牙轴 3 顺时针转动，带动叼牙 4 顺时针转动打开，放开印张 5。通过手动或电动可以调节开牙板 1 位置，改变叼牙开牙时间。

二、收纸装置结构原理

（一）减速装置

随着单张纸胶印机的印刷速度越来越高，收纸链排传递印张的速度也越来越高。印张传递速度过快会造成传送平稳性差、堆垛不整齐，因此，需要在印张收取和落放时对其进行减速。

1. 机械传动减速

如图 3-47 所示，为了满足纸张正确交接的要求，收纸链排与压印滚筒叼牙交接纸张时应速度相等。由于收纸滚筒齿轮与链轮节圆半径相差一个牙垫高度，链轮节圆速度（v_s）小于压印滚筒表面速度（v_i）。因此，收纸牙排传递纸张速度低于压印滚筒表面速度，机械传动起到降速作用。

2. 吸气辊减速

如图 3-48 所示，吸气辊 3 在传动系统驱动下，以比收纸链条 1 低 40%～50% 的线速度

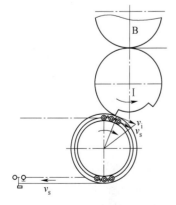

B—橡皮滚筒；I—压印滚筒；v_s—链轮
节圆速度；v_i—压印滚筒表面速度。

图 3-47 机械式减速原理

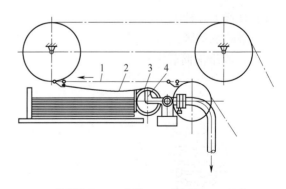

1—收纸链条；2—印张；3—吸气辊；4—吸嘴。

图 3-48 气动吸气辊减速

转动,并与印张2同向转动。当叼纸牙带着印张到达放纸位置时,叼纸牙放纸,印张的尾部被吸气制动辊内吸嘴4产生的吸力瞬时吸住,产生一个向后的拖力,使印张的速度比收纸链条速度降低将近50%,起到印张减速作用。

(二) 稳纸装置

稳纸装置作用是保持纸张在输送过程中的平稳,一般利用带有气孔的导纸护板实现稳纸。导纸护板安装在倾斜的收纸链排下方,如图3-49所示。护板下面装有气室,气流沿护板板面方向以一定速度喷射,在输送的纸张下方形成气垫,减小纸张输送过程中产生的颤抖,使印张在输送过程中保持平稳。

当在收纸台上方放纸后,纸台上方安装的风扇吹风,将纸张平稳下压。另外,一般在收纸台上方平行于印张运行方向上装有多根吹风杆。如图3-50所示,每根吹风杆上有多个吹风嘴,当吹气杆吹风时,印张被吹成波浪形,轻柔地落到收纸台上。

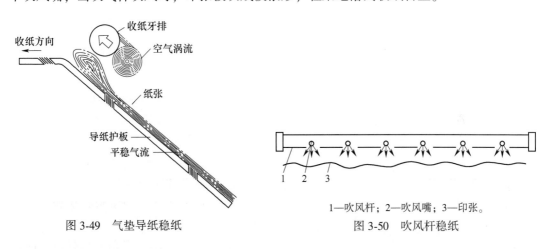

图 3-49　气垫导纸稳纸

1—吹风杆;2—吹风嘴;3—印张。

图 3-50　吹风杆稳纸

(三) 防污装置

在印张离开最后一个印刷机组后被传送到收纸台的过程中要经过较长的收纸路线,且印刷品表面的印迹在收纸滚筒和收纸链条传递过程中不可能完全干燥。因此,应避免印张与机架刮蹭,防止印迹被拖花,并采取有效措施加快油墨的干燥,印刷机上常采用一些防污处理措施。

(1) 收纸滚筒采用行星轮式结构　如图3-51所示,在收纸滚筒轴上安装的两支撑板之间装有若干导杆轴,导杆轴上安装有防蹭脏轮,表面起支撑印张的作用,可以轴向移动避开油墨的浓重区,防止发生蹭脏。

(2) 收纸滚筒表面带有防蹭脏材料　某些收纸滚筒表面包有疏墨材料,如玻璃球衬垫、超级蓝布等,起防蹭脏作用,如图3-52所示。

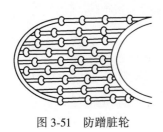

图 3-51　防蹭脏轮

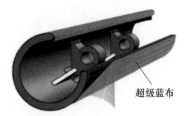

超级蓝布

图 3-52　疏墨材料防蹭脏

（3）采用吹气气垫　收纸滚筒筒体外包裹着一层可以透气的外套，空气从滚筒轴向外吹送，通过透气罩形成气垫，支撑着由收纸牙排传送的刚印刷完的印张，从而避免滚筒表面接触蹭脏印张，如图 3-53 所示。

（4）采用吸气导板　在纸张上方安装有吸气导板，收纸时形成气垫层，将印刷品吸向导板，防止图文被收纸滚筒表面蹭脏，如图 3-54 所示。

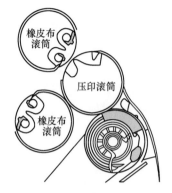

图 3-53　吹气气垫防蹭脏

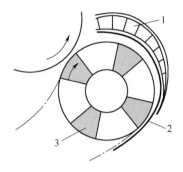

1—吸气导板；2—纸张；3—收纸滚筒。

图 3-54　吸气导板防蹭脏

（四）干燥装置

在收纸路线上，利用喷粉管上的喷嘴，在高速气流的作用下，向印刷品的印刷表面喷撒出细粒的干燥粉，如图 3-55 所示。为了解决喷粉带来的环保问题，在收纸部有时需要增加吸粉装置，吸取悬浮在空气中的粉粒。除了喷粉干燥外，有些印刷机上也采用红外干燥、热风干燥等其他干燥装置。

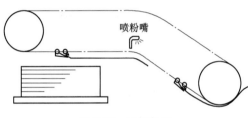

图 3-55　喷粉装置

（五）平整装置

印刷过程是在有一定曲率半径的印刷滚筒上完成的。完成印刷的纸张会由于压力、受墨、剥离等产生一定的弯曲或不平整。为纠正印张的不平整，使收纸顺利和整齐，需采用印张平整器（也称为印张消卷器）。

印张平整器通常安装在收纸滚筒下方。当印张将要由收纸链条叼牙排带着进入直线运动时，利用强吸风把印张拉向一个由两根圆辊形成的开口（图 3-56），使印张在运动过程

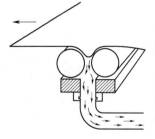

图 3-56　印张平整器

中被重新拉直理平。

（六）理纸装置

理纸装置是将落放在收纸台上的纸张进行整齐堆垛的齐整装置，主要包括侧齐纸装置、前齐纸装置和后齐纸装置。

1. 侧齐纸

侧齐纸是对印张左右齐整的装置。当印张飘落到收纸台上时，在两侧的侧走纸方向上，侧齐纸板左右移动，将印张左右拍齐，如图 3-57 所示。

如图 3-58 所示为一种侧齐纸装置。链轮 1 转动带动凸轮 2 转动并推动滚子 3，滚子带动摆杆 4 及凸块 5 前后摆动，使滚子 6 带着侧齐纸板 7 左右移动。

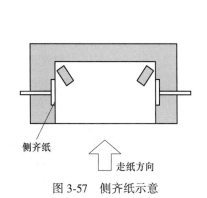

图 3-57　侧齐纸示意

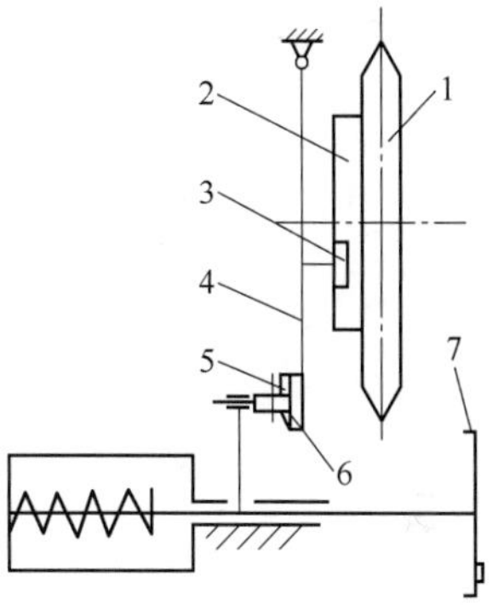

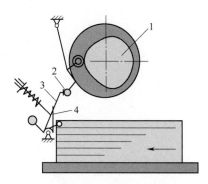

1—链轮；2—凸轮；3、6—滚子；
4—摆杆；5—凸块；7—侧齐纸板。

图 3-58　侧齐纸装置

2. 前后齐纸

前后齐纸是对纸张前后齐整的装置。当印张飘落到收纸台上时，前齐纸挡板前后摆动，将印张推送到固定的后齐纸装置上，如图 3-59 所示为前后齐纸示意图。

一种典型的前齐纸装置如图 3-60 所示，凸轮 1 转动通过滚子带动推滚 2 摆动，推滚推动与前齐纸板固联的摆杆 3，带动前齐纸挡板 4 前后摆动。

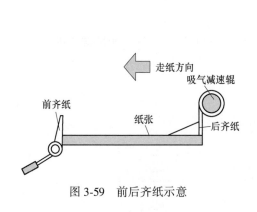

图 3-59　前后齐纸示意

1—凸轮；2—推滚；3—摆杆；4—前齐纸挡板。

图 3-60　前齐纸装置

后齐纸装置安装在纸张的后缘，一般与吸气减速辊连接在一起，工作时位置固定，如

图 3-61 所示。

（七）收纸台

收纸台是堆放印刷品，保证印刷时连续收纸的装置。收纸台能够随时对纸台上纸张的堆垛高度进行检测，并适时下降以保持纸堆顶面的高度，满足印张的稳定收取。收纸台升降装置与输纸台升降装置结构原理类似，有快速升降、手动升降、自动下降等机构。需快速升降时按住相应按钮使电机转动，通过传动齿轮、蜗轮蜗杆、链轮链条带动纸台快速上升或下降，如图 3-62 所示。

图 3-61　后齐纸装置

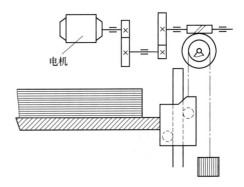

图 3-62　收纸台快速升降

有些印刷机上安装有副收纸板，能暂时接替主收纸台作用，实现不停机增加晾纸架及不停机收纸。

本章习题：

1. 纸张分离机构由哪几部分组成？各有何作用？
2. 递纸装置有哪几种类型？超越续纸有何特点？
3. 简述前规和侧规的定位原理。前规检测机构可以检测哪些输纸故障？
4. 单张纸在印刷机组间传送时如何实现纸张换面？简述三滚筒翻转传纸的原理。
5. 简述单张纸印刷机的收纸装置的组成。各部分各有何作用？
6. 如何实现收纸过程中的纸张减速？简述各减速机构的结构原理。

第四章 胶印机印刷装置——图文的转印

第一节 印刷装置的组成

一、印刷装置的基本组成

印刷装置是印刷机的核心，由传动部件、滚筒部件、离合压部件、调压部件、套准部件等组成。

印刷滚筒的转动是一般由印刷滚筒轴端的斜齿轮来传动的。高精度的斜齿轮保证了滚筒运转的动力需要和传动平稳性，如图4-1所示为滚筒部件轴端的斜齿轮。

印刷滚筒轴承能够减小摩擦，保证印刷滚筒高速转动，如图4-2所示。采用偏心轴承，使得印刷滚筒在连续转动的同时可以改变滚筒中心距，进而实现离合压或调压。使用组合轴承，兼有滚动轴承的运转灵活性、滑动轴承的平稳性，不但提高了承载力，而且缓解了滚筒中心位置变化产生的冲击力。

胶印机印刷装置中滚筒类型有三种：印版滚筒、橡皮滚筒、压印滚筒。印版滚筒装载印版，是图文载体滚筒。橡皮滚筒包覆橡皮布，是间接转移图文的滚筒。压印滚筒安装有叼牙，是带纸印刷的滚筒。在滚筒轴端还安装有离合压机构、调压机构、套准装置等部件，如图4-3所示。

图4-1 滚筒轴端的斜齿轮

图4-2 轴承

1—离合压机构；2—调压机构；
3—斜齿轮（可用于轴向套准）。

图4-3 滚筒轴端部件

二、滚 筒 排 列

不同的胶印机可能采用不同的滚筒排列布局。

1. 机组式滚筒排列

如图 4-4（a）、图 4-4（b）、图 4-4（c）所示分别为机组式胶印机中常用的三滚筒、四滚筒、五滚筒排列形式。

（1）三滚筒印刷机组　由一个印版滚筒、一个橡皮滚筒、一个压印滚筒组成，能够进行单面单色印刷。

（2）四滚筒印刷机组　由两个印版滚筒、两个橡皮滚筒组成，能够进行双面单色印刷，也称 BB 印刷机组。

（3）五滚筒印刷机组　由两个印版滚筒、两个橡皮滚筒、一个压印滚筒组成，能够进行单面双色印刷，也称半卫星型印刷机组。

2. 卫星型滚筒排列

如图 4-5 所示为典型的卫星型滚筒排列形式，由多个印版滚筒、多个橡皮滚筒、一个压印滚筒组成，能够进行单面多色印刷，也称 CI 卫星型印刷机组。

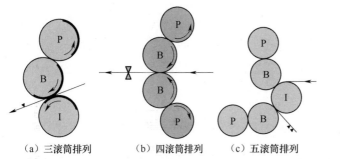

（a）三滚筒排列　　（b）四滚筒排列　　（c）五滚筒排列

P—印版滚筒；B—橡皮滚筒；I—压印滚筒。

图 4-4　机组式滚筒排列

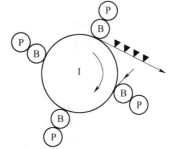

P—印版滚筒；B—橡皮滚筒；I—压印滚筒。

图 4-5　卫星型滚筒排列

思考：

这四种印刷滚筒排列形式各有何优缺点？

第二节　印刷装置结构与原理

一、滚 筒 结 构

（一）滚筒基本结构

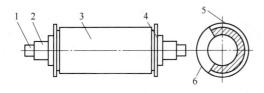

1—轴头；2—轴颈；3—滚筒体；4—滚枕；
5—筒体有效周长；6—空档。

图 4-6　滚筒部件的结构图

印版滚筒、橡皮滚筒以及压印滚筒三种印刷滚筒基本结构是相似的，均由轴颈、滚筒体和滚枕组成，如图 4-6 所示。

轴颈通过轴承支撑印刷滚筒，保证印刷滚筒平稳运转。

滚筒体即滚筒身，是进行接触印刷的部位，圆周方向分为印刷区域和空档区域。印刷区域在印刷压力下转移图文，而滚筒空档中安装各种装置。

滚枕又称肩铁，是印刷滚筒体两端的圆盘状部位。按照相邻滚筒滚枕接触状况，滚筒滚压分为走滚枕和不走滚枕两种方式。前一种情况下，印刷过程中滚筒互相滚压，即滚筒滚枕彼此接触，保持一定的压力，滚枕作为印刷基准。后一种情况下，印刷过程中滚筒滚枕彼此不接触，两侧滚枕作为安装和调试的基准。

印版滚筒、橡皮滚筒和压印滚筒主体结构相同，但各有特点。印版滚筒主要包括印版的装卡装置和印版位置的调整装置。橡皮滚筒主要包括橡皮布装卡装置和橡皮布张紧力调整装置。压印滚筒主要包括叼纸牙装置、开闭牙装置和叼牙压力调节装置。

（二）印版滚筒

1. 印版滚筒结构

印版滚筒表面装夹有印版，是任何胶印机都不可缺少的部件（图4-7）。在排列形式上，它总是同橡皮滚筒相接触，直径介于压印滚筒和橡皮滚筒之间。在印刷过程中，固定在滚筒表面的印版在每转动一周的工作循环时间内，先和水辊接触，使空白部分先获得水分，然后同墨辊接触，使图文部分接受油墨，最后又同橡皮滚筒接触，在一定的压力下做纯滚动，把图文墨迹转印给橡皮布表面。

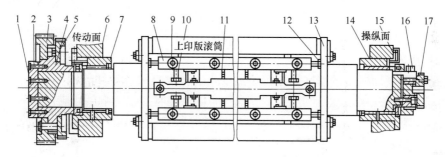

1—借版螺钉；2—压盖；3、5、17—齿轮；4—轮毂；6、14—偏心套；7—油封；8—版夹；9—卡版螺钉；
10、12—调节螺钉；11—顶簧；13—印版滚筒滚枕；15—止推轴承；16—锁紧螺母。

图4-7 印版滚筒结构

如图4-7所示，印版滚筒的筒体两端装有传动齿轮3。橡皮滚筒齿轮与印版滚筒齿轮啮合，带动印版滚筒转动。印版滚筒上的齿轮5、17将动力引向输墨部分，分别带动串墨辊转动和串动。在滚筒体上有大约30mm宽的滚枕13。印版滚筒表面比滚枕低的差值称为筒体的下凹量，印版滚筒筒体的下凹量一般为0.5mm，作为装版空间。滚筒齿轮3上设有长孔，用于调节印版滚筒与橡皮滚筒在圆周方向的相对位置。印版滚筒运转在墙板上的偏心套6中，偏心套用于调节印版滚筒和橡皮滚筒间的压力。

2. 印版滚筒上版机构

印版滚筒的空档部分设有印版装夹机构。常用的印版装夹机构有固定装夹机构和快速装夹机构两种。滚筒空档部分还设有印版位置的调节装置，用以拉紧印版，校正版位，调节图文位置，满足套印要求。

（1）普通固定上版机构 如图4-8所示为普通的固定上版机构，安装印版时，松开上、下版夹4和2的紧固螺钉1，将印版安装在上下版夹之间，随后将螺钉拧紧即可将印版夹紧。卸版时，拧松螺钉1，压簧3将上版夹4顶起，即可将印版取出。

（2）快速上版机构　如图 4-9 所示是一种快速上版机构，上下版夹 3、5 是由螺钉 2 连接的，印版 4 夹在上版夹和下版夹之间。当用拨辊转动偏心轴 1 时，偏心轴顶起或在弹簧 6 作用下落下上版夹尾部，上版夹前端钳口部分即与下版夹一起将印版夹紧或放松。

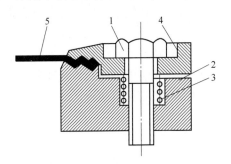

1—紧固螺钉；2—下版夹；3—压簧；

4—上版夹；5—印版。

图 4-8　普通上版

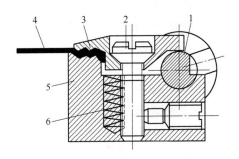

1—偏心轴；2—螺钉；3—上版夹；

4—印版；5—下版夹；6—弹簧。

图 4-9　快速上版

有些先进的印刷机有自动上版机构。装版盒中放入待装印版，由自动装置自动上版，将印版包紧在印版滚筒上，夹紧并拉平印版，无须手动操作。

（三）橡皮滚筒

1. 橡皮滚筒结构

橡皮滚筒是使印版上的图文墨迹转印到纸张上，也是完成胶印印刷不可缺少的部件。因此，橡皮滚筒的几何尺寸、制造精度、橡皮布的性能将直接影响到印刷网点的结构、图文的清晰度、套印精度。橡皮滚筒（图 4-10）的直径是三滚筒中最小的，滚筒表面包衬了较厚而有弹性的橡皮布，用以转印从印版上获得的图文。

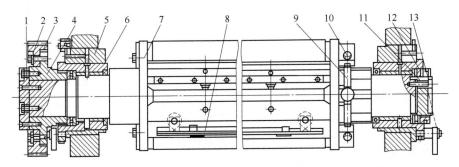

1—压盖；2—螺钉；3—斜齿轮；4—齿轮座套；5—外偏心套；6—内偏心套；7—橡皮滚筒；

8—纸卡子；9—蜗轮；10—蜗杆头；11—止推轴承；12—锁紧螺母；13—离合压连板。

图 4-10　胶印机橡皮滚筒结构

如图 4-10 所示，橡皮滚筒轴上一端安装有传动齿轮 3，下与压印滚筒传动齿轮相啮合，得到动力；上与印版滚筒齿轮相啮合，传给其动力。在滚筒齿轮上也设有长孔，用以调节橡皮滚筒与印版滚筒和压印滚筒在圆周方向的相对位置。为了安装橡皮布与衬垫，橡皮滚筒的筒体下凹量一般为 2～3.5mm。同时在轴的两端装有内、外偏心套 6 和 5。外偏心套 5 用于调节与压印滚筒之间的压力，内偏心套 6 用来实现滚筒的离合压。

2. 橡皮布装卡装置

橡皮滚筒的空档部分有橡皮布的装夹和张紧机构（图 4-11）。橡皮布一端固定，另一端装在可以收紧的轴上。老式胶印机依靠杠杆和棘爪、棘轮调节张力；一般自动胶印机均采用蜗轮、蜗杆调节张力。

如图 4-11 所示，安装橡皮布时，推开卡板 3 使金属版夹 2 嵌入张紧轴 1 的凹槽中，卡板在压簧 4 的作用下，自动钩住金属版夹。张紧轴 1 上装有蜗轮，与蜗杆相啮合。转动蜗杆，通过蜗轮带动橡皮布张紧轴转动，张紧或松开橡皮布。

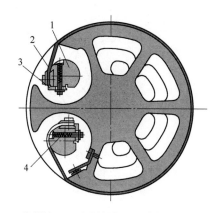

1—张紧轴；2—金属版夹；3—卡板；4—压簧。

图 4-11　橡皮布装卡装置

（四）压印滚筒

1. 压印滚筒结构

在胶印机上，压印滚筒（图 4-12）叼着纸张借助于压力直接从橡皮滚筒上转印图文，以完成印刷。它不仅是其他滚筒的调节基准，还是各运动部件运动关系的调节基准。

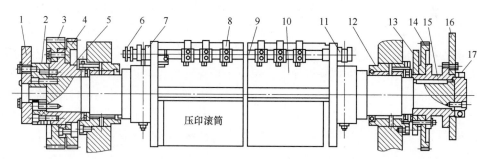

1—递纸牙凸轮；2—凸轮座；3—滚筒齿轮；4、14—传动递纸牙轴齿轮；5—齿轮座套；6—开闭牙滚子；7、11—摆杆；8—叼纸牙排；9—牙轴；10—压印滚筒体；12—轴套；13—离压凸轮；15—凸轮座；16—合压凸轮；17—锁紧螺母。

图 4-12　胶印机压印滚筒结构

作为整台机器的基准和核心，压印滚筒的直径是三滚筒中最大的，其大小和齿轮节圆、滚枕相等或近似相等。与其他两种滚筒不同之处在于，滚筒体表面到滚枕表面的距离为凸量（不是下凹量）。压印滚筒在携带纸张印刷时不加衬垫。因此，压印滚筒的筒体表面一般很光滑，精度要求高；为了提高滚筒寿命，筒体表面应具有良好的耐磨性和耐腐蚀性，有的还进行镀铬处理。另外，滚筒齿轮及轴套配合的精度也要求很高，以保证运动平稳。

压印滚筒是纸张印刷时的支撑面，同时把纸张从递纸牙传往收纸链条。压印滚筒传递纸张是依靠滚筒上的叼纸牙机构定时开闭来完成的，纸张在印刷过程中应被夹紧，不得有任何位移。因此，压印滚筒的滚筒空档部分装有叼纸牙排。

2. 压印滚筒叼牙机构

如图 4-13 所示为一种压印滚筒叼纸牙的结构。在叼牙轴 2 上安装有多个叼牙，卡箍 3 用紧固螺钉 1 紧固在叼牙轴上。牙体 6 骑在卡箍两侧并活套在叼牙轴上，在牙体上通过调

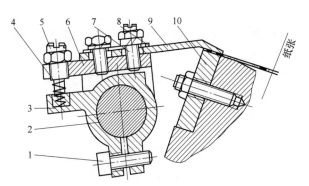

1—紧固螺钉；2—叼牙轴；3—卡箍；4—弹簧；
5、7—调节螺钉；6—牙体；8—垫片；9—牙片；10—牙垫。

图 4-13 胶印机叼纸牙结构

节螺钉 7 装有牙片 9，依靠弹簧 4 使牙片 9 与牙垫 10 始终接触，其接触力的大小可通过调节螺钉 5 来调节。当叼牙轴沿逆时针方向转动时，卡箍 3 也随之逆时针转动。卡箍 3 通过调节螺钉 5 的锁紧螺母拉动牙体 6，使其抬起，带动牙片 9 开牙咬纸。

二、滚筒离合压与调压

印刷滚筒运行时有两种工作状态。印刷机在不需要或不能够进行印刷时，印刷滚筒间需处于无压状态，即印刷滚筒离压。当处于停机、机器调整或出现工艺、机械或人身安全等故障时，也应离压。正常印刷时，纸张进入印刷装置，印刷滚筒接触压印，滚筒之间处于有压状态，即印刷滚筒合压。

滚筒离合压就是相互作用的两滚筒部件的分离与接触，通过控制滚筒之间的中心距来实现。当中心距大于二滚筒半径之和，即离压；中心距小于二滚筒半径之和，即合压。离合压中心距变化大。调节印刷压力时，在合压的前提下中心距只做微量的变动。离合压和调压分别依靠独立的动作来完成。

扩展学习：

查阅资料，了解什么是同时离合压、什么是顺序离合压？各有何特点？

（一）离合压方法与原理

实现滚筒离合压和滚筒调压需要改变滚筒的中心距，可以采用不同的方法来实现。印刷机上常采用的方法有两种，一种是利用偏心轴承，另一种是采用三点悬浮式结构。

1. 偏心轴承离合压

在需要改变中心位置的印刷滚筒轴端安装偏心轴承，利用偏心轴承转动带来此滚筒与其他滚筒中心距的改变，实现印刷滚筒间的离合压。

如三滚筒平版印刷机上，将橡皮滚筒轴安装在偏心套（即偏心轴承）的内孔中，如图 4-14 所示，内孔轴心即为橡皮滚筒轴心 O_b。而偏心轴承装载到滚筒支撑墙板孔中，墙板孔中心与偏心套外轴中心一致，为 O_1。当转动偏心套时，偏心套连带偏心套中安装的橡皮滚筒一起绕墙板孔中心 O_1 旋转，即 O_b 绕 O_1 旋转。当橡皮滚筒中心与印版或压印滚筒中心距变大时即为离压，反之为合压。此例中采用的是单偏心轴承，也有些离合压

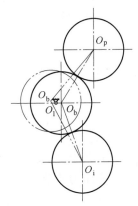

图 4-14 偏心轴承离合压

机构上采用的是双偏心轴承。

偏心轴承式离合压机构具有结构简单、调节方便、准确可靠的优点，但加工较困难。

2. 三点悬浮式离合压

如图 4-15 所示，印刷滚筒轴 5 安装在曲线套 4 中，曲线套由三个滚子（轴承）支撑，滚子 1 和 2 为偏心轴承，但固定支撑，滚子 3 由弹簧柔性固定。当旋转曲线套低凹部分与滚子 1、2 接触时，则滚子 3 由弹簧推动远离相邻滚筒，滚筒间中心距变大，滚筒离压。当曲线套外缘与滚子 1、2 接触时，支撑滚子 3 的弹簧压缩，滚筒靠近相邻滚筒，滚筒间中心距变小，滚筒合压。

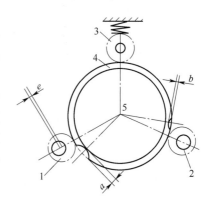

1、2、3—滚子；4—曲线套；5—印刷滚筒轴。

图 4-15　三点悬浮式离合压

（二）离合压机构

如图 4-16 为一种采用了偏心轴承的机械式离合压机构。压印滚筒轴端装有离、合压凸轮 2 和 1。

合压时，控制电路接通，电磁铁 6 通电，铁芯顶出推动双头推爪 11 绕支点顺时针转动，推爪 11 摆向合压摆动撑牙 9。当合压凸轮 1 推动滚子 3 及撑牙 9 逆时针摆动时，撑牙 9 推动双头推爪 1，使摆杆 8 逆时针摆动，经连杆 5 带动偏心轴承 4 及橡皮滚筒转至合压位置。

离压时，控制电路断电，电磁铁 6 断电使双头推爪 11 在拉簧 10 的作用下逆时针摆动，推爪 11 下端与撑牙 12 配合。当离压凸轮 2 推动滚子 13 时，离压撑牙 12 推动双头推爪 11，使摆杆 8 顺时针摆动，经连杆 5 带动偏心轴承 4 及橡皮滚筒转至离压位置。

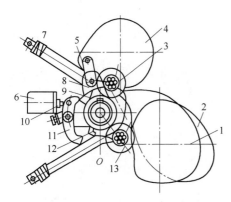

1—合压凸轮；2—离压凸轮；3、13—滚子；
4—偏心轴承；5—连杆；6—电磁铁；
7—拉杆；8—摆杆；9—合压撑牙；10—拉簧；
11—双头推爪；12—离压撑牙。

图 4-16　机械式离合压装置

（三）印刷压力调节

1. 滚筒间的印刷压力

印刷压力表现在印刷滚筒包衬的变形上。当印刷滚筒间存在压力时，滚筒包衬就会产生变形，此时相互滚压的两滚筒中心距小于两滚筒半径之和。

如图 4-17 为滚筒滚压时印刷压力的分布情况。在滚筒的接触区宽度 b 上，在进入和将要离开的接触区边缘处滚筒变形为零，印刷压力也为零。接触区宽度中点处滚筒变形最大，印刷压力 p_0 也最大。在静态条件下，接触区宽度上的印刷压力分布曲线趋向于正态分布形状。

2. 印刷压力的调节

印刷压力调节方法与滚筒离合压方法一样，即改变滚筒中心距。如图 4-18 所示，若滚筒尺寸不变，改变中心距 A 即可，即 A 越小，压力越大；A 越大，压力越小。也可保持滚筒中心距不变，通过改变滚筒包衬厚度改变滚筒尺寸。

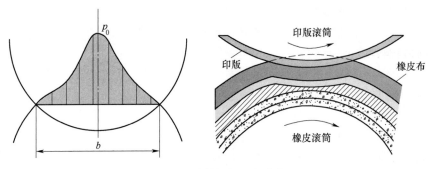

图 4-17　滚筒间的压力分布

3. 调压机构

如图 4-19 所示为一种蜗轮蜗杆调压机构。转动轴 1、蜗杆 2 带动蜗轮 3 转动，齿轮 6 传动扇形齿轮 4，扇形齿轮与偏心轴承 5 固定，偏心轴承转动，调节了滚筒之间的中心距。

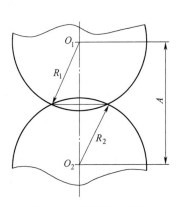

图 4-18　印刷压力调节

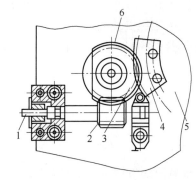

1—转动轴；2—蜗杆；3—蜗轮；4—扇形
齿轮；5—偏心轴承；6—齿轮。

图 4-19　蜗轮蜗杆调压机构

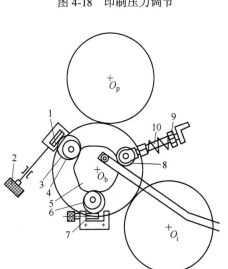

1、7—蜗杆；2—手柄；3—蜗轮；4、6—滚子；
5—曲线套；8—浮动滚子；9—螺母；10—弹簧。

图 4-20　偏心滚子调压机构

如图 4-20 所示为一种偏心滚子调压机构，4、6 为偏心安装的滚子。转动蜗杆 7，通过蜗轮转动改变滚子 6 的位置，推动曲线套 5，可调节橡皮滚筒与印版滚筒肩铁之间的接触压力。通过手柄 2，转动蜗杆 1、蜗轮 3，调节滚子 4 的位置，推动曲线套 5 改变橡皮滚筒与压印滚筒之间的压力。调节螺母 9，改变弹簧 10 的长度，可调节浮动滚子 8 与曲线套 5 的压力。

三、滚筒套准调节

滚筒套准调节装置可以改变不同机组上印版图文在纸张上的相对位置，修正印刷套准偏差。

1. 轴向套准调节

当后一色印刷图文与第一色印刷图文存在

横向位置偏差时，一般需进行印版位置轴向调节。如图 4-21 所示，手动调节版夹两端调版螺钉，可以实现印版在印版滚筒表面的轴向移动。有些印刷机安装有印版轴向遥控，调节电机驱动齿轮转动，带动内螺纹套转动，拉动螺纹轴头横向移动，改变印版位置，进行套准。

2. 周向套准调节

周向即印刷走纸方向。周向套印不准是指后一色印刷图文与第一色印刷图文存在纵向位置偏差。如图 4-22 所示，手动调节时，借助版夹的上下调节螺钉，实现印版在印版滚筒表面的纵向移动。有些印刷机安装有印版周向遥控调节装置。

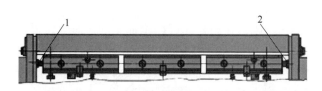
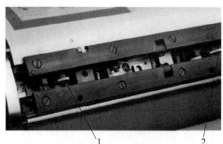

1、2—轴向调版螺钉。

图 4-21 印版轴向调节

1、2—周向调版螺钉。

图 4-22 印版周向调节

扩展学习：

套准调节还可以采用借滚筒的方式实现。查阅资料，了解什么是借滚筒，它是如何实现的？

本章习题：

1. 平版胶印机的印刷装置包括哪些部分？各有何作用？
2. 胶印机的滚筒排列有哪些形式？各有何特点？
3. 比较印版滚筒、橡皮滚筒、压印滚筒结构上的异同。
4. 滚筒的滚枕是指什么？有何作用？
5. 如何进行印版套准调节？
6. 简述滚筒调压和离合压的原理。什么是同时离合压、顺序离合压？
7. 常用的实现离合压机构有哪些？简述其原理。

第五章　胶印机输墨与润湿系统——油墨与润湿液的转移

第一节　输 墨 系 统

一、输墨装置组成

如图 5-1 所示，平版胶印机的输墨装置通常由供墨部分Ⅰ、匀墨部分Ⅱ和着墨部分Ⅲ组成。

供墨部分由墨斗 1、墨斗辊 2 和传墨辊 3 组成，作用是完成印刷油墨的定时、定量传递，并能根据印刷品需要调整下墨量的大小。匀墨部分由串墨辊 4、匀墨辊 5 及重辊 6 组成，作用是将供墨部分传递的不均匀油墨打匀，并将均匀的油墨传递给着墨装置。着墨部分由数量不等的着墨辊 7 组成，作用是将匀墨部分传递的油墨进一步打匀，并根据需要传递给印版均匀的油墨。

不同的印刷机墨辊数量和排列可能不同。墨辊的排列布局决定了给墨路线和墨路长短。如图 5-2 所示为某胶印机的输墨装置给墨路线：墨斗油墨→墨斗辊→传墨辊→串墨辊→匀墨辊→……→串墨辊→着墨辊→印版。

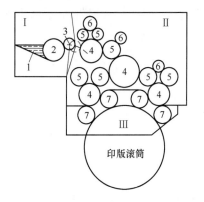

Ⅰ—供墨部分；Ⅱ—匀墨部分；Ⅲ—着墨部分；
1—墨斗；2—墨斗辊；3—传墨辊；4—串墨辊；
5—匀墨辊；6—重辊；7—着墨辊。

图 5-1　输墨装置基本组成

图 5-2　给墨路线示意图

二、墨辊排列与输墨性能

（一）对输墨装置的技术要求

输墨装置的性能直接影响到印刷品的墨色质量及调节控制的灵敏性，因而现代高速印刷机对输墨装置有着严格的技术要求，主要有如下几点：

① 在整个印刷过程中，能够均匀而又稳定地给印版上墨。

② 能够方便地为整个印版版面或局部区间调节给墨量。

③ 给墨调节灵敏度高、响应时间短，固定供墨印刷过程中墨色稳定、波动小，能保证整批量印刷品墨色一致。

④ 在高速印刷机上应设有速度跟踪补偿系统，随着印刷速度的变化，自动调节输墨量。

⑤ 在高速多色机上能实现输墨量的预调和输墨装置的集中遥控。

⑥ 能手动或按控制信号自动停止或启动相应装置工作。例如，当输纸系统出现故障时，能够及时停止供墨、着墨，待故障排除后自动恢复正常工作。

⑦ 在高速印刷机上输墨装置应配备有冷却系统，以降低输墨装置在油墨被高速滚压、摩擦和拉薄打匀过程中所产生的温升，降低油墨乳化，以期得到良好的印品墨色。

⑧ 输墨装置应结构简单、调节方便。

（二）输墨性能评价

输墨装置类型很多，结构也各不相同，不同品牌、不同型号印刷机的输墨系统，在墨辊数量、直径、排列上一般有较大差异。评价这些输墨装置的输墨性能，除了最终以印刷品的墨色来进行评定外，还有一些基本的指标和原则。

1. 着墨系数 K_g

着墨系数表示着墨辊对印版着墨的均匀程度，用所有着墨辊面积之和与印版面积的比值来衡量：

$$K_g = \frac{\pi L \sum D_g}{A_p}$$

式中　K_g——着墨系数；

　　　L——着墨辊长度，mm；

　　$\sum D_g$——着墨辊直径之和，mm；

　　　A_p——印版面积，mm²。

着墨系数 K_g 值一般应大于 1，在一定范围内其值越大着墨效果越好。一般单张纸胶印机 K_g 值为 1~1.5，书刊及报纸卷筒纸胶印机 K_g 值在 0.65~1.2。可以用增加着墨辊数量和着墨辊直径两种方法来增加 K_g 值，一般首先考虑增加着墨辊数量。单张纸胶印机着墨辊多数为 4 根，也有达到 5 根的，而商业用卷筒纸胶印轮转机着墨辊多数为 3 根。

2. 匀墨系数 K_y

匀墨系数表示匀墨部分将油墨打匀的程度，用所有匀墨辊面积之和与印版面积的比值来表示：

$$K_y = \frac{\pi L \sum D_y}{A_p}$$

式中　K_y——匀墨系数；

　　　L——着墨辊长度，mm；

　　$\sum D_y$——匀墨辊直径之和，mm；

　　　A_p——印版面积，mm²。

一般情况下匀墨系数越大越好。单张纸胶印机 K_y 值常在 4~5.5，墨辊数为 15~25

根，卷筒纸胶印机墨辊数为 7~15 根。

3. 积聚系数 K_j

积聚系数表示输墨系统中积聚油墨的能力，用全部匀墨和着墨辊面积之和与印版面积之比来度量：

$$K_j = \frac{\pi L(\sum D_g + \sum D_y)}{A_p} = K_g + K_y$$

式中　K_j——积聚系数；

　　L——着墨辊长度，mm；

　　$\sum D_g$——着墨辊直径之和，mm；

　　$\sum D_y$——匀墨辊直径之和，mm；

　　A_p——印版面积，mm^2；

　　K_g——着墨系数；

　　K_y——匀墨系数。

K_j 值越大，输墨系统油墨积聚量越大，墨色稳定性越好，对供墨量变化越不敏感，但调整墨色过渡过程长，瞬态反应慢。因此，用计算机控制墨色的系统，K_j 值不宜过大。

4. 打墨线数 N

打墨线数反映油墨在传输和拉薄打匀过程中在墨辊间滚压碾展和分离的次数，也称接触线数，用 N 表示。其值越大，匀墨效果越好。

5. 墨路、墨流分配和着墨率

一定数量的匀墨辊、着墨辊采用不同的结构排列，将直接影响到油墨的传递路线、墨流分配，最终决定每一根着墨辊向印版涂布油墨占总着墨量的百分比（着墨率）的大小。

墨路就是油墨传递路线，即墨流路线。假若有 4 根着墨辊，那么就有 4 条相应的自匀墨部分第一根墨辊到每一根着墨辊的最短传墨路线（图 5-3）。

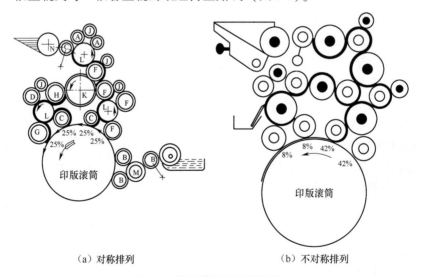

（a）对称排列　　　　　　　（b）不对称排列

图 5-3　输墨装置的输墨路线

墨流分配取决于油墨经过滚压后分离到两个辊子输出表面的各自的百分比，它与墨辊材料性质和表面状况有关。设一对相互滚压的墨辊进入滚压区前各自表面的墨层厚度为 A

和 B（图 5-4），则进入滚压区的总墨量应为 $A+B$；经滚压后，由于两个辊子表面对油墨的附着作用，油墨进行分离，分到各辊子输出表面的墨层厚度分别为 x 和 y，这时的油墨转移率为：

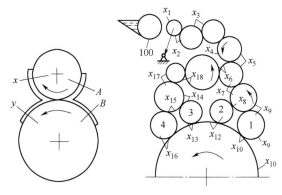

$$f=\frac{x}{A+B}\times100\%=\frac{x}{x+y}\times100\%$$

经研究分析，输墨装置中间隔排列的硬质辊和软质胶辊、软质着墨辊与印版，以及印版与橡皮滚筒表面，经滚压后油墨分裂并附着到各自输出

图 5-4　墨流分配计算图

表面的墨量和墨层厚度接近相等，即 $x=y$，$f=50\%$。这样，对于如图 5-4 所示输墨路线，设每次供给输墨装置的墨量为 100，可依次对相互滚压的墨辊副建立油墨分配转移方程：

$$x_1=\frac{100+x_2}{2},\ x_2=\frac{x_1+x_3}{2},\ x_3=\frac{x_2+x_4}{2},\ \cdots\cdots$$

$$x_{11}=\frac{x_9+x_{10}}{2},\ x_{12}=\frac{x_8+x_{11}}{2},\ x_{13}=\frac{x_{12}+x_{14}}{2},\ \cdots\cdots$$

$$x_{16}=\frac{x_{13}+x_{15}}{2},\ \cdots\cdots$$

求解该多元一次方程组，即得每一根墨辊输入输出表面的墨量，即墨层厚度 x_1，x_2，x_3，…；则对于如图 5-4 所示输墨装置，4 根着墨辊的着墨率分别为：

$$Q_1=\frac{x_{11}-x_{10}}{x_{16}-x_{10}}=41.5\%,\ Q_2=\frac{x_{12}-x_{11}}{x_{16}-x_{10}}=41.5\%,$$

$$Q_3=\frac{x_{13}-x_{12}}{x_{16}-x_{10}}=8.5\%,\ Q_4=\frac{x_{16}-x_{13}}{x_{16}-x_{10}}=8.5\%$$

可知该输墨装置的前两根着墨辊的输墨路线短，获得总墨量的 83%，也就是说向印版涂布油墨的功能主要由前面两根着墨辊来完成。后两根着墨辊的输墨路线长，分配到的墨量小，为总墨量的 17%，这两根着墨辊除了向印版表面补充少量油墨外，主要任务是使印版版面墨色更加均匀。

在现代胶印机上输墨装置多数采用这种墨流前多后少的分配方式。也有的输墨装置采取对称排列方式，油墨自接墨辊到达每根着墨辊的输墨路线长短一致，每一根着墨辊向印版涂布油墨的墨量相等。即对 4 根着墨辊的输墨装置来讲，每根着墨辊的着墨率均为 25%，如图 5-3（a）所示。

输墨装置的墨辊数量、结构排列不同，墨路的长短、输墨路线、墨流方向、墨量分配、着墨率各不相同。墨辊数量少，墨路短，下墨快，匀墨系数、积聚系数、打墨线数的值均小，输墨稳定性、均匀性较差，但瞬态反应快；墨辊数量多，则墨路长、下墨慢、匀墨性能和输墨稳定性好。不同情况下需选择不同的方案。在现代高速胶印机上，采用控制台集中遥控的输墨系统，特别是配备有印品墨色自动检测控制的输墨装置，一般采用短墨路，以使控制灵敏、快捷。

扩展学习：

1. 图 5-4 未完整示意出油墨转印至橡皮滚筒、压印滚筒表面的纸张的情形。请补充完整，并分析、计算该墨路系统的着墨率，验证文中所述结果的正确性。

2. 查阅资料，学习如何分析输墨系统的动态性能。

三、输墨装置结构与原理

（一）供墨部分

1. 墨斗

墨斗的作用是储墨，油墨通过人工加墨或自动加墨的方法放进墨斗中。

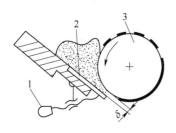

1—调墨旋钮；2—墨刀片；3—墨斗辊。

图 5-5　墨斗结构

胶印油墨较为黏稠，墨刀片与墨斗辊之间形成 V 形储墨区。如图 5-5 所示，通过调整调墨旋钮 1 使墨刀片 2 与墨斗辊 3 之间的间隙 δ 改变，以达到控制墨斗辊传墨量的目的。墨刀片可以是整体的，也可以是沿宽度方向分段的。分段墨刀片是指按照印刷品宽度方向将墨斗进行分区，每个分区由一个墨刀片控制。

墨量的调节可手动和遥控实现。如图 5-6 所示为手动调节调墨旋钮，改变墨刀片与墨斗辊之间的间隙，调节墨量。如图 5-7 所示，可通过控制台发出调节信息，控制伺服电机及相关机构，调节墨量。

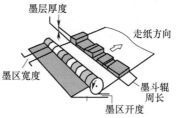

图 5-6　手动调墨

（1）分区墨量调节机构　如图 5-8、图 5-9 所示，海德堡胶印机分区墨量调节装置以一个薄的涤纶片代替墨刀片，它置于墨刀体的上边，其前端部、上表面和墨斗接触，下表面由偏心计量辊支撑。它把墨斗体、墨刀片在长度方向分为 32 段导板。每段导板的下方各装配着一个油墨流量调节器，与墨斗辊平行地排列成行。在 32 段导板的上表面再铺放一张薄的涤纶片，涤纶片与墨斗辊接触。各偏心计量辊由小电机经增力机构带动，可正反方向旋转一定角度，使其与墨斗辊的间隙改变，

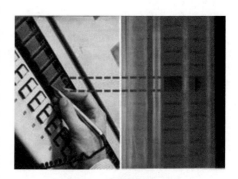

图 5-7　遥控调墨

在油墨重量的作用下，涤纶片随之改变与墨斗辊之间的间隙，以此实现墨量的调节。

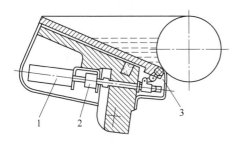

1—电动机；2—电位计；3—偏心计量辊。

图 5-8　海德堡胶印机墨斗机构

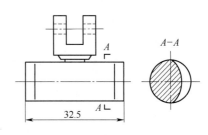

图 5-9　偏心计量辊

罗兰印刷机墨斗结构如图 5-10 所示，通过驱动安装在墨斗体 4 上的伺服电机 3 及螺旋机构 2，驱动墨刀片 1 直动，改变与墨斗辊 5 之间的间隙。

（2）整体墨量调节　一般用两种方式实现整体墨量调节：一是整体改变墨斗体的倾斜角，倾斜角越大，越易下墨，整体供墨量将增大，二是对于间歇旋转墨斗辊，可以调节间歇转动的转角大小改变供墨量。

如图 5-11 所示，通过调节月形板 5 的位置，改变棘爪 3 推动棘轮 1 单向转动的角度，实现墨斗辊转角调节，改变整体供墨量。墨量供应不足时，也可通过快速转动手柄（图 5-12），推动棘爪使墨斗辊单向转动，快速增加墨斗辊供墨量。

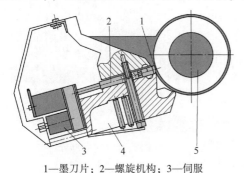

1—墨刀片；2—螺旋机构；3—伺服
电机；4—墨斗体；5—墨斗辊。

图 5-10　罗兰印刷机输墨系统墨斗机构

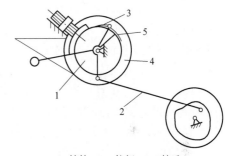

1—棘轮；2—拉杆；3—棘爪；
4—墨斗辊；5—月形板。

图 5-11　墨斗辊转角调整

2. 墨斗辊

墨斗辊连续或间歇旋转，将墨斗中油墨传递给传墨辊。对于连续旋转式墨斗辊，可由直流电机通过传动齿轮直接驱动，如图 5-13 所示。

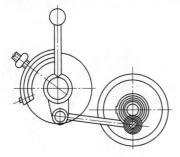

图 5-12　手动墨斗辊

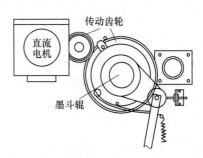

图 5-13　墨斗辊连续转动

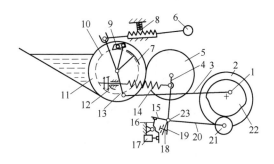

1—曲柄；2—上串墨辊；3—连杆；4、13、20—摆杆；5—传墨辊；6—手柄；7—扇形板；8—弹簧销；9—棘爪；10—棘轮；11—墨斗辊；12—调节螺母；14—拉簧；15—小挡杆；16—撑杆；17—电磁铁；18—调节螺钉；19—摆块；21—滚子；22—凸轮；23—轴。

图 5-14　间歇旋转供墨机构

一般印刷机上墨斗辊是间歇旋转的。如图 5-14 所示，凸轮 22 上的曲柄 1、连杆 3、摆杆 13 组成曲柄摇杆机构，曲柄 1 旋转时带动摆杆 13 往复摆动，经摆杆 13 上的棘爪 9，推动棘轮 10 间歇运动，从而使墨斗辊间歇转动。

3. 传墨辊

传墨辊一般采用间歇摆动。如图 5-14 所示，凸轮 22 由低点向高点运动时，经滚子 21、摆杆 20、摆块 19、调节螺钉 18、摆杆 4，使传墨辊 5 摆向上串墨辊 2；凸轮 22 由高点向低点运动时，在拉簧 14 的作用下，使传墨辊 5 摆向墨斗辊 11。

停止传墨是通过电磁铁 17 拉动撑杆 16，阻挡传墨辊向墨斗辊摆回。

（二）匀墨部分

如图 5-15 所示为胶印机匀墨部分，一般有三种墨辊：串墨辊、匀墨辊和重辊。匀墨辊和重辊结构比较简单，不需动力驱动，是靠摩擦转动的。匀墨辊通过轴承安装在轴承座中，在串墨辊摩擦带动下圆周转动。

串墨辊的结构较复杂，转动的同时还做轴向往复摆动（串动）。串墨辊轴向串动的主要作用是将油墨打匀。串墨辊一般分为三层，上串墨辊尽快将供墨装置所供给的不均匀油墨层拉开、拉薄、拉匀；中串墨辊承担着贮墨、打匀和分配墨流作用；下串墨辊负责打匀着墨辊向印版上墨后在其辊上残存的与印版上印刷图文和空白相对应的不均匀油墨。

图 5-15　匀墨部分

（1）串墨辊的圆周转动　如图 5-16 所示，中串墨辊 4、上串墨辊 5 及下串墨辊 1 和 3 的圆周转动动力均来源于印版滚筒 2。

（2）串墨辊的轴向串动　典型的主串墨采用曲柄摇杆机构，如图 5-17 所示，由偏心机构 1 通过连杆 2 和摇杆拉动中串墨辊 4 轴向移动。

其他串墨辊轴向串动利用中串墨辊 4 的轴向串动动力，借助摆杆 3、6、7 推动串墨辊 1、2、5 的轴向移动，如图 5-18 所示。

（三）着墨部分

如图 5-19 所示，由于串墨辊和印版滚筒均有主动动力，着墨辊 1 同时与下串墨辊 2 和印版滚筒接触，依靠摩擦力被动旋转。着墨辊与串墨辊、印版滚筒之间的压力决定了油墨传递量及印版上墨的均匀性。

1. 着墨辊压力调节

如图 5-20 所示，着墨辊与下串墨辊之间的压力是利用偏心机构改变中心距原理实现的，着墨辊与印版滚筒之间的压力是通过摆杆机构直接改变着墨辊位置实现的。

1、3—下串墨辊；2—印版滚筒；
4—中串墨辊；5—上串墨辊。

图 5-16　串墨辊圆周运动

1—偏心机构；2—连杆；
3—摇杆；4—中串墨辊。

图 5-17　曲柄摇杆主串墨

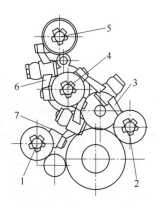

1、2、5—串墨辊；4—中串墨辊；3、6、7—摆杆。

图 5-18　串墨辊轴向串动

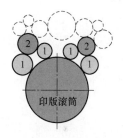

1—着墨辊；2—下串墨辊。

图 5-19　着墨部分

由于着墨辊座与齿轮偏心安装，当转动蜗杆 5、6 时，带动带有齿轮的着墨辊座 4、7 转动，改变着墨辊与串墨辊之间压力。

转动手柄 1、10 时，手柄前端的蜗杆带动安装在凸轮轴 A、B 上的蜗轮转动，当凸轮 3、8 大面与摆架 2、9 接触时，推动摆架带动着墨辊 M、N 绕固定轴做微量转动，实现着墨辊与印版滚筒之间压力的变化。

2. 着墨辊起落

着墨辊起落是指着墨辊与印版滚筒的离合压，按照驱动方式分为手动独立起落、与印版滚筒间离合压联动起落两种方式。如图 5-21 所示，无论手动驱动还是联动驱动都是通过转动凸轮 1，通过滚子 2 带动起落架 3 绕固定中心转动，推动

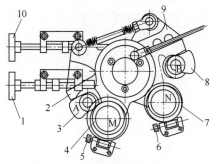

1、10—手柄；2、9—摆架；3、8—凸轮；
4、7—着墨辊座；5、6—蜗杆；
A、B—凸轮轴；M、N—墨辊。

图 5-20　压力调节

着墨辊与印版滚筒离合。

如图 5-22 所示，可以通过手柄 6 转动凸轮 2，推动滚子 5 带动着印版滚筒墨辊支架 7 绕固定轴转动，实现着墨辊手动抬升或下落。也可以与印刷滚筒的离合压联动，离合压机构与连杆 4 连接，推动摇杆 3 转动凸轮 2，同样通过滚子 6 推动着墨辊支架 7 转动，实现着墨辊与印版滚筒的离合。

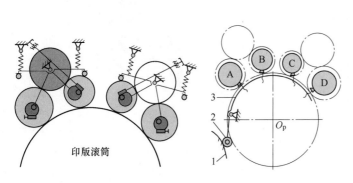

1—凸轮；2—滚子；3—起落架。

图 5-21　着墨辊起落

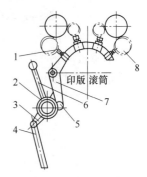

1、8—着墨辊；2—凸轮；3—摇杆；
4—连杆；5、6—滚子；7—墨辊支架。

图 5-22　着墨辊手动起落机构

（四）输墨装置中的墨辊

墨辊是用于传递油墨的，因此，墨辊的表面材料需要具备良好的亲油、传墨、抗酸碱、抗老化等性能。输墨系统中墨辊排列遵循软硬辊相间传墨的原则，因此，可以将墨辊分为软性墨辊和硬性墨辊。

墨斗辊是硬性墨辊，表面一般为钢质材料。墨斗辊有主动动力，轴向尺寸较大，通常为一体式结构，如图 5-23 所示。

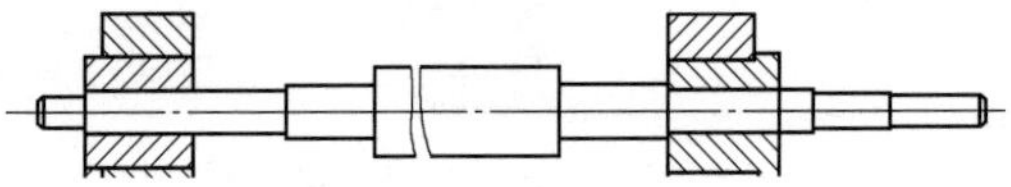

传墨辊、匀墨辊和着墨辊均为软质胶辊，是无主动转动动力的辊子。如图 5-24 所示，这种类型的墨辊轴向尺寸较小，表面覆盖塑料或橡胶材料。为使表面材料能长期工作不脱落，需要在钢制辊芯的表面加工正、反旋向的螺纹。墨辊两端装有轴承，安装在可以开闭的轴承座中（对于匀墨辊、传墨辊），或安装在专用支承架上（对于着墨辊）。

图 5-23　墨斗辊结构

大部分印刷机上的串墨辊为具有主动动力的辊子，转动动力来源于印版滚筒。这种串墨辊轴向尺寸大，安装精度要求高。串墨辊按照结构分为整体式和三段式两大类。如图 5-25 所示为三段式串墨辊，其两端轴头和辊体需独立加工，在机器装配时成为一个整体。这种结构安装方便，但需要保证装配后的同轴度。

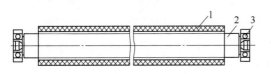

1—橡胶；2—辊芯；3—轴承。

图 5-24　软性墨辊结构

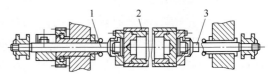

1、3—轴头；2—辊体。

图 5-25　串墨辊结构

第二节　润 湿 装 置

一、润湿装置的作用与类型

在印刷过程中，对润湿装置的基本要求是把预先配制好的润湿液（水）适量、均匀地传送到印版上。如果水量过小，油墨会使进入印版的空白部分出现脏污，即常说的脏版；如果水量过大，不但可能引起条痕（也称白墨杠）、油墨乳化，影响印品质量，而且还会使纸张吸水过多，伸缩不匀，造成套印不准。因此控制供水量是胶印机的一个重要问题。

（一）润湿装置的作用

润湿装置（如图 5-26 所示），也称输水装置，作用是连续不断提供给印版非图文部分均匀的水膜。

如图 5-27 所示，胶印印版图文表面分为图文部分与非图文部分，非图文部分与图文部分几乎在一个平面上。平版胶印基于油水不相容原理，润湿即给印版上水，非图文部分上水后会排斥油墨。为了满足胶印工艺要求，必须使非图文部分获得致密的水膜，保证印版非图文部分排斥油墨而不被沾脏，如图 5-28 所示。

图 5-26　润湿装置

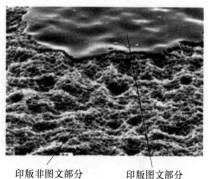

印版非图文部分　　　印版图文部分

图 5-27　印版图文与非图文部分

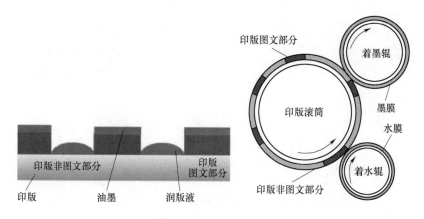

图 5-28　印版润湿原理

（二）润湿装置的类型

1. 按照与输墨装置的关系分类

（1）独立式润湿　如图 5-29 所示，这种装置独立向印版滚筒传水，适合细小图案印刷。

（2）乳化式润湿　如图 5-30 所示，这种装置印刷时不仅给印版上水，还同时给输墨系统上水，加快了油墨乳化，又称为达格伦润湿。

（3）半乳化式润湿　如图 5-31 所示，这种装置在给印版上水的同时，通过过桥辊给着墨辊上水，适合普通印刷。

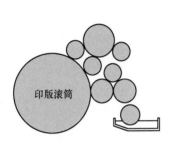

图 5-29　独立式润湿

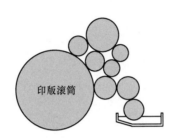

图 5-30　乳化式润湿

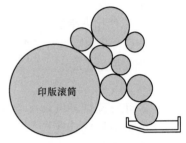

图 5-31　半乳化式润湿

2. 按照润湿液传递方式分类

润湿液传递方式是指润湿液在水辊、印版之间滚压、分配、传送的方式，分为接触式润湿和非接触式润湿两种。

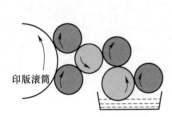

图 5-32　接触式润湿

（1）接触式润湿　如图 5-32 所示，输水装置中润湿液从水斗传递到印版的过程中各水辊彼此接触。

（2）非接触式润湿　如图 5-33 所示，输水装置中润湿液从水斗到水辊或印版是借助空气传递的。

3. 按照给水是否连续分类

（1）连续润湿　如图 5-34 所示，供水装置向匀水装置提供的水量是连续的。这种方式广泛应用在各种高速印刷机上。

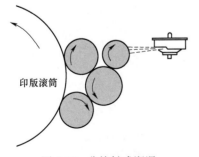

图 5-33　非接触式润湿

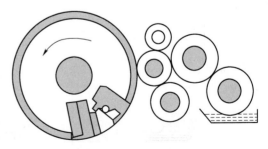

图 5-34　连续润湿

（2）间歇润湿　如图 5-35 所示为一种间歇式常规润湿装置，供水装置向匀水装置提供的水量是间歇的，不连续的。这种方式一般不适合高速印刷机。

（三）润湿装置的组成

胶印机常规润湿装置是由供水部分、匀水部分和着水三部分组成。如图 5-35 所示，供水部分（水斗 1、水斗辊 2、传水辊 3）将水斗中的润湿液传出，并控制出水量；匀水部分（串水辊 4）将传出的润湿液拉薄变匀；着水部分（着水辊 5）向印版滚筒 6 上的印版非图文部分提供均匀的润湿液。

对于间歇式常规润湿装置，具体的部件和机构包括：

① 储存和供给润湿液的自动上水器（水箱）。

② 存放有润湿液、装有水斗辊的水斗。

③ 作间歇或连续匀速旋转的水斗辊。

④ 水量调节装置。

⑤ 作往复摆动的传水辊。

⑥ 同时周向旋转和轴向串动的串水辊。

⑦ 着水辊及其起落机构。

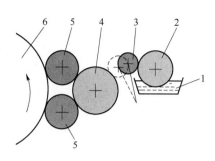

1—水斗；2—水斗辊；3—传水辊；
4—串水辊；5—着水辊；6—印版滚筒。

图 5-35　间歇润湿

二、润湿装置工作原理

（一）供水装置

1. 水斗及自动上水器

一般胶印用润湿液为弱酸性，润湿液中的酸性成分和印版的金属氧化层相互作用能形成稳定的水膜。润湿液的酸碱度应取 pH 为 5~6 为宜。水斗用来盛酸性润湿液，因此，水斗必须具有抗腐蚀性，一般采用铜合金材料，如用黄铜板弯曲加工而成，也可采用防酸、碱塑料制成，还可采用不锈钢板制成，并常在水斗表面涂有防腐层，如耐酸漆、沥青等。

印刷机工作时，水斗中的润湿液不断地被消耗。为了水斗中维持一定的水位，使印版得到稳定、均匀的供水，胶印机一般都配备有自动上水器。

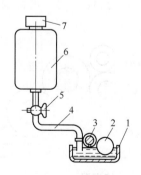

1—水斗；2—水斗辊；3—拉轴；4—塑料管；5—旋塞；6—储水箱；7—密封盖。

图 5-36　真空式自动上水器

如图 5-36 所示为一种真空式自动上水器。当水斗中水位下降，低于塑料管 4 出水口时，由于储水箱 6 内的气压低于大气压力，外面气体经出水口进入箱内使水流出。当水面高于管口时，储水箱内外气压达到平衡，水箱的水不再流出。该结构简单，但储水箱必须密封良好，否则难以控制水槽的水位高度。此外，还有水泵式上水器、风动式上水器等。

2. 水斗辊及传水辊的运动

如图 5-37 所示为一种间歇式润湿装置，实现了水斗辊间歇旋转和传水辊的间歇摆动。水斗辊由棘轮棘爪机构驱动，棘轮 15 安装在水斗辊轴端，在摆杆 13 顶端安装有棘爪。曲柄 2 旋转时，摆杆 13 推动棘爪摆动，棘轮间歇旋转，带动水斗辊间歇旋转。当需要加大润湿液量时，可提起弹簧销 12，

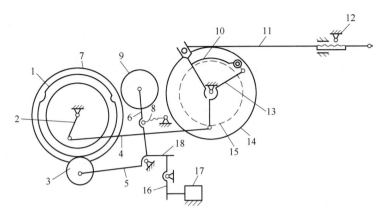

1—凸轮；2—曲柄；3—滚子；4—连杆；5、6、13、16—摆杆；7—串水辊；8—拉簧；9—传水辊；
10—弧形板；11—拉杆；12—弹簧销；14—水斗辊；15—棘轮；17—电磁铁；18—撑杆。

图 5-37　间歇式润湿装置的工作原理

向左推动拉杆 11，使弧形板 10 向左退回，棘爪摆动角度加大。如要减少润湿液量，反向调节弧形板 10。

　　传水辊 9 的摆动与停止由电磁铁 17 来控制实现。当需要停止传水时，给电磁铁通电激磁，衔铁吸合，弹簧拉动摆杆 16，迫使摆杆 16 逆时针方向转动，从而阻止撑杆 18 下摆，使传水辊 9 停止摆动，即停止传水。当印刷机需要供水时，给电磁铁断电，电磁铁释放，衔铁推动摆杆 16 顺时针方向摆回，撑杆 18 失去摆杆 16 的阻止，传水辊 9 由凸轮 1 推动滚子 3 经摆杆 5 使传水辊往返摆动。当摆到与水斗辊 14 接触时取润湿液，摆到与串水辊 7 接触时将润湿液传给串水辊 7。电磁铁的动作由机器自动控制，也可由操作按钮控制。

（二）串水机构

　　串水辊可以选取与水斗辊相同的材料。串水辊的外表面是镀铬抛光的，镀铬表面的亲水性能比镀铜材料好，能防止上墨。串水辊结构与串墨辊基本相同。

　　串水辊的传动和与串墨辊类似，也有自身的旋转运动以及轴向的串动。如图 5-38 所示，串水辊 2 的轴向运动动力来源于下串墨辊 4，利用杠杆原理通过摆杆 3 使串水辊轴向移动。

（三）着水机构

　　着水辊与传水辊类似，一般由铁芯覆以胶质材料制成。使用时外面还要包绒布，其作用是利用毛细管原理使水分更均匀。目前多选用橡胶材料（邵氏硬度为 39 度），外包 2mm 厚的绒布。

　　为了给印版均匀、适量地上水，除了供水部分的供水量需要调节外，着水部分的着水辊与串水辊、以及着水辊与印版之间的压力都有相应的调节机构进行调节。同时为适应滚筒的合压和离压，着水辊也有起落机构。

　　着水辊起落也与着墨辊的起落机构类似。如图 5-39 所示为一种气动式起落机构，汽缸 1 带动拨块 7 转动，推动摆杆 2 和 5 绕串水辊 6 轴转动，使着水辊 3 和 4 与印版滚筒离压或合压。

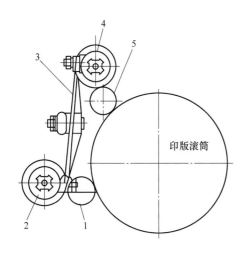

1—着水辊；2—串水辊；3—摆杆；
4—下串墨辊；5—着墨辊。

图 5-38　串水辊串动机构

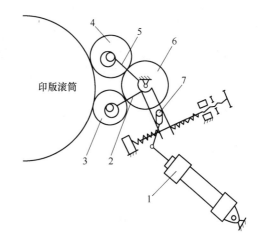

1—汽缸；2、5—摆杆；3、4—着水辊；
6—串水辊；7—拨块。

图 5-39　着水辊气动式起落机构

三、酒精润湿装置

1. 酒精润湿原理

由于酒精类液体的表面张力比较小，相比水与固体表面的接触角，酒精类溶液与固体表面的接触角将减小，如图 5-40 所示。接触角 θ 的大小与水中添加的酒精溶液多少有关。θ 角越小，则相同体积的液滴与固体表面接触面积越大。因此，通过在润湿液中添加酒精类物质，可以降低水的表面张力，增强润湿能力，减少润湿液用量，进而减小油墨的乳化程度，提高印刷质量。

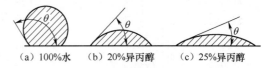

（a）100%水　　（b）20%异丙醇　　（c）25%异丙醇

图 5-40　水和酒精液体表面张力示意图

2. 酒精润湿装置

如图 5-41 所示为一种典型的酒精润湿装置，共由五个水辊组成：表面为橡胶材料的水斗辊 1，表面镀有铬层的计量辊 2，表面为橡胶材料的着水辊 3，表面有镀铝层的串水辊 4，表面为尼龙材料的中间辊 5，6 为第一根着墨辊。为防止酒精挥发，酒精润湿装置一般均采用封闭式装置。

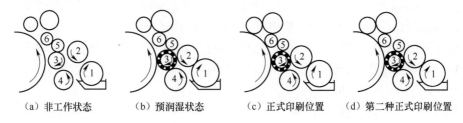

（a）非工作状态　　（b）预润湿状态　　（c）正式印刷位置　　（d）第二种正式印刷位置

1—水斗辊；2—计量辊；3—着水辊；4—串水辊；5—中间辊；6—第一根着墨辊。

图 5-41　酒精润湿装置简图

如图 5-41 所示，水斗辊 1 直接由电机驱动，并由电子控制电路的速度补偿加以调节，再由其轴端齿轮转动计量辊 2。在水斗辊 1 和计量辊 2 之间形成极薄的润湿膜，润湿膜的薄厚由无级调节电机的速度快慢来控制（调节水斗辊 1 的驱动电机转速即可调节水量大小）。串水辊 4 是由印版滚筒带动而旋转的。着水辊 3 依靠与印版的摩擦力旋转，其转速比计量辊 2 快，两者接触时使润湿膜拉长而变薄，通过着水辊 3 直接给印版着水，或通过着水辊 3 与第一根着墨辊 6 给印版着水。

① 如图 5-41（a）所示为酒精润湿非工作位置，计量辊 2 与着水辊 3 脱开，着水、着墨辊都与印版脱离，但中间辊 5 与着墨辊 6 及着水辊 3 是接触的。

② 如图 5-41（b）所示为预润湿位置，使计量辊 2 与着水辊 3 接触传水，中间辊 5 与着墨辊 6 接触，着水辊 3 与印版接触，开始预润湿印版和着墨辊，使润湿薄膜通过着水辊进入印版，并经中间辊使水在着墨辊上达到水墨平衡。

③ 如图 5-41（c）所示为正式印刷位置，在预润湿位置的基础上，着墨辊与印版着墨。由于经过了预润湿阶段，水、墨在印版上很快达到了平衡状态，在墨辊上还设有吹风杆，会使过量的润湿液挥发掉。此种情况即达格伦润湿方式。

④ 如图 5-41（d）所示为第二种正式印刷位置，此时计量辊 2 与着水辊 3 接触传水，中间辊 5 与着墨辊 6 脱开但与着水辊 3 接触，着水辊 3 与印版接触润湿印版。

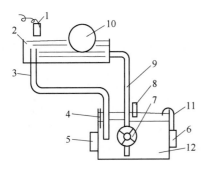

1—润湿液有无感应器；2—水斗；3—回水管；4—温度感应器；5—冷冻机；6—酒精容器；7—水泵；8—酒精浓度感应器（液体密度计）；9—出水管；10—水斗辊；11—橡胶管；12—储水箱。

图 5-42　酒精润湿液集中控制系统

3. 酒精润湿液循环控制系统

如图 5-42 所示为一种酒精润湿液循环控制系统，该装置用于为水斗提供稳定的酒精润湿液，主要有如下功能：

（1）维持水斗中液面高度　水斗辊 10 浸在水斗 2 的润湿液中，随着印刷的进行，液面下降，水泵 7 经出水管 9 将储水箱 12 中的水打入水斗里。水斗的水面超过回水管 3 的溢口时，则流回储水箱 12 中。

（2）保持酒精的浓度不变　液体密度计 8 漂浮于润湿液中，当测得密度小于设定的百分比时，自动将酒精从容器 6 抽入储水箱中，补充润湿液中的酒精到所设定的百分比（一般设置在 12.5%）。系统中的冷却器一般由温度感应器 4、冷冻机 5（或热交换器或一组吸热管）组成，起到控制水温的作用，温度一般设定在 10℃。控制水温的主要目的是防止酒精挥发。

（3）稳定润湿液的 pH　润湿液中置有 pH 测定电极，当润湿液 pH 增大时，将触动 pH 调整剂开关，添加调整液，直到水槽中润湿液的 pH 达到所要求的值（一般控制在 5~6）。如无 pH 稳定装置，需要人工检验 pH，并往水箱中添加调整剂以控制润湿液的酸碱度。

本章习题：

1. 如何评价墨路系统的性能？

2. 墨路系统中墨辊排列应遵循哪些原则?

3. 输墨系统由哪几部分组成? 各部分有何作用?

4. 润湿系统由哪几部分组成? 各部分有何作用?

5. 串墨辊和串水辊的运动有何特点? 简述轴向串动机构的工作原理。

6. 简述酒精润湿的原理。酒精润湿有何优缺点? 酒精润湿系统由哪些部分组成?

第六章 卷筒纸胶印机——纸带高速印刷

第一节 卷筒纸胶印机分类与组成

卷筒纸胶印机与单张纸胶印机采用同样的印刷原理，它们的印刷部件、输水输墨部件结构也很相似，主要区别表现在走纸及其控制系统上。卷筒纸胶印机由纸卷连续供纸，以纸带走纸形式完成印刷后，一般再与折页、裁切、收卷等印后加工一起集成连接。因此，卷筒纸胶印机印刷效率很高，具有较高的性价比优势。

一、分类与特点

卷筒纸胶印机一般按用途进行分类，大致可以分为三种类型。

① 新闻印刷用卷筒纸胶印机 这种卷筒纸胶印机的主要用途是印刷报纸，又称为报业印刷卷筒纸胶印机。因为大部分这种机器使用非热固型油墨，不需要加热使油墨干燥，并采用新闻纸，吸墨性好，故无烘干装置。这种机器的主要特点是大型、高速、高效，但印品质量不高。

② 商业印刷用卷筒纸胶印机 这种卷筒纸胶印机的主要用途是印刷精美的画报、商业广告、装潢印刷品、挂历等彩色印品。这种机器大部分使用热固型油墨，并采用胶版纸，故在印刷完后要经过烘干和冷却，使油墨干燥。这种机器的主要特点是结构复杂，精度高，印品质量要求非常严格。现代卷筒纸胶印机广泛采用自动控制技术控制纸带张力，引入自动套印、水墨自动控制系统，使印品质量不断提高。

③ 书刊印刷用卷筒纸胶印机 这种机器一般用于书刊印刷。对印品质量的要求比新闻印刷机高而比商业印刷机要求低，速度也介于两种机器之间。

卷筒纸胶印机的纸带规格包括三种：标准单幅（787mm 或 880mm）、标准双幅（1575mm 或 1760mm）和标准半幅（394mm 或 440mm）。单幅多用于小型卷筒纸新闻印刷机、卷筒纸书刊印刷机和卷筒纸商业印刷机；双幅大都是新闻用卷筒纸印刷机，少数为书刊用印刷机；而商业用卷筒纸印刷机多为半幅规格。

二、主要组成和功能

卷筒纸胶印机的整机机构可以分为层叠式排列和水平式排列两类。商业印刷用的卷筒纸胶印机多为水平式排列，如图 6-1 所示；报业印刷用的卷筒纸胶印机多为层叠式排列，如图 6-2 所示。

一般而言，不论哪一种卷筒纸胶印机，其机器组成基本一致，通常由给纸装置、送纸装置、印刷装置、给墨给水装置、烘干装置、冷却装置、加湿（上光）装置、折页装置及其他附加装置组成。

（1）给纸装置 给纸装置又称给纸机，是用来完成卷筒纸印刷机纸卷的固定、调整、

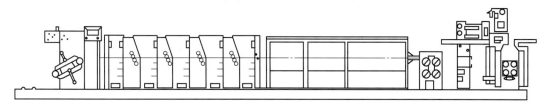

图 6-1 水平式卷筒纸胶印机

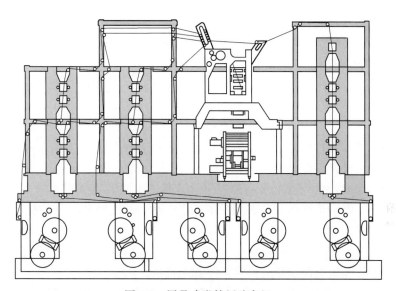

图 6-2 层叠式卷筒纸胶印机

接纸等工作的，主要包括纸架、自动接纸器和纸架张力控制装置。

（2）送纸装置 送纸装置安装在给纸机和第一印刷机组之间，主要用于控制纸卷打开、控制张力和引导纸带，主要包括张力控制装置和导纸装置。

（3）印刷装置 印刷装置由一个或多个印刷机组组成，用来完成纸带的印刷。根据纸带不同的走纸路线，可以实现不同面数和不同色数的印刷。印刷装置主要部件包括印刷滚筒（印版滚筒、橡皮滚筒、压印滚筒）、离合压及调压装置、套准调节装置。

（4）给墨给水装置 给墨给水装置主要由供墨（水）、匀墨（水）和着墨（水）装置组成，用来完成油墨和水的定量和均匀供应。与单张纸胶印机相比，由于印刷速度更快，使用的纸张、油墨类型不同，使得卷筒纸胶印机的给墨给水装置在结构上具备一些特殊性，但组成与单张纸胶印机基本相同。

（5）烘干装置 由于某些卷筒纸胶印机采用热固型油墨，只有采用干燥装置才能使印刷品在短时间内基本干燥，避免蹭脏和沾脏。通常使用的烘干方式是热风干燥、电热干燥和火焰干燥等。

（6）冷却装置 卷筒纸胶印机上的冷却装置放置在干燥装置之后，主要采用水冷方式。冷却的目的是恢复纸张特性，改善由于干燥导致的纸张变干变脆，为后续的裁切和折页打下基础。

（7）上光、加湿装置 上光/上硅油的目的是保护印刷品、增加光泽度和恢复纸张弹性。有些卷筒纸胶印机将上光装置改成加湿装置，其目的是恢复纸张特性、减少静电。

（8）折页装置 折页装置能够提供纸带的纵切、纵折、横切、横折和输出功能。

（9）其他装置 根据实际需要，卷筒纸胶印机上可以配备一些额外的装置，实现特定的功能。例如，为了减小操作者的劳动强度，提高穿纸质量，使用穿纸装置；利用裁单张纸机将纸带按照印刷品需要裁切成单张；报纸输送装置后安装堆积机，用于报纸计数、码齐、堆积；利用打捆机对报纸、书帖进行捆扎。

三、传 动 系 统

（一）传动形式与特点

1. 高传动和低传动

卷筒纸胶印机主电机先将动力传给全机主传动轴，主传动轴位置有高有低，分别称为高传动和低传动。

在高传动形式中，主传动水平轴位置较高，一般在上、下橡皮滚筒之间。这种形式的特点是印刷部分传动链较短，减少了传动环节，提高了传动精度，但主传动轴高，挡住了各机组之间通道，操作不方便。

在低传动形式中，主传动水平轴的位置比较低，其特点与高传动正好相反，传动链长，传动精度低，但是低传动不会占用太多工作空间。低传动大都用于中、低档的卷筒纸胶印机。

2. 传动特点

现代卷筒纸胶印机的传动系统具有一些新的特点，例如：

① 各运动部件需要保持稳定的速比关系，而且要求机器高速运转平稳。因此在传动系统中，大量采用斜齿轮和螺旋圆锥齿轮传动。

② 为保证纸带张力恒定，满足套印和折页精度，对传动部分精度要求严格，而且各传动环节要有无级调速机构。

③ 为适应大变速范围要求，主电机多采用变频电机进行无级调速。这种方式速度调节范围大，调速性能良好，结构简单，操作方便。

④ 设有有效的保险装置和制动机构，发生故障和过载时，确保人身和机器安全。

⑤ 很多机器采用无轴传动系统，取消了机械长轴，由控制系统负责协调各机组电机的同步运动。

（二）传动系统实例

如图6-3所示为某卷筒纸单色胶印机的主传动系统。该系统中动力源由主电机1和低速电机5组成，两者不能同时工作，由电磁离合器4实现互锁。机器正常工作时，主电机1通过带轮2、3带动皮带轴Ⅰ转动，此时电磁离合器4不起作用，低速电机5也不工作。

当低速电机5带动机器低速运转时，电磁离合器4工作，低速电机5通过电磁离合器4带动带轮2、3，使轴Ⅰ转动。轴Ⅰ经过联轴节带动轴Ⅱ、Ⅲ转动。

在轴Ⅱ上，经过螺旋圆锥齿轮6、7将动力向上传动，通过离合器8，螺旋圆锥齿轮9、10带动一个水平传动轴，使折页部分工作。同时，螺旋圆锥齿轮7将动力继续向上传，通过轴11、圆锥齿轮12、13和齿轮14、15、16，使三角板上的驱动辊转动。

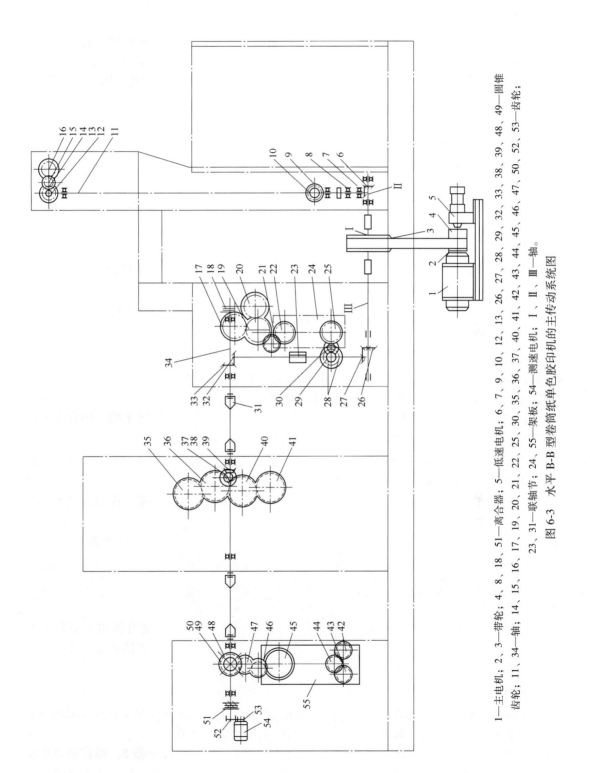

图 6-3　水平 B-B 型卷筒纸单色胶印机的主传动系统图

1—主电机；2、3—带轮；4、8、18、51—离合器；5—低速电机；6、7、9、10、12、13、26、27、28、29、32、33、38、39、48、49—圆锥齿轮；11、34—轴；14、15、16、17、19、20、21、22、25、30、35、36、37、40、41、42、43、44、45、46、47、50、52、53—齿轮；23、31—联轴节；24、55—架板；54—测速电机；Ⅰ、Ⅱ、Ⅲ—轴。

67

在Ⅲ轴上，经螺旋圆锥齿轮 26、27、28、29、联轴节 23 和螺旋圆锥齿轮 32、33，将动力传到印刷部件。经万向联轴节 31、两个螺旋圆锥齿轮 39、齿轮 37 传至下橡皮滚筒齿轮 40、下印版滚筒齿轮 41，同时，传至上橡皮滚筒齿轮 36 和上印版滚筒齿轮 35，使每个印刷滚筒转动。

给纸机传动系统在印刷部件之后，通过螺旋圆锥齿轮 33、两个万向联轴节、螺旋圆锥齿轮 48、49、齿轮 50、47、46、45、44、43、42，使齿轮 43 和 42 上的两个送纸辊转动，其中齿轮 45 和 44 分别为无级变速器输入轴和输出轴齿轮。测速电机 54 的工作动力是经过螺旋圆锥齿轮 48、齿轮 52、53 传递的。

在动力传到印刷部件的过程中，经齿轮 30、25、22 和收纸辊齿轮 19、20、17 使三个收纸辊转动。其中，齿轮 25 和 22 分别为无级变速器输入轴和输出轴齿轮。如果有紧急情况需要立即停机时，按下操纵台上的急停按钮，它与电磁离合器 18、51 相连，这两个电磁离合器同时工作，使机器立即停车。

第二节　卷筒纸胶印机印刷装置

一、滚筒排列

卷筒纸印刷机多数情况下进行双面印刷，其印刷部件以四滚筒的 B-B 型（橡皮滚筒对滚）居多，少数也有采用三滚筒，即印版滚筒、橡皮滚筒和压印滚筒组成的印刷部件。除上述基本形式外，卷筒纸胶印机印刷部件的整体布局还有如下几种形式。

1. 多滚筒型

一般 B-B 型卷筒纸胶印机在印刷多色印件时，用多机组的机器印刷。在印刷一面单色另一面为双色的印件时，也有采用五滚筒、六滚筒及七滚筒一个印刷机组的形式，如图 6-4 所示，这些都是 B-B 型的变型或是 B-B 型和三滚筒型的组合。

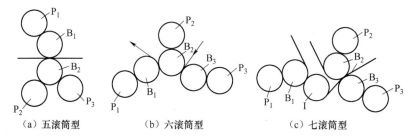

（a）五滚筒型　　　（b）六滚筒型　　　（c）七滚筒型

P—印版滚筒；B—橡皮滚筒；I—压印滚筒。

图 6-4　多滚筒型

2. 半卫星型

这种型式的卷筒纸胶印机大多只有两个印刷色组或三个印刷色组，即有两组或三组印版滚筒和橡皮滚筒共用一个压印滚筒，也有的没有压印滚筒。如图 6-5 所示，如果各滚筒都处于实线位置，即为一个有三个印刷色组一个压印滚筒的半卫星型机。可把半卫星型机的橡皮滚筒设计成可移动位置的形式，当橡皮滚筒离开压印滚筒时（如图 6-5 所示的虚线位置），即变成一个立式 B-B 型机和一个三滚筒型机。穿纸路线不同可印出不同色数和面数的印刷品。

3. B-B 卫星组合型

这种机型多用于新闻纸印刷中。如图 6-6 所示，即用一个四色的卫星机组在纸的一面印刷四色，而利用 B-B 型机组在纸张的两面印刷图文。为了扩大用途，往往是 B-B 部分和卫星部分单独传动。可以单独使用 B-B 部分印刷双面单色印刷品，单独使用卫星部分印刷单面四色印刷品。

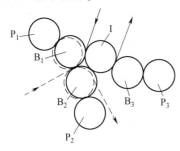

P—印版滚筒；B—橡皮滚筒；I—压印滚筒。

图 6-5 半卫星型

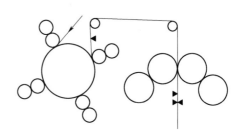

图 6-6 卫星、B-B 组合型

4. 机组式和塔式

对于多色印刷机而言，整体结构一般是各种基本形式的纵向或横向组合，即水平机组式和塔式结构。

在商业印刷的卷筒纸胶印机多采用水平 B-B 型的机组型排列方式，一次走纸可印刷双面四色，也可根据不同的纸路安排印刷不同的印品，如图 6-7 所示。在现代的报纸印刷用卷筒纸胶印机中，多采用 H 型塔状结构，如图 6-8 所示。这种结构工作灵活，适应面广。可根据需要，改变穿纸路线、变换工作单元，得到多种不同的印品形式。

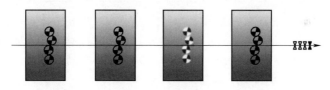

图 6-7 机组型排列

二、滚 筒 结 构

卷筒纸胶印机的滚筒部件主要包括以下几个部分：

① 印版滚筒、橡皮滚筒的滚筒体以及印版和橡皮布的装卡装置。

② 印版滚筒、橡皮滚筒的传动及其支承轴承座。

③ 离合压、调压装置。

④ 印版滚筒套准调节装置。

卷筒纸胶印机滚筒部件与单张纸胶

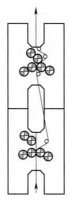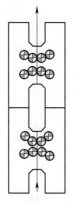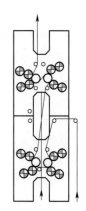

图 6-8 H 型塔状结构图

印机基本结构相同，只存在一些细微的差别。例如，卷筒纸胶印机滚筒圆周面几乎全部利用，用于安装印版和橡皮布的装卡缺口很小。因此印版、橡皮布装卡装置有严格的尺寸要求，装卡方式也不同于单张纸胶印机。因为不需要叼纸牙结构，滚筒的空档很小，安装比较方便，且多数滚筒走滚枕，冲击小。卷筒纸胶印机的速度一般高出单张纸胶印机数倍以上，所以大都采用滚动轴承。

（一）印版滚筒的结构与调节

如图 6-9 所示为 JJ201、JJ204 型卷筒纸胶印机印版滚筒结构图。印版滚筒轴两端用滚动轴承装于墙板孔中，轴上齿轮 22 与橡皮滚筒齿轮啮合得到动力，再由齿轮 21 将动力传至输墨装置，并具有轴向和周向的调整机构。

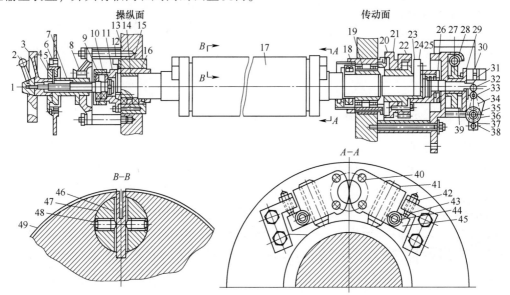

1、10、16、18—锁紧螺母；2—手柄；3—手轮；4—刻度表；5、21、22、35、36、37—齿轮；6—内齿轮；7—支座；
8—丝杆轴；9—止推轴承；11、25—支架；12、26—压盖；13—轴承；14—隔套；15、19—轴套；17—滚筒体；
20—轮毂；23—小轴；24—拨块；27—蜗轮；28—蜗杆；29—轴；30—微动开关；31—限位板；32—滚轮；
33—销轴；34—扇形齿轮；38—绕线电阻器；39、42—螺母；40—骑缝钉；41、48—紧定
螺钉；43—定位螺钉；44—螺栓；45—半轴固定架；46—弹性夹；47—半轴；49—印版。

图 6-9　JJ201、JJ204 型卷筒纸胶印机印版滚筒结构图

1．印版滚筒轴向调节

如图 6-9 所示，扳动手柄，松开锁紧螺母 1，转动手轮，通过链条使丝杠轴转动，由于与丝杠轴相配合的螺母套架固定在机架上，故丝杠轴转动过程中，同时做轴向移动。丝杠轴通过止推轴承、锁紧螺母 10 带动支架 11 沿轴向移动。支架 11 和轴套 15 相连，通过锁紧螺母 16、轴承 13、隔套 14、压盖 12 带动滚筒体轴向移动，从而实现印版的轴向调整。调整时刻度盘每转一格时，表示印版轴向移动 0.1mm，每一小格表示移动 0.05mm。当手轮顺时针方向转动时，滚筒向传动面移动；手轮逆时针方向转动时，滚筒向操作面移动。

2．印版滚筒圆周方向调节

如图 6-9 所示，当需要较大范围调整印版滚筒时，可松开滚筒传动齿轮 22 的螺钉，

然后转动滚筒体，利用齿轮长孔进行调节。当需要微调时该机采用电动方式，即在操纵台上扳动调整手把，接通电动路，电机直接带动蜗杆、蜗轮，蜗轮通过螺母39带动轴轴向移动，轴通过止推轴承及压盖带动支架25沿轴向移动，支架25与齿轮22相连，故齿轮22也产生轴向位移。因齿轮22为斜齿轮，在它产生轴向位移的同时，也会产生圆周方向的转动。为此，齿轮22通过小轴23、拨块24使印版滚筒体做圆周方向移动，达到了印版周向调节的目的。圆周方向最大调节量为±1.5mm。如图6-9所示，在弹簧作用下，滚轮永远靠在轴的端面上。当轴产生轴向位移时，滚轮带动销轴摆动，销轴带动扇形齿轮摆动，通过齿轮35、36、37减速，使绕线变阻器转动一个角度，以改变电位大小，通过电气系统在总操纵台上的电表上表示出来。

（二）橡皮滚筒的结构与调节

不同的机器上橡皮布的装夹机构一般不相同，以下介绍两种常见的结构。

1. 压板式橡皮滚筒装夹

如图6-10所示为国产JJ201型机和JJ204型机采用的压板式橡皮滚筒结构。可将已装好并固定好夹板的橡皮布的一端送入橡皮滚筒槽内，再用垫圈和螺钉13将橡皮布夹紧，使其紧紧地贴在该筒体上。此种橡皮布装夹机构结构紧凑，但装夹费时，多用于小滚筒单色胶印机上。

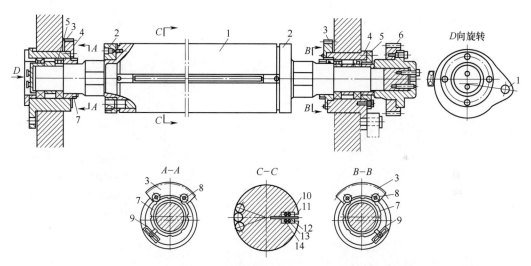

1—滚筒体；2—滚枕；3—扇形齿轮；4—偏心轴套；5—轴承；6—齿轮；7—锁紧螺母；8、13—螺钉；
9—挡块；10、14—橡皮夹板；11—螺栓；12—夹板。

图6-10 压板式橡皮滚筒结构图

2. 窄缝橡皮布装夹结构

窄缝印版与橡皮滚筒结构是现代国内外卷筒纸胶印机所采用的先进结构。传统的卷筒纸胶印机滚筒空档需要7mm，纸张非印刷部分为12mm，而窄缝卷筒纸胶印机滚筒空档宽度只需1mm，纸张非印刷部分可缩小到6mm。因此，当印版滚筒与橡皮滚筒相遇时，因冲击而产生的振动可以被消除，印品上不会因为滚筒空档相遇时的冲击振动而出现墨杠，提高了印刷机的工作效率和印品质量。

窄缝橡皮布装夹结构如图6-11所示。将严格按尺寸裁好的橡皮布两端装好夹板，然

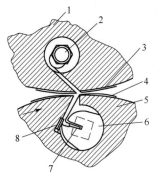

1—印版滚筒；2—紧版机构；3—印版；
4—橡皮布；5—橡皮滚筒；6—卡橡
皮布轴；7、8—橡皮布夹。

图 6-11　窄缝橡皮布装夹结构图

后将橡皮布的前端装入橡皮滚筒的窄槽内。再将橡皮布的另一端插入卷轴的槽内，最后转动卷轴，至把橡皮布拉紧为止。

（三）压印滚筒部件的结构

卷筒纸胶印机的压印滚筒结构简单，没有叼纸牙，也没有空档，而且压印滚筒只有在三滚筒型机或卫星型机上才有。压印滚筒部件主要由齿轮、滚筒体、轴承及自动穿纸主动轮机构组成。

三、离合压及调压原理

卷筒纸胶印机的离合压机构大多采用气动式，如图 6-12 所示为国产 JJ204 型胶印机的离合压机构。

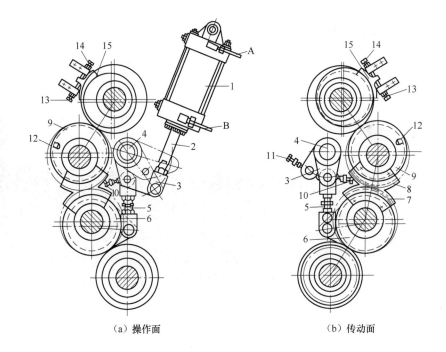

（a）操作面　　　　　　　　　　（b）传动面

1—气缸；2—活塞杆；3—摆杆；4—轴；5—双头螺栓；6、9—偏心套；7、8—扇形齿块；10—合压
定位螺钉；11—离压定位螺钉；12—调压孔；13、14—调压螺钉；15—调压拨块；A、B—气管。

图 6-12　气动式离合压、调压机构

1. 压力调节

如图 6-12 所示，可知该机四个滚筒中，只有下印版滚筒没有安装偏心轴承，因此该滚筒为调压的基准。上印版滚筒的偏心套用于调整上印版滚筒与上橡皮滚筒之间的压力，上橡皮滚筒的偏心套用于上印版滚筒与上橡皮滚筒的离合压，下橡皮滚筒的偏心套用于下橡皮滚筒与下印版滚筒的离合压，并兼顾下橡皮滚筒与下印版滚筒的调压。压力调整顺序如下：

① 下印版滚筒与下橡皮滚筒之间的压力调整。

② 上、下橡皮滚筒之间的压力调整。

③ 上橡皮滚筒与上印版滚筒之间的压力调整。

2. 离合压原理

B-B 机型的离合压动作要求上、下橡皮滚筒同时进行，才能保证正常印刷作业。如图 6-12 所示，气缸安装在墙板外侧，通过气管 A、B 通入或排出压缩空气，推动活塞杆进出，带动离合摆臂通过离合轴使连杆上下移动，使下橡皮滚筒偏心套转动，完成下橡皮滚筒离合压；同时依靠下扇形齿块啮合，带动上橡皮滚筒偏心套转动，所以上橡皮滚筒也同时完成离合压。

离合压的操作，通过分别在操作台上按动"合压"按钮和"离压"按钮即可实现。离合压的自动控制原理和控制过程与单张纸胶印机一致。

第三节　卷筒纸胶印机输墨和润湿装置

一、基本组成与功能

1. 输墨系统

卷筒纸胶印机的输墨系统也分为供墨部分、匀墨部分和着墨部分。

供墨部分的主要任务是根据印品的要求，把墨斗中的油墨适量地供给匀墨部分，主要包括墨斗、墨斗辊（又叫出墨辊）、传墨辊及其传动和调节机构。有些设备供墨部分还有自动加墨装置、油墨搅拌装置、计算机控制装置、清洗油墨辅助装置等。

匀墨部分作用是将供墨部分供给的油墨，在轴向和圆周方向迅速展薄打匀（厚度一般为 $6 \sim 10 \mu m$），把展薄打匀的油墨按一定的传墨路线、一定的墨量比例传递给着墨部分。该部分包括匀墨辊和串墨辊及其运动和调整机构。

着墨部分的主要作用是将已打匀的油墨按照要求涂布在印版上，主要包括着墨辊及其调整、离合机构。

2. 润湿系统

润湿系统划分为供水、匀水、着水三部分，其作用和结构与供墨系统相似，只是结构比较简单。

扩展学习：

卷筒纸胶印机具有印刷速度高、滚筒空档小等特点，导致其输墨及润湿系统与单张纸胶印机有一些不同，例如：

① 输墨及润湿系统的各种墨辊水辊的数量少。以着墨辊卷为例，筒纸胶印机一般只有 1~3 根，而单张纸胶印机一般要用 4 根甚至 5 根。

② 卷筒纸胶印机采用连续供墨、供水的较多。

③ 着墨、着水辊的离合机构与单张纸胶印机不同。

④ 在整个版面和局部区间一般能无级调整供墨、供水量。

⑤ 既能保持供墨、供水的稳定性，同时又具备调节快速性和灵敏性。

二、输墨系统结构原理

卷筒纸胶印机输墨系统有其自己的特点并出现了一些新结构。

(一) 供墨装置

卷筒纸胶印机供墨装置一般连续供墨。为了防止墨斗中油墨表层起皮，一般都设有自动油墨搅拌装置及自动加墨装置。

1. 连续供墨装置

(1) 传墨辊连续转动供墨装置　如图 6-13 所示，传墨辊 2 是一个摩擦辊，靠墨斗辊 1 和第一匀墨辊 3 的旋转带动而连续转动，其作用是消除墨斗辊与匀墨辊之间的速度差。墨斗辊一般都采用直流电机经减速后直接驱动旋转。这种装置可根据印刷速度将油墨连续、均匀地传给匀墨部分乃至印版滚筒。

(2) 波形传墨辊供墨装置　如图 6-14 所示，传墨辊上有多个可单独转动的小偏心胶轮，两个相邻的胶轮在波形辊轴上相差 60°，错开形成波形，称为波形传墨辊。输墨时，波形传墨辊 1 上的小偏心胶轮 2 与墨斗辊接触，取墨之后又与匀墨辊接触传墨，因而在匀墨辊表面上就可以得到波浪形的一个个矩形墨层块 3。这样在匀墨辊表面得到的是分布均匀的散开的墨层，经匀墨系统各墨辊周向转动和轴向串动，便能迅速打匀油墨，适应了高速印刷的要求。波形辊由无级调速电机驱动，通过控制转速实现供墨量的调节。

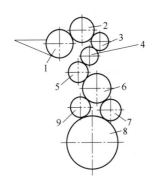 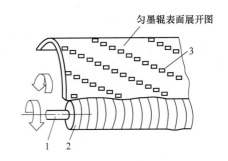

1—墨斗辊；2—传墨辊；3、5—匀墨辊；4、6—串墨辊；7、9—着墨辊；8—印版滚筒。

图 6-13　传墨辊连续转动供墨

1—传墨辊；2—偏心胶轮；3—矩形墨层块。

图 6-14　波形传墨辊供墨

(3) 螺旋槽传墨辊供墨装置　这种装置的传墨辊上加工有螺旋槽，如图 6-15 所示。当带有螺旋槽的传墨辊 3 与墨斗辊 1 及第一匀墨辊 4 接触，辊子表面的螺旋沟槽将油墨螺旋式地传给匀墨辊 4。墨斗辊 1 的转速可无级调节，可根据机器转速控制油墨量大小。同时在墨斗辊 1 出墨侧加有刮墨刀 2，以调节螺旋槽传墨辊的墨层厚度。

(4) 网纹辊供墨装置　如图 6-16 所示，网纹辊 1 浸在墨斗 5 中，将油墨通过着墨滚筒 3 传给印版滚筒 4。刮刀 2 用来调节墨层厚度，以保证上到印版滚筒 4 的墨层厚度均匀。

(5) 喷墨输墨装置　如图 6-17 所示，墨泵 1 把油墨从墨槽 2 中抽出，经喷嘴 3 喷到匀墨辊 4 上，喷射墨量的大小可通过调节墨泵的排量来实现。为防止喷射的油墨飞溅，设有挡板 5，通过螺钉 6 可调节控制挡板与匀墨辊之间的间隙。

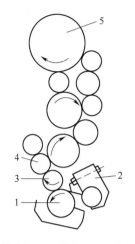

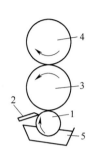

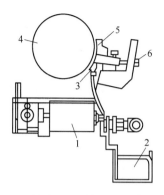

1—墨斗辊；2—刮墨刀；3—传墨辊；
4—匀墨辊；5—印版滚筒。

图 6-15　螺旋槽传墨辊供墨装置

1—网纹辊；2—刮墨刀；3—着墨
滚筒；4—印版滚筒；5—墨斗。

图 6-16　网纹辊供墨装置

1—墨泵；2—墨槽；3—喷嘴；
4—匀墨辊；5—挡板；6—螺钉。

图 6-17　喷墨输墨装置

2. 油墨搅拌装置

卷筒纸印刷机印刷速度高，油墨消耗量大，同时又由于印版各部分所需墨量不一致，很容易出现墨斗中各部位油墨量多少不一的现象。油墨本身有一定的黏度，靠自身流动很难达到平衡。而且，墨斗中的油墨暴露时间过长，也有可能表面结皮，影响油墨的使用。为了解决这些问题，在卷筒纸印刷机上大都设有油墨搅拌装置，主要由搅墨棒及其传动和减速机构组成。如图 6-18 所示，搅墨棒 1 为锥形，在墨斗里往复运动，同时自身还不停地转动，以不断地搅拌油墨，满足工艺上的要求。

3. 自动加墨装置

为补充卷筒纸胶印机的油墨快速消耗，先进的卷筒纸胶印机安装有自动加墨装置。如图 6-19 所示，油墨通过活塞式油泵 2 从油墨槽 1 中抽出，经墨管 3 输送到墨斗上方的油墨分布管 4 里，经分布管 4 的多个出口流入墨斗中。墨斗中的油墨的高度将由墨斗内的水

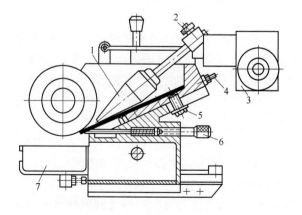

1—搅墨棒；2—齿轮架；3—减速机构；
4、5—螺钉；6—调墨螺钉；7—接墨槽。

图 6-18　油墨搅拌装置

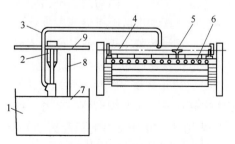

1—油墨槽；2—油泵；3—墨管；4—油墨分布管；
5—调节器；6—墨斗；7—墨槽盖板；
8—排气管；9—支撑杆。

图 6-19　自动加墨装置

75

平调节器 5 的探头控制。同时探头还可以搅拌油墨，防止油墨起皮。当油墨高度低于探头时，发出信号启动油泵给墨斗加墨。

4. 间歇式传墨装置

间歇式传墨也称摆动传墨、常规传墨，这种机构目前在卷筒纸胶印机上应用较多，如图 6-20 所示是一种典型的间歇式传墨传水机构。

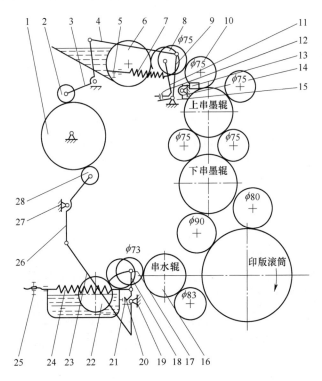

1—凸轮；2、28—滚子；3、4、9、20、23、26—连杆；5、12、21、25—调节螺母；6—墨斗辊；

7、24—拉簧；8—传墨辊；10—匀墨辊；11、18—摆杆；13—电磁铁；14—顶杆；

15、19、27—支点；16—串水辊；17—传水辊；22—水斗辊

图 6-20　间歇式传墨传水机构

（1）传墨　传墨辊是由凸轮 1 通过滚子 2、连杆 3、4、9 及调节螺母 12、摆杆 11 带动而产生往复运动。因为凸轮 1 由印版滚筒传动，摆动次数由它们间的传动比决定。因而传墨辊往复摆动次数随机器速度变化而变化。传墨辊往复摆动次数和印版滚筒转数成一定的比例。卷筒纸胶印机一般是印版滚筒旋转 4（或 2~5）周左右往复摆动一次。单张纸胶印机一般是滚筒旋转 1.8~3 周往复摆动一次。滚筒直径较大时选用较小值。

（2）停止传墨　当机器离压或停机时，电磁铁 13 吸合，拉动顶杆 14 的下端向左摆，顶住连杆 9 下边向右伸出的一部分，摆杆 11 停在右边无法向左摆。这时传墨辊就停靠在匀墨辊 10 上，滚子 2 升起只能跟凸轮 1 的高点接触，而不能与低点接触，即停止传墨。

（3）与墨斗辊间压力的调节　传墨辊与墨斗辊的压力是可调的。通过调节螺母 5，调节拉簧 7 弹力大小，从而调整传墨辊和墨斗辊压力。

（4）与匀墨辊间压力的调整　传墨辊和匀墨辊（接墨辊）的压力是通过调节螺母 12 来实现的。调节螺母 12 顺时针转动，传墨辊和匀墨辊之间的压力增大，反之则减小。

（二）匀墨装置

卷筒纸胶印机的匀墨装置结构与单张纸胶印机基本相同，也包括匀墨辊、串墨辊、重辊等，但其墨辊数量比起单张纸胶印机要少。

1. 串墨辊的旋转与串动

匀墨部分的主要机构动作也是串墨辊的旋转与串动。如图 6-21 所示为 JJ204 型机的匀墨系统传动机构示意图，上、下串墨辊的旋转由齿轮 3、4 分别提供，串墨辊的串动由凸轮 12 带动滚子 13、拉杆 10 及 11 实现（凸轮 12 同时也带动传墨辊摆动）。所有串墨辊、串水辊的串动是联动的。如图 6-22 所示为 JJ204 型机的串摆机构。

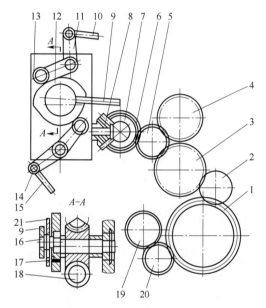

1、2、5、6—齿轮；3—下串墨辊齿轮；4—上串墨辊齿轮；
7、8—圆锥齿轮；9、10、11—拉杆；
12、21—凸轮；13—滚子；14、15—连杆；
16—蜗轮轴；17—蜗轮；18—蜗杆；
19—串水辊齿轮；20—齿轮

图 6-21　JJ204 型机匀墨系统传动机构

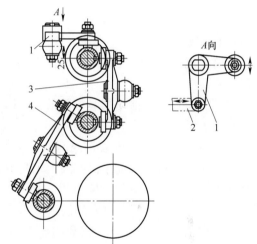

1、2—连杆；3、4—杠杆。

图 6-22　JJ204 型机串摆机构

2. 墨辊冷却系统

匀墨过程中匀墨辊（弹性胶辊）和硬质串墨辊相互滚动，同时串墨辊轴向串动。在滚压接触区域内，墨辊表面的油墨承受压缩、拉伸、剪切等交变应力的作用，在展薄打匀的同时，油墨的结构也发生了变化，导致油墨发热升温。特别是在高速的卷筒纸印刷机上，这个问题就更加显著。由于发热温升势必影响到油墨的黏稠度变化和乳化，从而影响印刷质量，为了保持油墨温度不变，有的卷筒纸胶印机在输墨装置中增加了墨辊冷却系统。冷却系统主要是在一些墨辊中通入循环冷却水，降低墨辊及油墨的温度，把匀墨系统的温度控制在一定范围内。如图 6-23 所示是匀墨冷却系统的一个实例。

冷却系统一般有专门的冷却水温度控制系统，它使冷却水保持一定的温度。水温可根据需要进行调整。不同颜色的油墨可能需要不同的油墨温度，因此，每个色组输墨系统的

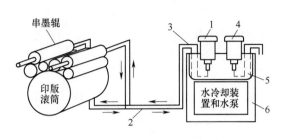

1、4—水泵；2—回水管；3—进水管；
5—水箱；6—热交换器。

图 6-23 匀墨冷却系统

冷却机构最好是独立的。

（三）着墨装置

卷筒纸胶印机着墨装置一般由 2 ~ 3 根着墨辊、压力调节机构和着墨辊起落机构组成，用于新闻和书刊印刷的胶印机多采用 2 根着墨辊，用于商业印刷的胶印机多采用 3 根着墨辊。

印刷工艺要求着墨辊对印版及串墨辊的压力必须能调节。同时在离压时，着墨辊必须与印版离开（着水辊不离开，因为滚筒空转也要润版，除非印版需要擦胶，着水辊需离开印版），在停机后着墨辊必须与印版离开。在卷筒纸胶印机中，着墨辊的离合一般是由汽缸来完成的，着墨辊调压及离合机构与单张纸胶印机结构类似。

三、润湿装置结构原理

1. 润湿装置的类型

卷筒纸胶印机润湿装置的类型很多。由于润湿液黏度没有油墨大，所以润湿装置要比匀墨装置简单很多。

（1）摆动润湿 摆动润湿与单张纸胶印机基本相同，只是绝大部分卷筒纸胶印机只有一根着水辊。

（2）翼片辊润湿 因为常规润湿系统传水辊往复运动，可能引起振动，传水不匀。为了克服这个缺点，在水斗辊上装上织物或翼片，形成翼片辊润湿系统，如图 6-24 所示。水斗辊所带织物或翼片可拆卸。当它转动时将润湿液从水斗中带出而涂在串水辊上，再经包有水绒套的着水辊传到印版上。水量的大小可以通过控制调节翼片辊的转速来实现，转速越高水量越大。这种系统传水的均匀性可改进，翼片越多，传水越均匀，使间歇给水变为接近于连续给水。

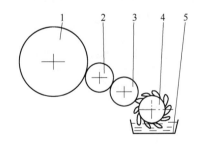

1—印版滚筒；2—着水辊；3—串水辊；4—翼片辊；5—水斗。

图 6-24 翼片辊润湿系统

（3）水膜传水 水膜传水是一种连续给水的润湿装置，如图 6-25 所示。其中传水辊 4 与水斗辊 5 和串水辊 3 的间隙可调。整个版面的出水量可以通过调水斗辊的转速、传水辊和水斗辊的间隙及传水辊和串水辊的间隙来调整。轴向局部水量可以通过调节水斗辊上的压水条来调整。这种传水方式上水均匀，克服了往复运动的缺点，但印版上纸毛及油墨易传到水斗里。

（4）毛刷辊润湿 如图 6-26 所示为一种毛刷辊润湿装置，这种供水方式在国内外卷筒纸胶印机上得到了广泛的应用。

（5）气流喷雾润湿 如图 6-27 所示为海德堡胶印机上的气流喷雾装置。该装置的水斗辊 4 是镀铬辊，它由单独直流电机驱动。圆柱形多孔网筒 5 外边套有细网纺织外套，由

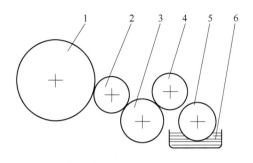

1—印版滚筒；2—着水辊；3—串水辊；
4—传水辊；5—水斗辊；6—水斗。

图 6-25　水膜传水装置

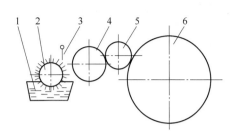

1—水斗；2—毛刷辊；3—调水板；
4—串水辊；5—着水辊；6—印版滚筒。

图 6-26　水斗毛刷辊润湿装置

水斗辊带动其转动。压缩空气室 6 由气泵供给压缩空气，气室一侧沿轴向有一排喷口，将网筒 5 上水分喷到匀水辊 7 上，再经串水辊 8 串匀并传给着水辊 9，传到印版上。喷射角可以调整，使水分只喷到辊 7 上以减少损失。要实现水量大小的调整，除可通过改变水斗辊速度外，还可通过调节螺钉 3，整体或局部改变橡皮刮刀 2 与水斗辊间隙，对整个版面及局部水量进行调节。

（6）达格伦润湿　从着墨辊输入润湿液的润湿装置称为达格伦润湿装置，如图 6-28 所示。该装置的主要特点是用第一根着墨辊把水输送到印版上去，取消了专门的着水辊。系统结构得到简化，既不用着水辊，也不用串水辊，使润湿系统由原来的 4~5 根辊减少为 3 根。

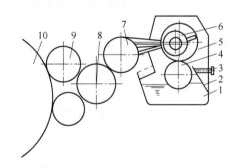

1—水斗；2—橡皮刮刀；3—调节螺钉；4—水斗辊；5—多孔网筒；6—压缩空气室；7—匀水辊；8—串水辊；9—着水辊；10—印版滚筒。

图 6-27　气流喷雾润湿装置

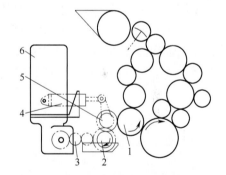

1—达格伦着墨辊；2—达格伦 PVC 水斗辊；3—传动齿轮系统；4—气缸；5—传水辊（镀铬）；6—电机。

图 6-28　卷筒纸胶印机用达格伦润湿装置

（7）微孔着水辊直接润版　如图 6-29 所示，润湿液由容器 1，经输液管 2 强制性输送或自由流动输送到微孔着水辊 3 上，直接润版。

（8）水斗辊直接供水润版　如图 6-30 所示，水斗辊 1 直接与着水辊 2 接触，将润湿液传给印版。供水量大小可以通过调整水斗辊 1 与计量辊 3 的间隙来实现。

（9）非接触式润版　非接触式润版装置上面没有各种辊子，而是通过喷射等方法直接将润湿液喷到或附着到印版上。如图 6-31 所示为一种风嘴调水润湿装置，连续旋转的镀铬水斗辊1将带起的水膜直接传给印版表面。吹风嘴2将印版上多余的润湿液吹掉，经吸风嘴3和接水板4使吹掉的润湿液再回到水斗中。水量大小的控制可以通过调整吹风嘴气压和水斗辊1与印版的间隙来实现。

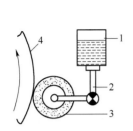

1—容器；2—输液管；3—微
孔着水辊；4—印版滚筒。

图6-29　微孔着水辊直接润版

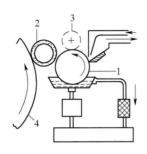

1—水斗辊；2—着水辊；
3—计量辊；4—印版滚筒。

图6-30　水斗辊直供着水辊润版

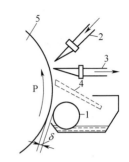

1—水斗辊；2—吹风嘴；3—吸风嘴；
4—接水板；5—印版滚筒。

图6-31　风嘴调水润湿装置

2. 润湿装置的主要结构

（1）循环供水系统　卷筒纸胶印机大都采用自动循环供水。这样，水斗中液面可保持恒定的高度。如图6-32所示，配制好的润湿液放入水箱4中，用水泵将润湿液打入进水管2，再进入水斗1。水斗中润湿液不断增加，待润湿液的液面高于调节螺母时，润湿液便从回水管3流回水箱4，形成循环供水系统。

（2）水箱及冷却系统　在高速胶印机上，特别是应用酒精润湿的供水系统及达格伦供水系统中，常常设有润湿液冷却系统。如图6-33所示，在水箱中装有水泵，可以把润湿液通过进水管自动打入水斗中。回水管下边接有过滤器，将回流的水溶液过滤后再使用，以保证润湿液的清洁。润湿液温度可根据需要调整，一般保持在5~15℃。降低水温主要是减少酒精的挥发量，保持酒精比例和水膜厚度的稳定，以保证印品质量。

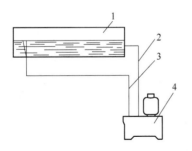

1—水斗；2—进水管；
3—回水管；4—水箱。

图6-32　循环供水系统

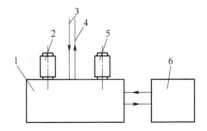

1—水箱；2、5—水泵；3—回水管；
4—进水管；6—热交换器。

图6-33　冷却系统示意图

（3）水斗及水斗辊　一般水斗多用黄铜板制成，也有采用塑料板或用不锈钢板制作的。这样可以防止润湿液腐蚀水斗，也不会因水斗被腐蚀而改变润湿液的性质。卷筒纸胶印机中水斗辊大都采用镀铬辊，其结构与墨斗辊相似，只是需要在表面镀铬，以防润湿液的腐蚀。在达格伦润湿系统中，水斗辊表面也有用软聚乙烯材料的。卷筒纸胶印机水斗辊大都由单独的直流电动机经减速后直接带动，可无级调速，连续给水。

第四节　卷筒纸胶印机纸张的输送

一、卷筒纸给纸装置

因为卷筒纸印刷机使用的是带形的印刷材料，在输送过程中对其控制有着不同的要求，所以卷筒纸印刷机给纸系统与单张纸印刷机输纸系统从结构上是完全不同的。

（一）纸卷的安装机构

在卷筒纸印刷机上，纸卷的安装一般有两种方式：有芯轴安装和无芯轴安装。有芯轴安装是指在纸卷的芯部有穿过的长轴；无芯轴安装是指没有长轴穿过纸卷的芯部，只在纸芯的两端由梅花顶尖将纸卷卡紧。

如图 6-34 所示为采用传统的芯轴结构安装纸卷的示意图。在纸卷 1 的芯部有一根钢制的长轴 3 穿过，该长轴称为芯轴。在芯轴的左右两端有两个锥头 2 用以夹紧纸卷，锥头用锁紧套 8 紧固在芯轴上，转动手轮 7 可使锥头左右移动，从而夹紧纸卷。当纸卷安装到芯轴上并夹紧以后，即可将纸卷和芯轴一起安装到纸卷架 6 上对开的轴承 4 中，这样即完成了纸卷在纸卷架上的安装（有些印刷机芯轴不能拆下，需要将纸卷抬升后安装在芯轴上）。旋转手轮 5，通过螺纹副可带动芯轴 3 轴向移动，即可调整纸卷的轴向位置。

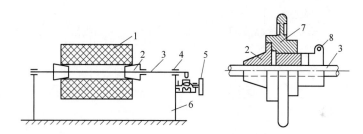

1—纸卷；2—锥头；3—芯轴；4—轴承；5、7—手轮；6—纸卷架；8—锁紧套。

图 6-34　传统芯轴安装

（二）纸卷安装支架

纸卷安装支架有固定式和回转式之分，按照可安装纸卷的数量又可将回转支架分为单臂、双臂和三臂三种形式，如图 6-35 所示。

用单臂式回转支架印刷时，在纸卷印刷完时，必须要停机更换新纸卷，生产效率低。由于多次启动和停机易产生断纸等输纸故障，一般用于印刷速度不高、纸卷更换不很频繁的印刷机上。

双臂式回转支架同时可以安装两个纸卷，两个纸卷循环交替使用。当第一个纸卷用完后，可以采用停

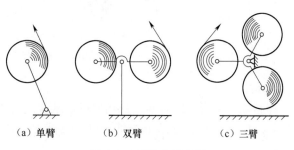

（a）单臂　　　（b）双臂　　　（c）三臂

图 6-35　回转支架类型

机人工接纸或不停机自动接纸，待接纸完成后，将新纸卷转到工作位置使用，旧纸卷则旋转到下方进行更换。

三臂这种支架是在印刷过程中进行纸卷的安装与更换的，所以节约了停机的时间。特别是采用自动接纸方式后，可实现不停机自动续纸，因此使生产效率大幅度提高。

（三）自动接纸装置

在高速卷筒纸印刷机中，更换纸卷是很频繁的工作。因此为了减少停机时间，最理想的办法是在机器印刷进行时更换纸卷，即进行自动接纸。自动接纸的基本形式可分为零速接纸和高速接纸两类。

1. 零速接纸

零速接纸是指在接纸时刻，用于接纸的纸带和被接纸带的速度均为零。如图 6-36 所示为零速接纸过程，其中，图 6-36（a）所示为印刷机正常印刷时新旧纸卷纸带所处位置，浮动辊保持一定高度；图 6-36（b）所示为旧纸卷即将用到极限尺寸，浮动辊上升储存纸张，新旧纸带准备交接；图 6-36（c）所示为新纸卷开始加速，浮动辊下降放出纸带，保证印刷速度；图 6-36（d）所示为新纸带已加速到正常速度，浮动辊上升储存纸带并提供张力，同时重新架起一个新纸卷。

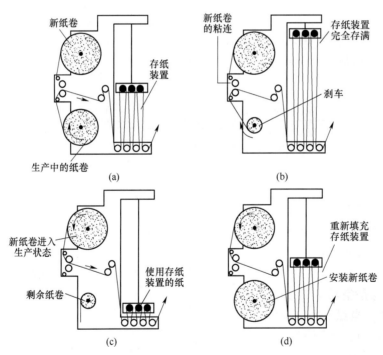

图 6-36　零速接纸过程

2. 高速接纸

高速接纸是指接纸时两纸带仍保持输纸速度，或者主机降至一定速度后保持两纸带速度相等。如图 6-37 所示为卷筒纸印刷机高速接纸原理示意图，高速接纸分为以下几个过程，按顺序进行：

① 用锥头将新纸卷夹紧。

② 将新纸卷移到工作位置（新旧纸卷间应有一定距离，以避免振动带来的影响）。

③ 将新的纸卷加速到旧纸卷的圆周速度。

④ 在经过自动粘接标记时，旧卷筒纸通过海绵辊压住卷筒纸的周边，新纸卷粘住旧纸卷。

⑤ 摆动切刀切断旧卷的剩余部分。

⑥ 新纸卷开卷，旧纸卷撤离。

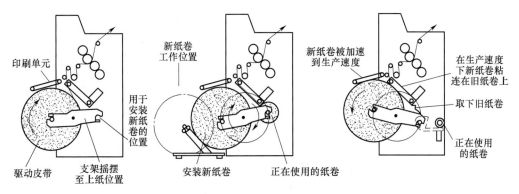

图 6-37　高速接纸原理图

零速接纸比较适合速度要求不是很高，但要求印刷质量好、接纸可靠性高的场合，比如书刊卷筒纸印刷机；而高速接纸多用于大型报业印刷和商业印刷的卷筒纸印刷机中。

二、纸带引导机构

纸带导纸系统可以根据印刷和折页等操作要求，对纸带进行输送、传导和控制，具体包括：控制纸带的运动路线和方向、翻转纸带或者将纸带重叠在一起、横向和纵向位移纸带。

1. 导纸辊

导纸辊（又称为空转辊、过纸辊、方向辊），布置在卷筒纸印刷机印刷及折页各部件之间，其作用是控制或改变纸带路线并支承纸带。在印刷机组间的导纸辊布局还决定了印刷机组间的纸带长度，同时也影响着纸带的张力。

导纸辊本身是空转的，靠辊子与纸带的摩擦而转动。当纸带对辊子包角很大（如大于120°）时，为了减少摩擦有时也可以采用强制驱动的导纸辊。导纸辊两端轴头固定在墙板上，一般要进行动平衡，一般将直径在 40mm 以上的导纸辊做成空心，以减少重量，如图 6-38 所示。纸带速度很快，使导纸辊的转速很高，因此导纸辊一般安装在滚动轴承上，轴承又安装在偏心轴套上。

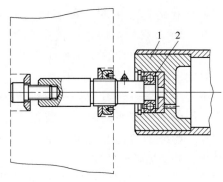

1—导纸辊；2—滚动轴承。

图 6-38　导纸辊结构

2. 转向辊（棒）

纸带的转向是靠转向辊（棒）来实现的，如图 6-39 所示。转向辊通常需要实现以下三种功能：改变纸带运行方向、使纸带在自身平面内产生横向位移、使纸带翻转。

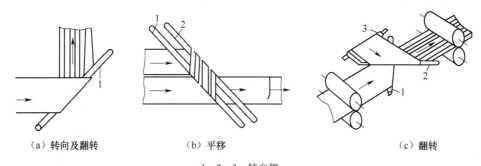

（a）转向及翻转　　　　　　（b）平移　　　　　　　　（c）翻转

1、2、3—转向辊。

图 6-39　纸带的转向、平移与翻转

转向辊的根数和布局会影响转向辊的功能，以下为三种常见情形：

① 用一根转向辊使纸带的运动方向改变 90°，同时纸带被翻转，如图 6-39（a）所示。

② 用两根转向辊使纸带重叠对齐在一起，然后被送入折页装置，如图 6-39（b）所示。

③ 用三根转向辊使纸带翻转而方向不变，如图 6-39（c）所示。

为了避免纸带被转向辊弄脏，转向辊一般是空心的，转向辊上打有小孔并通入压缩空气，使纸带与转向辊之间形成气垫。

三、复 卷 装 置

复卷设备有两种基本结构类型：中心卷绕和表面卷绕。

（一）表面卷绕装置

表面复卷装置让一根做旋转运动的辊子的表面与要卷绕的纸卷摩擦接触，把旋转运动传递给纸卷。实际生产中最常用的表面复卷结构有双辊复卷和单辊复卷两种。

1. 双辊复卷装置

双辊复卷是最常用的一种表面复卷装置，如图 6-40 所示。它用两根直径相同的辊来驱动纸带。复卷装置的驱动通常采用一个变速驱动装置，以此来建立基本的张力模式。一般来说，通过采用其中一根辊转速比另一根辊更快一些的模式，产生一个表面差速，以获得卷绕更紧密的纸卷。卷绕驱动辊上还可以加上沟槽，以减少皱褶，并增加纸卷的硬度。

如图 6-40 所示，印刷后的纸卷卷绕时可以使印刷图文表面朝里或朝外，这取决于穿纸的方法。纸卷的中心，即纸卷轴，随着纸卷直径

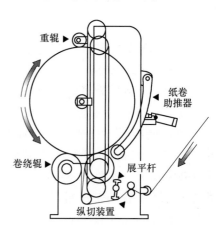

图 6-40　双辊复卷的表面复卷装置

的增大垂直向上移动。卷绕辊上纸卷重量的不断增加也有助于得到卷绕紧密的纸卷。可在双辊复卷装置上配备一根重辊。该重辊倚靠在正在卷绕的纸卷的顶部，可以用气动或液压方式施加负荷，从而在纸卷和卷绕辊之间提供更大的夹紧压力。在复卷操作中，重辊施加的压力应该逐渐减小，以便使压力更均匀。

2. 单辊复卷装置

单辊复卷装置（图6-41）与双辊装置一样，使用的也是表面卷绕原理，但是只使用一根卷绕辊来传递旋转运动。它也由一个变速驱动装置驱动，以此建立基本的张力模式。被卷绕的纸卷直径逐渐增大的过程中要进行水平的而不是垂直的移动。在装置上施加了液压或气动的压力，以便在纸卷和卷绕辊之间保持一个经过调整的纸卷压力。这个压力可以变化，因而能够提供不同的纸卷密度和硬度。与双辊复卷装置一样，同样可把纸带的印刷面朝里或朝外卷绕。

（二）中心卷绕装置

中心卷绕装置通过纸卷轴获得它的旋转运动。中心卷绕装置既可以是有芯轴型的，也可以是无芯轴型的。如图6-42所示为一种常用的中心轴卷绕装置。这种结构使用了一根装在机架中的纸卷轴。该轴的驱动有电动、机械、液压或组合驱动几种方式，并配备有调整传动速度的装置来改变纸卷的硬度。

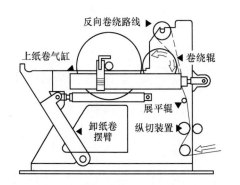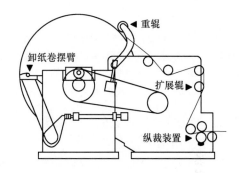

图6-41　单辊复卷的表面复卷装置　　　图6-42　配备有纸带纵裁装置的单卷中心轴复卷装置

四、折页与裁切装置

（一）折页装置的类型

折页装置主要是将纸带进行纵切、纵折、横切、横折，并将折切好的单张收集成书帖。不同产品根据其工艺要求安排不同的内容。

1. 按横折方式分类

根据折页时折刀的动作不同，把折页装置分为冲击式折页和夹板式折页（又称滚折式折页）。冲击式折页是折刀在自身运动中将绷紧的纸带塞入一对相对转动的折页辊中，折页辊夹住纸张，将纸张压出折缝。夹板式折页是折刀自身不运动，而随折页滚筒的旋转中将绷紧的纸带塞入另一个滚筒的夹板中，夹板夹住纸张，产生折缝。

夹板式折页适用于比较低的机速（一般为250~300次/min），而冲击式折页适用于高机速（如400~500次/min）。一般冲击式折页用在报纸横折中，夹板式折页用在书刊横折中。夹板式折页的精度比冲击式折页的精度高。

2. 按纵折方式分类

根据纸带折页时经过的三角板数目，把折页装置分为单三角板折页装置和双三角板折页装置。

单三角板、双三角板折页装置的实例分别如图 6-43、图 6-44 所示。双三角板折页比单三角板折页用得更为广泛，它生产率高，可以得到更多的页数。

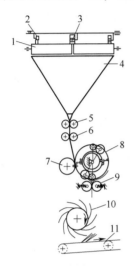

1—纸带驱动辊；2—压纸轮；3—纵切圆盘刀；4—三角板；
5—导向辊；6—拉纸辊；7—裁切滚筒；8—折页滚筒；
9—折页辊；10—输帖翼轮；11—输送带。

图 6-43　单三角板折页装置

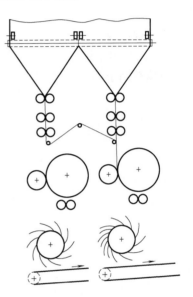

图 6-44　双三角板折页装置

(二) 冲击式折页装置的工作原理

1. 冲击式折页装置组成

这种折页大都应用在报纸印刷用的卷筒纸折页机上，因为报纸印刷大部分只折一个纵折和一个横折。

如图 6-43 所示为单三角板折页装置，也是冲击式折页装置。主要由纵折纵切机构（纸带驱动辊 1、压纸轮 2、纵切圆盘刀 3、三角板 4、导向辊 5、拉纸辊 6）和裁切滚筒 7、折页滚筒 8、折页辊 9、输帖翼轮 10 和输送带 11 等组成。

裁切滚筒 7 上开有凹槽，凹槽中安装刀框，锯齿形裁切刀就安装在刀框中。刀框的结构能保证快速地卸下和装上切刀。折页滚筒 8 上有两排针筒，针筒中装有钢针，钢针用来挑住印张。此外，折页滚筒上还有两把做行星运动的折刀。折页辊 9 上是一对带网纹的辊子，它们装在行星折刀的下方。折页辊 9 的轴承由弹簧支撑，以保证对所折报纸的压力，同时弹簧起到减震作用。输帖翼轮 10 一般有 10 个或 12 个叶片，高速折报装置的翼轮叶片数可少至 5~6 片。

2. 冲击式折页装置的工作原理

如图 6-43 所示，已印好双面的纸带进入纸带驱动辊 1。如果是四版的报纸，纵切刀 3 就抬起，不起作用。如果是两版的报纸，纵切刀 3 落下并沿纵向把纸带切为两部分。经三角板 4 和导向辊 5 以及拉纸辊 6 一起完成纵折。拉纸辊 6 继续将纸带输送到裁切滚筒 7 和折页滚筒 8 之间，并由折页滚筒 8 上的钢针挑住，当裁切滚筒 7 上的锯齿形裁刀与折页滚筒上的刀垫相遇时完成纸带横切。此时，折页滚筒 8 上做行星运动的折刀伸出，把报纸的中间送入两折页辊 9 之间而完成横折，这个横折就是冲击式折页。折帖通过输帖翼轮 10 把报纸放在输送带 11 上，将报纸输送出去。

（三）滚折式折页装置

如图 6-45 所示为典型的三滚筒滚折式折页机的结构，它主要由驱动辊 1、三角板 2、导纸辊 3、拉纸辊 4、裁切滚筒 5、第一折页滚筒 9、第二折页滚筒 20 以及折帖输出装置组成。图中裁切滚筒 5 上装有一把裁刀 8、一排挑纸扎针 6、相隔 180° 对称位置上装有一把折刀 7；而在第一折页滚筒 9 上相对应位置装有刀垫 10 和折页夹板 12，与它们相隔 90° 位置上安装有用于第二折的折刀 11；在第二折页滚筒 20 上装有两副叼纸牙 13 和两副折页夹板 14。

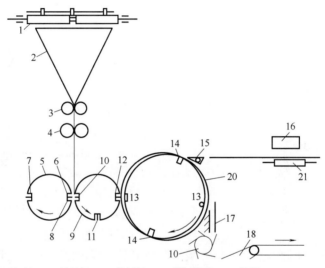

1—驱动辊；2—三角板；3—导纸辊；4—拉纸辊；5—裁切滚筒；6—扎针；7、11、16—折刀；8—裁刀；
9—第一折页滚筒；10—刀垫；12、14—折页夹板；13—叼纸牙；15、17—导纸板；18—输送带；
19—翼轮；20—第二折页滚筒；21—折辊。

图 6-45　三滚筒滚折式折页机

扩展学习：

查阅资料，比较冲击式和夹板式折页装置的工作原理。

本章习题：

1. 卷筒纸胶印机与单张纸胶印机结构有何异同？
2. 简述卷筒纸自动接纸装置的工作原理。
3. 卷筒纸胶印机有哪些纸带引导装置？各有何作用？

第七章　其他印刷机——满足不同的工艺要求

第一节　凸版印刷机

一、凸版印刷与柔性版印刷

（一）传统凸版印刷

凸版印刷机使用的印版是凸版，凸版上的图文部分高于非图文部分，因此，油墨只能转移到印版的图文部分，而非图文部分则没有油墨，如图 7-1 所示。

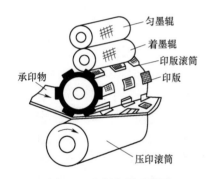

图 7-1　凸版印刷示意图

凸版印刷机按照印版的压印形式，主要有三类：平压平型、圆压平型、圆压圆型。

平压平型凸版印刷机中，印版和压印部分都是平面的。这类印刷机在印刷过程中，压印力大且均匀，适于印刷商标、书刊封面、精细彩色画面等印刷品。

圆压平型凸版印刷机在印刷时，圆型的压印滚筒和平面的印版相接触，印刷速度比平压平型印刷机速度快，利于进行大幅面印刷。按照压印滚筒的运动形式，又分为一回转和二回转两种。

现代圆压圆型凸版刷机主要指柔性版印刷机。柔性版印刷机主要用于印刷纸张、瓦楞纸板、塑料薄膜、铝箔纸、玻璃纸和不干胶材料的印刷等。

（二）柔性版印刷

柔性版印刷是凸版印刷中应用最广泛的印刷方式。国家标准对柔性版印刷的定义为：柔性版印刷是使用柔性版，通过网纹辊传递油墨的印刷方式。在印刷过程中，油墨从墨槽经输墨辊传递到网纹辊上，经网纹辊传递到印版上，再通过压印滚筒的接触把油墨传递到承印物上。

柔性版印刷与其他印刷方式相比，具有自己的优势：①使用的油墨以水基型油墨和溶剂型油墨为主，绿色环保、无污染，属于绿色印刷。②印刷速度快，一般为胶印和凹印的1.5~2倍。③设备结构相对简单，价格约为相同规格胶印机和凹印机的一半，设备集成性好，生产效率较高。④与胶印机最大的区别在于没有复杂的输墨机构，印刷操作简便，维护成本低。⑤印刷承印物广泛。薄膜包装、纸质软包装、瓦楞纸板、包装卡纸、商标、纤维板等都是柔性版印刷的范围。

（三）网纹辊

网纹传墨辊，简称网纹辊，是保证柔性版印刷短墨路传墨、匀墨质量的关键部件，其表面制有无数大小、形状、深浅都相同的凹孔。凹下的网穴能储存油墨，如图 7-2 所示。

网纹传墨辊的作用是向印版上图文部分定量、均匀传递所需要的油墨。由于网纹辊凹孔的分布特性，其传递的墨膜具有均匀、一致的厚度。根据表面镀层的不同，网纹辊可以分为金属镀铬网纹辊和陶瓷网纹辊。网纹辊的结构型式有两种，即带轴式和套筒式。

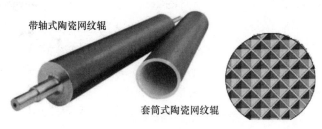

图 7-2　网纹辊

1. 网纹辊的结构

带轴式网纹辊由辊体和支撑体两个部分组成，如图 7-3 所示。

① 辊体是网纹辊的支承体，一般采用无缝钢管或圆钢。辊体直径大小应与柔版印版滚筒相匹配，否则会影响传墨精度。

② 基层材料是网纹辊上进行雕刻加工的表面，选择时应从强度、耐腐蚀性和加工性能等方面综合考虑。有的网纹辊选用不锈钢合金作为基层材料，喷涂在辊芯表面。

③ 加工完网穴的网纹辊表面有镀一层铬或陶瓷，称为表面镀层，主要作用是提高网纹辊的耐磨性和抗腐蚀性。一般表面镀层的厚度为：镀铬层 0.0127~0.01778mm，喷陶瓷层 0.0254~0.03048mm。

④ 网穴是传递油墨的载体，具有储墨和匀墨的作用。网纹辊的网穴多采用正六边形的开口，有利于提高油墨的转移量和避免印品龟纹的产生。如果网穴开口窄而深，那么网穴底部的油墨就无法转移。

⑤ 网墙是网穴间的隔墙，网墙面积的大小与网穴的形状有关，为了提高供墨量和改善传墨性能，应尽量减少单位面积内的网墙的面积。

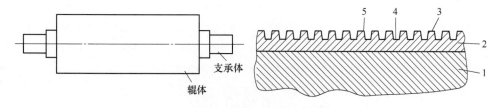

1—辊体；2—基层材料；3—表面镀层；4—网穴；5—网墙。

图 7-3　网纹辊的组成示意图

2. 网纹辊的性能

网纹辊的性能参数主要有雕刻精度、耐印力、传墨和释墨性等。雕刻精度是指网穴雕刻的精细程度，用网纹线数（lpi，线/英寸；或 l/cm，线/厘米）来表示。机械雕刻金属镀铬网纹辊最高为 500lpi（196l/cm），只能用于印刷中低档产品。激光雕刻陶瓷网纹辊网线范围宽，最高可达 1600lpi（640l/cm），可满足精细印刷的要求。耐印力方面，陶瓷网纹辊耐磨性比金属镀铬网纹辊好，可达 4 亿印次左右，具有寿命长、耐磨、耐腐蚀的特点，可使用刮刀装置。

金属镀铬网纹辊表面镀铬层与激光雕刻陶瓷网纹辊常用的陶瓷材料的表面能量相近，因此两者都具有较好的着墨性能和油墨释放性能。激光雕刻的网孔形状好，薄壁圆底，网

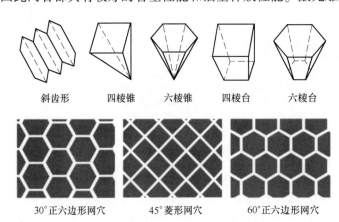

斜齿形　四棱锥　六棱锥　四棱台　六棱台

30°正六边形网穴　　45°菱形网穴　　60°正六边形网穴

图 7-4　网纹辊常用的网穴形状及排列角度

穴有很平滑的墙，有利于油墨的传递。其线宽与网孔容积有较宽的选择范围，能满足各种用途需要。更重要的是激光雕刻出的网穴有三种角度（30°、45°、60°）和两种网穴形状（六边形和菱形）可供选择。网纹辊的传墨性能与网穴的结构、网纹辊的线数、网穴的排列角度、网穴容积及印刷速度等因素有关。如图 7-4 所示为网纹辊常用的网穴形状及排列

角度。60°排列的正六边形网纹辊由于有传墨性能高、易于制造等诸多优点，已经成为事实上的行业标准。

金属网纹辊由于有镀层，墨穴不易堵塞，但使用寿命不如陶瓷辊；陶瓷网纹辊虽价格偏高，但在印刷高精度的网线版时，更能显示出其耐磨、耐热的优势。不过陶瓷辊网穴易堵塞，应用时需注意清洗及保养。不同网纹辊的性能比较如表 7-1 所示。

表 7-1　　　　　　　　　　　　网纹辊性能比较

网纹辊种类 / 性能	金属镀铬网纹辊	喷涂陶瓷网纹辊	激光雕刻陶瓷网纹辊	网纹辊种类 / 性能	金属镀铬网纹辊	喷涂陶瓷网纹辊	激光雕刻陶瓷网纹辊
油墨量控制	好	中	好	抗破坏性	差	中	好
涂层厚度（单边）/mm	0.02	0.02	0.1~0.2	耐磨性	差	好	好
传墨量/（BCM/in²）	高	中	高(0.6~60)	耐腐蚀性	差	中	好
印刷质量	高	中	高~特高	网线范围/(l/cm)	<200	<80	20~480
寿命	短	较长	很长	表面能量/(N/m)	35~37	36~45	36~45

注：$1BCM/in^2 = 1.55cm^3/m^2$。

二、柔性版印刷机

（一）柔性版印刷机的基本结构形式

1. 单张纸柔性版印刷机

单张纸柔性版印刷机结构可参考单张纸胶印机，其主要区别在于印刷装置和输墨装置。如图 7-5、图 7-6 所示分别为单张纸柔性版印刷机的整机结构及印版滚筒。柔性版印刷机一般是两滚筒结构，印版滚筒直接和压印滚筒接触。输墨主要由网纹辊完成，输墨量的多少主要由网纹辊的型号和转速决定。

2. 卷筒纸柔性版印刷机

卷筒纸柔性版印刷机一般有三种结构形式：层叠式、机组式、卫星式。

图7-5　单张纸柔性版印刷机

图7-6　单张纸柔性版印刷机的印版滚筒

（1）层叠式柔性版印刷机　这种印刷机是将多个独立的印刷色组一层一层地以上下结合形式装配在机架的一侧或两侧。每一个印刷色组都通过安装在主墙板上的齿轮组传动，如图7-7所示。

（2）机组式柔性版印刷机　这种印刷机的印刷色组是完整的、以独立单元的形式呈水平直线排列，可由一个共用的主传动轴进行驱动，如图7-8所示。机组式柔性版印刷机可以设计成任意色数的机组。

（3）卫星式柔性版印刷机　这种印刷机也称共用大压印滚筒印刷机，印刷色组分散在共用压印滚筒四周，如图7-9所示。印刷时，承印材料紧附在压印滚筒表面，

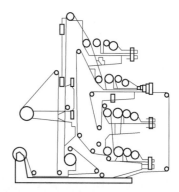

图7-7　层叠式柔性版印刷机结构

在各个色组之间传递时受力一致，与压印滚筒之间没有相对滑动，保证了套印精度。一般压印滚筒直径越大印刷速度越快，油墨干燥技术的发展也提高了印刷速度。

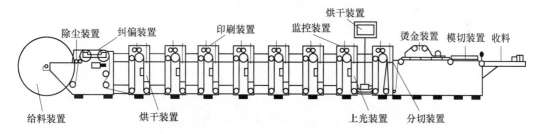

图7-8　机组式柔性版印刷机结构

（二）柔性版印刷机结构组成

层叠式、机组式、卫星式三种柔性版印刷机的不同之处主要在于印刷色组的排列形式有一定的差别，它们的基本结构组成是相似的。以卫星式为例（图7-9），柔性版印刷机主要由放卷供料部、印刷部、干燥与冷却部、复卷部组成，另外还包括控制与管理系统、辅助装置等。

1. 放卷供料部

放卷供料部一般通过纸卷轴上的卡纸机构、气动膨胀机构来固定纸卷，通过速度传感器采集输纸速度，通过张力控制机构，调节和控制输纸速度；具体结构可参考卷筒纸胶印

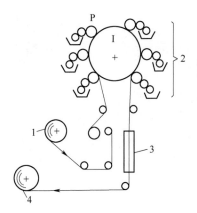

1—放卷供料部；2—印刷部；

3—干燥与冷却部；4—复卷部；

P—印版滚筒；I—压印滚筒。

图 7-9　卫星式柔性版印刷机结构

机的输纸（卷）装置。

2. 印刷部

柔性版印刷机的印刷部一般有输墨系统、印刷滚筒。

（1）输墨系统　柔性版印刷的输墨系统墨路比较短，主要由墨槽、网纹传墨辊和刮刀组成。网纹辊与刮墨刀相配合，使得柔性版印刷机可以使用各种黏度的油墨，在较高的速度下获得更高的印刷质量。根据刮墨刀相对于网纹辊的安装位置不同，分为正向刮刀输墨系统和反向刮刀输墨系统。

正向式刮刀一般采用与网纹辊接点处切线成 45°~70° 的角度刮墨，如图 7-10（a）所示。沿网纹辊的转动方向，刮墨刀直接安装在网纹辊上，刀刃与网纹辊在接触处与切线方向成锐角，余墨向刀内流去。

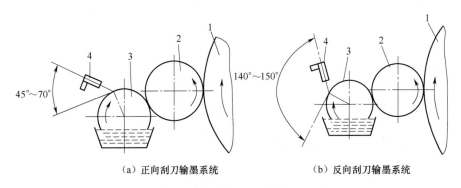

（a）正向刮刀输墨系统　　　　　　（b）反向刮刀输墨系统

1—压印滚筒；2—印版滚筒；3—网纹辊；4—刮墨刀。

图 7-10　刮刀输墨系统

反向式刮刀一般采用与网纹辊接点处切线成 140°~150° 的钝角刮墨，如图 7-10（b）所示。此系统刮墨刀的安装方向与网纹辊的转动方向相反。与正向式刮刀相比，余墨向刀外流去，不必再额外施加压力，不损伤网纹辊；工作时刮墨刀与网纹辊之间的压力较轻，磨损较小，能更准确地传递和控制印墨，以满足高质量印刷的要求。

（2）印刷滚筒　由印版滚筒和压印滚筒组成，完成油墨由印版滚筒向承印物的转移，如图 7-11 所示。它们之间通过离合压机构控制离合压，可参考胶印机离合压装置。

3. 干燥与冷却部

柔性版印刷机每个色组之间会有一个油墨干燥固化的装置，能够避免色组间湿墨叠印和堵版。在经过各色组之后还有一级最终干燥。主要的干燥方法有热风干燥、红外线干燥、紫外线干燥等，一般在

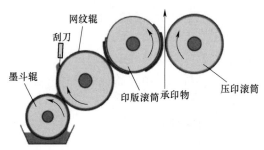

图 7-11　柔性版印刷部分

专门的风罩和风道中完成。

冷却系统除起冷却作用外，其冷却辊通常还充当牵引辊，成为张力控制系统的一部分。冷却辊由直流电机驱动，它提供从最后一个色组经过桥式干燥通道到冷却辊区间的精确张力控制。

4. 复卷部

复卷部的装置一般有两种类型，即中心卷绕和表面卷绕。这两种类型分别对应轴心驱动和表面驱动两种驱动方式，与卷筒纸胶印机的复卷装置类似。有些柔性版印刷机采用了联机印后加工，加工完成后再复卷或收纸。

5. 控制与管理系统

控制与管理系统一般设有模块化自动操作系统、智能化传动系统和定位系统、电子同步调节及计算机控制快进系统、机械手换辊系统、供墨及清洗系统、远程遥控系统等。

6. 辅助装置

柔性版印刷机也安装有很多辅助装置，例如横向纠偏装置、张力控制单元。

（1）横向纠偏装置 为了保证承印材料进入印刷部时边缘位置正确，在印刷部之前应安置横向纠偏装置。对于纸张等不透明材料，多采用光电扫描头或超声波传感器所构成的纠偏装置；对于薄膜等透明材料，则采用气动扫描头。

（2）张力控制单元 柔性版印刷机一般采用分段独立的张力控制系统，通常包括放卷、输入、输出和收卷 4 个控制单元。

第二节 凹版印刷机

一、凹版印刷原理与特点

凹版印刷（图 7-12）是使用凹版施印的一种印刷方式。凹版印刷中图文部分低于空白部分，所有空白部分都处于一个平面上，承印物上的浓淡层次的变化由印版图文部分凹进的深浅决定。凹印印版不同部分凹进的深浅决定了印版转移油墨的厚薄和多少，进而决定图文的明暗层次。

凹版印刷机中，印版滚筒浸没在墨槽中，或者转动传墨辊使凹版上的图文部分填充油墨，用刮刀刮去附着在空白部分的油墨，通过印版与压印滚筒的滚压，填充在凹部的油墨转移到承印物上，如图 7-13 所示。

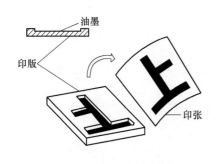

图 7-12 凹版印刷原理

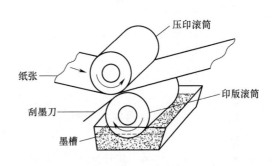

图 7-13 印版滚筒及输墨装置

1. 凹版印刷的优点

① 凹版印刷的墨层较厚，色调浓厚，色彩再现能力强。凹版印刷的墨层厚度为 $1\sim50\mu m$，最大墨层厚度远大于凸版印刷的 $2\sim6\mu m$ 和平版印刷的 $1\sim4\mu m$，但小于丝网印刷的 $15\sim100\mu m$。

② 凹版印刷采用短墨路供墨，结构简单，自动化程度高。

③ 凹版印刷采用直接印刷，印刷压力大，版辊镀铬，版面光洁、质地坚硬、耐印率高。可承印材料广泛，版辊可长时间保存，利于大批量印刷和再版印刷。

④ 凹版印刷多采用溶剂挥发性干燥油墨，油墨流动性好、干燥快。

2. 凹版印刷的缺点

① 印刷油墨多以挥发性油墨为主。

② 制版工艺复杂，不稳定因素多，周期长、费用高。制版中的腐蚀和镀铬工艺易造成重金属污染。

二、凹版印刷机的主要装置

与平版胶印机一样，凹版印刷机可分为单张纸和卷筒纸凹版印刷机，其输纸装置和收纸装置与平版胶印机的输纸装置和收纸装置基本相同，这里主要讨论凹版印刷机的印刷装置和输墨装置。

（一）印刷装置

印刷装置主要由印版滚筒和压印滚筒组成。其排列形式分三种：倾斜排列、垂直排列和水平排列，一般以倾斜排列、垂直排列为主。根据印版滚筒和压印滚筒的直径大小的不同又分为两种类型：1∶1 型和 1∶2 型，如图 7-14 所示。

1∶1 型中，压印滚筒直径与印版滚筒的直径相等。因压印滚筒需安装衬垫而留有卡槽位置，所以印版滚筒圆周部分不能全部作版面使用。1∶2 型中，压印滚筒直径为印版滚筒的直径的 2 倍。这种结构使得印版滚筒的

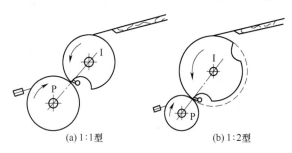

(a) 1∶1 型　　　　(b) 1∶2 型

P—印版滚筒；I—压印滚筒。

图 7-14　凹版印刷滚筒排列形式

整个圆周都可作为版面使用，印版滚筒的直径较小，有利于凹版制版电镀工艺；其次，压印滚筒旋转 1 周，印版滚筒旋转 2 周，着墨与刮墨也各 2 次，着墨效果较好。因此，这种 1∶2 型机型得到的应用更广泛。

（二）输墨装置

1. 输墨的基本形式

凹版印刷主要采用溶剂型液体油墨，也使用短墨路输墨，基本形式有浸泡式、墨斗辊式和喷墨式。

（1）浸泡式（直接着墨）　该形式是大部分凹版印刷机的标准输墨形式，基本构成如图 7-15 所示。印版滚筒下部约 1/3 直接浸入到墨斗内油墨液面以下，印版通过印版滚筒的旋转完成着墨，刮墨刀把印版上空白部分的油墨刮掉。此种输墨结构简单，但油墨易高速飞溅，对刮刀影响大。

（2）墨斗辊式（间接着墨） 此种输墨装置中印版滚筒的着墨是通过墨斗辊间接完成的，基本构成如图7-16所示。墨斗辊半浸泡在墨斗内，墨斗辊通过旋转把墨斗槽内的油墨传递到印版滚筒上，油墨传递较均匀，对刮墨刀影响小，但油墨易高速飞溅。

（3）喷墨式 该输墨装置是将印版滚筒置于密闭的容器内，由喷墨装置将油墨直接喷射在版面上，然后由刮墨刀将多余的油墨刮掉。现代高速凹印机一般采用这种装置，如图7-17所示。因这种装置密闭，油墨内的溶剂挥发少，可以保持油墨性能稳定。其在输墨过程中循环供墨，墨色均匀，无飞溅，但结构复杂。

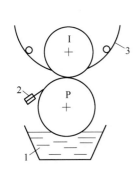

1—墨斗；2—刮墨刀；3—承印物；
P—印版滚筒；I—压印滚筒。
图7-15 浸泡式输墨装置

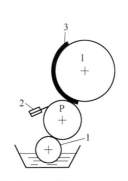

1—墨斗辊；2—刮墨刀；3—承印物；
P—印版滚筒；I—压印滚筒。
图7-16 墨斗辊式输墨装置

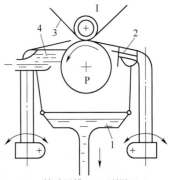

1—辅助墨槽；2—刮墨刀；
3—承印物；4—喷墨装置；
P—印版滚筒；I—压印滚筒。
图7-17 喷墨式输墨装置

2. 刮墨装置

刮墨装置的作用是将印版经着墨后的空白部分的油墨刮掉。刮墨装置主要由刮墨刀、夹持板和压板等组成，如图7-18所示。刮墨刀为钢制刀片，其厚度一般在 0.15 ~ 0.30mm。刮墨刀与压板重叠后置于上、下夹持板中间，用紧固螺钉压紧。刮墨刀的刃口部经精细研磨以保证其平整、光洁，提高刮墨效果。压板的作用是增强刀片的弹性，保证与印版表面保持良好接触状态。

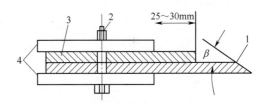

1—刮墨刀；2—螺钉；3—压板；4—夹持板；β—刀刃角。
图7-18 刮墨刀结构

刮墨刀刀片与印版滚筒表面切线接触的角度称为接触角，即刮墨刀刀刃在印版滚筒接触点的切线与刮墨刀所夹的角度，一般以30°~60°为宜。

刮墨刀的安装位置如图7-19所示，一般以 α 角的大小来确定。α 角为两滚筒的中心

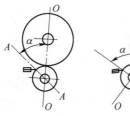

（a）较小的位置角

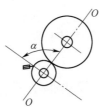

（b）中等的位置角

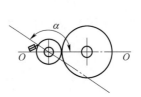

（c）较大的位置角

图7-19 刮墨刀的合理位置

连线 OO 和通过刮墨刀与印版滚筒的接触点到该滚筒中心点的延长线 AA 所夹的角。从图中可知，随着 α 角增大，油墨在刮掉多余油墨后到进行印刷中间经过的时间就增加，油墨就越容易变干。实践证明，一般情况下，α 角小一些比较有利。也就是说，应使刮墨刀与印版滚筒表面的接触点尽量靠近两滚筒的压印点，如图 7-19（a）所示的情形。

第三节 孔版印刷设备

一、孔版印刷原理与特点

孔版印刷主要原理是漏印，其中丝网印刷应用最广泛、最具有代表性。丝网印刷是将丝网紧绷于网框上，并在丝网上制成堵塞非图文部分网孔的模版，利用刮刀的刮压，将网版上的油墨从图文处的网孔漏印到承印物上，如图 7-20、图 7-21 所示。丝网印刷可应用油墨的种类非常多，应用也非常广泛。

图 7-20 丝网印版示意图

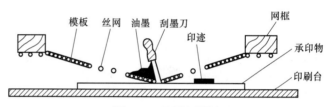

图 7-21 丝网印刷原理

丝网印刷的特点如下：

（1）适用承印物范围广，印刷适应性强 除了在平面上进行印刷，丝网印刷还可以在球面等凹凸面进行印刷。由于印版柔软，印刷压力小，可以对软质材料和易碎物品进行丝网印刷，可承印物范围非常广。

（2）墨层厚，立体感强，覆盖力强 丝网印刷墨层厚度可达到 $30\sim100\mu m$，是四种基础印刷方式中墨层厚度最厚的印刷方式。所以，一些特种印刷经常使用丝网印刷方式，比如电路板印刷、盲文印刷等。此外，丝网印刷的墨层厚度最薄可达 $6\mu m$，通过叠印最厚可达 $1000\mu m$，具有很好的遮盖力。

（3）对油墨的适应性强 丝网印刷的漏印原理决定了其对各类油墨都具有很好的适应性。水性、油性、合成型、粉体等各种油墨均可使用。也可以把耐光性颜料、荧光颜料等放入油墨中，使图文保持光泽。

（4）承印物幅面大小范围大 丝网印刷时，大幅面可达 $3m\times4m$，还能在超小型、超高精度的特品上进行印刷。结合可印刷的承印物种类，丝网印刷具有非常大的灵活性和广泛的适用性。

二、丝网印刷设备的主要装置

（一）丝网印刷设备的结构

丝网印刷机有多种不同的种类，基本结构主要由给料部分、印刷部分、收料部分三部分组成。

1. 给料部分和收料部分

一般与平版印刷机基本相同，分为单张材料和卷筒材料两种形式。

2. 印刷部分

印刷部分主要由丝网印版、刮墨板和承印平台组成。以平网丝网印刷机为例，印刷部分装置主要由刮墨系统和回墨系统组成。

（1）刮墨系统　刮墨系统是让刮墨板在运动中挤压油墨和丝网印版，使丝网印版与承印物形成一条压印线。由于丝网具有张力，对刮墨板产生力，弹力使丝网印版除压印线外都不与承印物相接触，油墨在刮墨板的挤压力下通过网孔，从运动着的压印线漏印到承印物上。印刷过程中，丝网印版与刮墨板进行相对运动，挤压力和回弹力也随之同步移动，丝网在回弹力作用下，及时回位与承印物脱离接触，以免把印迹蹭脏。丝网在印刷行程中，不断处于变形和回弹之中，如图 7-22 所示。

（2）回墨系统　回墨系统是在一次刮印之后，把油墨送回起始端并均匀地在丝网印版上敷上一层油墨，以防止网版干燥，如图 7-23 所示。回墨一般由回墨板完成，刮墨后完成回墨，即完成一个印刷循环。

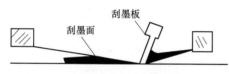

图 7-22　刮墨板与刮墨行程

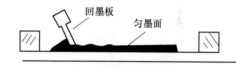

图 7-23　回墨板与回墨行程

（二）平面及圆网丝网印刷设备

丝网印刷机按照自动化程度不同，可分为手动、半自动、自动三种。按照承印物的形式不同，可分为单张纸、卷筒纸丝网印刷机。也可按网版形式，分为平面丝网印刷机、圆网丝网印刷机。

1. 平面丝网印刷机

平面丝网印刷机是网版呈平面的丝网印刷机，是丝网印刷机的标准机型，主要以广告、卡片类、金属及塑料标牌等平面承印物为对象。

（1）滚筒式平面丝网印刷机　主要由网版、刮墨板和滚筒组成。根据印刷色数和自动化程度又可以分为单色自动型和多色自动型。其特点是刮墨板处于网版上部中间位置，只做上下往复与网版接触、分离运动。承印物从网版与滚筒之间通过时，刮墨板向下移动，与网版接触，并对网版施以一定压力，油墨在刮墨板的挤压作用下，从网版图文部分漏印到承印物上完成印刷，如图 7-24 所示。

（2）铰链式平面丝网印刷机　也叫揭书式丝网印刷机，其中印刷台水平配置固定不动，网版绕其一边摆动，当网版摆至水平位置时刮墨刀往复运动进行印刷，网版向上摆动完成一次印刷，如图 7-25 所示。链式结构简单，尺寸适应性大，刚性差，精度低，速度慢，可印服装、宣传画、玻璃等。大多数手动和半自动丝网印刷机采用这种形式。

（3）升降式平面丝网印刷机　如图 7-26 所示，网版处于水平固定位置，刮墨板往复运动完成印刷过程。当刮墨板与网版接触运动时，印刷台上升靠近网版位置。当刮墨板返回起始位置时，印刷台下降进行收料和给料。升降式平面丝网印刷机，大多用于半自动或全自动丝网印刷机，可使用单张纸或卷筒纸承印物。工作平稳、套印精度好，适用于印刷电路板、电子元件及多色丝印。

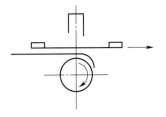
图 7-24　滚筒式平面丝网印刷

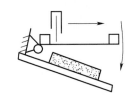
图 7-25　铰链式平面丝网印刷

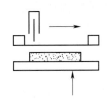
图 7-26　升降式平面丝网印刷

2. 圆网丝网印刷机

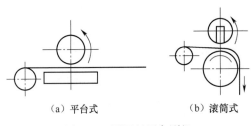
（a）平台式　　　（b）滚筒式
图 7-27　圆网丝网印刷机

圆网丝网印刷机主要是指采用圆筒型金属丝网的丝网印刷机。主要分为平台式和滚筒式，如图 7-27 所示。在圆形网筒内部设有供墨辊和固定刮板。印刷时承印物的移动要和网版的旋转同步进行，实现连续印刷。平台式圆形丝网印刷机主要用于单张承印物印刷，高速、连续，适用于印染行业；滚筒式圆形丝网印刷机主要用于卷筒纸连续印刷，印刷速度可达 10m/min。

第四节　数字印刷系统——高效的"打印机"

数字印刷是指利用数字技术将计算机中处理好的原稿信息直接记录在印版或者承印物上，即将计算机制作好的数字页面信息直接输出印版或印刷品的一种印刷技术。数字印刷采用了与传统印刷截然不同的图文转移方式，其关键是所采用的成像方式不同，如图 7-28 所示。

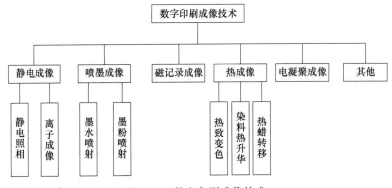
图 7-28　数字印刷成像技术

一、数字印刷原理

数字印刷技术最成熟且应用广泛的两种技术是静电成像和喷墨成像。

（一）静电成像

1. 静电成像原理

静电成像是利用某些光导材料在黑暗中为绝缘体、而在光照条件下电阻值下降（如硒半导体，阻值可相差 1000 倍以上）的特性来成像。由计算机根据印刷图文信息，控制静电（电子）在中间图文载体上的重新分布而成像（潜影或可见图像），形成图文转移中间载体，即通常说的印版，油墨或墨粉经过中间载体印版转移到承印物上，完成图文复制过程。

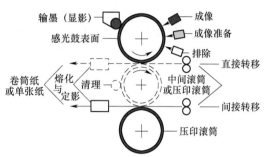

图 7-29　静电成像原理

在静电成像过程中，感光鼓起着关键的作用，如图 7-29 所示。感光鼓是用铝合金制成的一个圆筒，鼓面上涂有一层感光光导材料，一般为硒碲砷合金。首先在滚筒式感光鼓上均匀充电，然后利用由计算机控制的激光束对其表面进行曝光。受光部分的电荷消失，未受光部分仍然携带电荷。这样，就在感光鼓表面上留下了与原图像相同的带电影像，即所谓"静电潜影"。将带有静电潜影的感光鼓接触带电的油墨或墨粉，带电符号与静电潜影正好相反，通过带电色粉与静电潜影之间的库仑力作用实现潜影的可视化（显影），即感光鼓上被曝光的部分吸附墨粉，形成图像，再将色粉影像转移到承印物上。最后对转移到承印物上的油墨或墨粉加热（定影），使油墨或墨粉中的树脂熔化，牢牢地黏结在纸面上，就可得到一张印有原图像的印刷品，也就完成了静电印刷过程。印刷完成后，感光鼓还需消电、清扫，为输出下一页做准备。

静电成像具有以下特点：承印材料可采用普通纸张，一台机器既可实现黑白印刷也可完成彩色印刷；从印刷效果上看，阶调层次丰富，可达中等传统印刷效果；不受印量的限制，尤其是在短版印刷中，静电成像方式更加经济。

2. 静电印刷基本过程

静电印刷的过程可概括为三个主要步骤，即潜影生成、图像显影和图像转印。所涉及的功能构件包括潜影生成的成像系统（光导材料及相应的辅助构件、充电装置和曝光装置）、图像显影系统（主要是供"墨"装置、显影装置）、实现图像转印过程的图文转移系统。此外，一次成像结束后，因为还要有清洁与消电过程，所以清洁与消电装置也是印刷系统中不可或缺的过程。

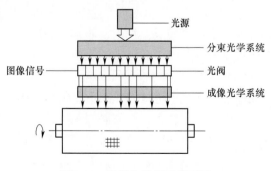

图 7-30　光源与光阀成像系统

（1）潜影生成　静电成像属光成像的范畴，故静电数字印刷机的成像子系统内必然包含数量众多的光学元件，才能完成预定的操作。如图 7-30 所示为一种光阀成像系统。使用电子-光学陶瓷制造的特殊光阀，对紫外光束进行调制，控制光束的工作状态（ON/OFF），然后经过成像光学系统，将光束引导到成像光导体，使光导体表面曝光形成潜影。光学成像系统采用多束光，与印刷幅面等宽，整个版面同时曝光，提高了成像速度。

（2）图像显影。显影过程的重点是在静电或者潜影上，用色调剂忠实、快速地附着必需的色粉量或者油墨量，从而得到鲜明、浓度充分的印迹。在显影过程中，作用于色调剂的潜影电场极为重要。如图 7-31 所示是静电潜影电场上电力线的模型。图像中线条与实地密度图像的边缘部分有强的静电电场作用，这就是边缘效应。另一方面实地图像的潜影中间部分电场很弱，这就是实地显影困难的原因。在静电潜影上方设置显影电极，可有效地控制边缘效应。显影电极能改变静电潜影电场的情况，有增加实地图像电场的作用。

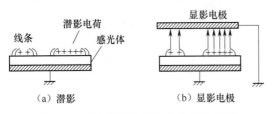

图 7-31　静电潜影电场上电力线的模型

（3）图像转印。图文转移系统的图文转移的方式有很多种。根据成像载体上的潜影吸附的墨粉影像是直接转移到承印物上还是先转移到中间载体再转移到承印物上，可分为直接转移和间接转移，分别如图 7-32（a）、图 7-32（b）所示。

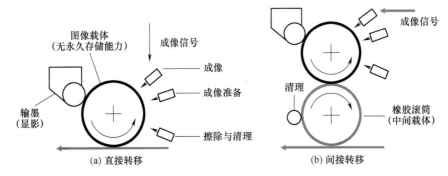

图 7-32　图文转移系统的图文转移方式

（二）喷墨成像

喷墨成像是一种无版无压、无需接触承印物的数字印刷技术。喷墨成像装置控制细微墨滴以一定速度由喷嘴喷射到承印物表面，最后通过油墨与承印物的相互作用，使油墨在承印物上再现出稳定的图文信息。喷墨成像具有以下特点：为保证成像质量，喷嘴直径一般为 $30\sim50\mu m$，以达到足够的清晰度；成像分辨率一般在 $30\sim600dpi$ 之间；一般要求油墨中的溶剂、水能够快速溶入承印物，以保持其较高的成像和印刷速度；可以在各种平面和非平面承印物上成像，包括各种纸张、纸板、织物、皮革、塑料、金属、玻璃、陶瓷等。现今印刷速度较快的生产型数字印刷系统大都采用喷墨成像技术，非常有发展潜力。

根据喷射方式的不同，喷墨成像数字印刷可分为连续喷墨和按需喷墨两大类。

1. 连续喷墨印刷

连续喷墨印刷是指喷出的墨流是连续不间断的，在充电电极的作用下，使喷头喷出的墨滴带电、不带电、或带不同的电荷，并在偏转电极的作用下，将需要的墨滴喷射到承印物上形成图文，不需要的墨滴进入墨水槽的循环系统，以便循环使用。连续喷墨系统具有频率响应高、可实现高速打印等优点。但这种打印机的结构比较复杂，需要加压装置、充电电极和偏转电场，终端要有墨滴回收和循环装置。在墨水循环过程中需要设置过滤器以过滤混入的杂质和气体等。

连续喷墨印刷又分为连续偏转喷墨印刷、连续不偏转喷墨印刷和静电分裂喷墨印刷。

（1）连续偏转喷墨印刷　液体油墨在压力作用下通过一个小圆形喷嘴，依靠高频而产生连续性的墨流，再被分离为单个墨滴，并带上静电，然后在图像信息控制下，墨滴被喷射到承印物上或被转移回收，如图 7-33 所示。

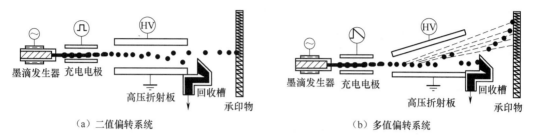

图 7-33　连续偏转喷墨印刷

（2）连续不偏转喷墨印刷　如图 7-34 所示的喷墨印刷方式与上述喷墨印刷装置基本相同，唯一不同在于偏转的墨滴（电荷）被回收，不偏转的墨滴反而直行形成图文。因为只能印在固定的位置，所以这种装置要采用多个喷嘴进行印刷，或在印刷过程中通过移动承印材料完成图文的整体印刷过程。

（3）静电分裂喷墨印刷　如图 7-35 所示，油墨仍由喷嘴连续喷出，但这种喷嘴管孔径极小，喷出的油墨不需给予振动或静电就会自行分解成一颗颗的极小墨滴，印刷需要的墨滴经遮挡板后直到承印物上，不需要印刷的墨滴在经过同电极的电极环时，会感应上巨量静电荷而再次分裂形成墨雾并失去方向性，经遮挡板挡住后回收。

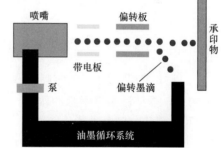

图 7-34　连续不偏转喷墨印刷

图 7-35　静电分裂喷墨印刷

2. 按需喷墨印刷

按需喷墨是指仅在需要喷墨的图文部分喷出墨滴，而在空白部分则没有墨滴喷出。按需喷墨方式避免了墨滴带电、偏转及墨水回收的复杂性和不可靠性，简化了印刷机的设计和结构。喷头结构简单，容易实现喷头的多嘴化，输出质量更为精细。通过脉冲控制，数字化容易。分别选用黄、品、青、黑油墨，即可实现彩色记录。但一般按需喷墨系统墨滴喷射速度较低，且必须以脉冲的方式工作。

按需喷墨系统墨滴喷射的动力来源与采用的具体喷墨技术有关。例如，热喷墨系统的墨滴喷射动力来自气泡生长和破裂，压电喷墨设备的墨滴喷射动力来自压电元件按输入电压或电流等比例地输出的墨水腔的物理变形。

（1）热喷墨印刷　热喷墨印刷采用电热原理，其喷墨头包括墨水腔、加热器、喷嘴，如图7-36所示。印刷时加热器在图文信号控制电流的作用下迅速升温至高于油墨的沸点，与加热器直接接触的墨水汽化形成气泡，气泡充满墨水腔后，因受热膨胀而形成较大压力，驱动墨滴从喷嘴喷出，到达承印物形成图文。一旦墨滴喷射出去，加热器冷却，而墨水腔依靠毛细管作用由储墨器重新注满。热喷墨时墨水是通过气泡喷出的，墨水微粒的方向性与体积大小不好掌握，打印线条边缘易出现参差不齐现象。

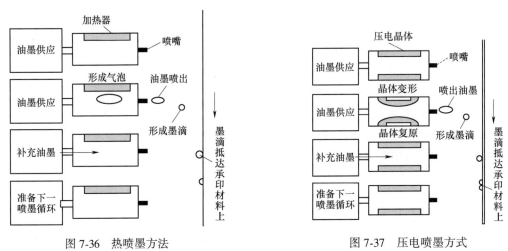

图7-36　热喷墨方法　　　　　　　　　图7-37　压电喷墨方式

（2）压电喷墨印刷　压电喷墨印刷是采用压电晶体的振动来产生墨滴。压电晶体（压电陶瓷）受到微小电子脉冲作用，会立即变形而形成喷墨的压力。如图7-37所示，在墨水腔的一侧装有压电晶体，印刷时，墨腔内的压电板在图文信号控制的电流作用下产生变形，使墨水腔容积减少，挤压墨滴从喷嘴中喷出，然后压电晶体恢复原状，墨水腔中重新注满墨水。压电喷墨的墨点形状规则，无溅射，墨点大小可控，喷射速度可控，定位准确。压电喷墨方式能够有效控制墨滴，很容易就能够实现1440dpi的高精度打印工作，并且不需要加热就能够进行微电压喷射，避免了墨水在受热条件下发生化学变化而变质，大大降低了设备对墨水质量的要求。

某些材料具有在外力作用下成比例地输出电流的能力，谓之压电效应。材料在外加电场的作用下产生变形，称为逆压电效应。显然，压电喷墨需要利用逆压电效应。按照压电晶体的变形模式，压电喷墨可分为四种模式，分别为挤压、弯曲、推压、剪切，如图7-38所示。目前大多数压电喷墨打印机普遍采用剪切模式。

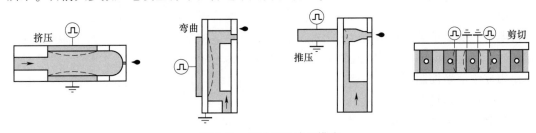

图7-38　四种压电喷墨模式

扩展学习：

1. 压电驱动脉冲与墨滴尺寸调制

压电喷墨打印头以剪切模式居多，常采用如图7-39所示的双极驱动波形。打印头工作时，初始正电压的上升导致在墨水流体内产生膨胀波。电压增加到一定数值后保持特定的时间不变，直到膨胀波从压电元件界面反射时才撤去电压。膨胀波的反射形成压缩波，使压缩波处在墨水通道的中心位置上。在此期间对墨水通道壁施加与正电压数值相等的负电压，对压缩波起加强作用。受到加强的压缩波传播到喷嘴孔，导致墨滴从喷嘴孔喷射出去。经过一段时间后，电压返回到接地值，驱动波形撤消，墨水通道的一个工作循环结束。

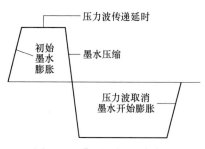

图 7-39　典型双极驱动波形

压电喷墨通过体积变换喷射墨滴，采用特定电压波形驱动。这两个基础特点决定了这种喷墨技术更容易实现墨滴尺寸调制，意味着同一台设备可以喷射不同尺寸的墨滴。

2. 查阅资料，了解数字印刷中的关键器件——高速喷头。

二、数字印刷系统的组成与结构

（一）数字印刷系统的组成

数字印刷系统一般主要由图文信息处理系统、光栅图像处理系统、成像系统与输墨系统、图文转移系统、纸张输送与后处理系统等部分构成。

1. 图文信息处理系统

图文信息处理系统接受需要印刷的图文信息，进行版面编排。

2. 光栅图像处理系统

光栅图像处理系统又叫 RIP，对图文信息处理系统输出的版面进行翻译和解释，将计算机上采用的数字语言转换为数字印刷系统上认可的数字点阵描述。RIP 是数字印刷系统上不可缺少的部件。

3. 成像系统与输墨系统

基于不同技术的成像系统和输墨系统各不相同。静电成像是用激光或发光二极管对光导体滚筒表面进行扫描，改变其表面的电荷特性（保留图文部分的电荷而释放空白部分的电荷），形成静电潜影，再利用带电色粉和静电潜影之间的电荷作用力，使图文部分的正电荷吸引干式墨粉或液体呈色剂，将其转移到承印材料上，完成印刷。在静电成像系统中有两种显影方式，一种是利用湿式色粉显影，另一种是采用干式色粉显影。湿式色粉又称为电子油墨，这种显影方式比干式色粉显影具有更高的分辨率。

对于连续喷墨方式成像，RIP 后的数字化图文信息直接输送到数字印刷系统的成像系统，用成像信号控制墨水的运动轨迹，使墨水到达需要印刷的图文部分所对应的材料表面，最终在承印物上形成稳定的印刷图像。

4. 图文转移系统

静电数字印刷需采用图文转移系统进行图像转印，见前述图7-32。

5. 纸张输送与后处理系统

数字印刷系统一般采用卷筒纸，纸张输送与后处理系统对纸卷进行输送与控制，对印刷完毕的纸张进行冷却、裁切、收齐等。

(二) 数字印刷系统的结构

数字印刷系统中核心部件是成像系统部件和图文转移系统部件。它们的不同排列组合决定了数字印刷系统的结构。根据彩色承印物是多次通过同一印刷装置完成多色印刷，还是由多个单色印刷装置完成多色印刷的不同，可以分为单路结构和多路结构。

1. 单路结构

单路结构是每一个单色都是由一个独立的印刷成像单元完成，即这种结构由多个成像印刷单元一次性共同完成多色印刷。印刷时，纸张只需一次通过多个由压印滚筒和成像表面（或中间载体）组成的间隙，就可完成彩色印刷。每个成像单元不仅有成像装置，还有图文信息输入装置、输墨装置和清理装置等，如图 7-40 所示。

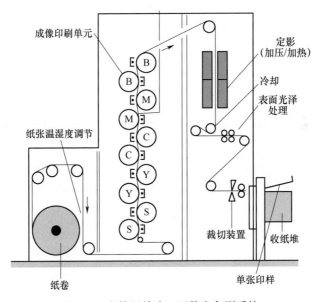

图 7-40　卷筒纸单路双面数字印刷系统

单路结构是由多个印刷单元组成的，所以其制造成本较高，但其优点是印刷速度快。单路系统的生产能力取决于成像装置的记录速度（成像速度），而输墨装置和其他部件的工作速度需与成像速度匹配。

2. 多路结构

多路结构只有一个数字成像印刷单元，它必须与多个输墨装置配合使用，实现各分色的印刷，纸张必须多次经过压印滚筒和成像装置（或中间载体）之间的间隙。为此，压印滚筒或类似部件上应带有抓纸机构，保持纸张在固定的位置上。如图 7-41 所示，四色硒鼓（输墨装置）均匀分布在圆盘上，压印滚筒上有抓纸机构。

因为只需一个成像单元，而成像单元又是系统结构中生产成本的主要部分，所以多路印刷系统制造成本低。又因纸张必须多次经过印刷装置才能完成多色，印刷速度慢，无法形成连续作业流，生产能力低。

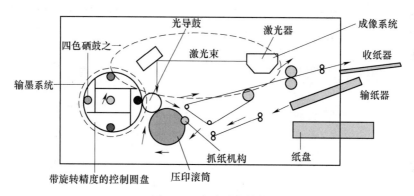

图 7-41　多路系统结构

本章习题：

1. 柔性版印刷设备与平版胶印设备结构原理上有何异同？
2. 凹版印刷的输墨装置与平版胶印机的输墨装置有何不同？
3. 丝网印刷机有哪几种类型？
4. 简述压电喷墨数字印刷的工作原理。分析影响压电喷墨质量的因素。
5. 调研目前常见的数字印刷机类型及特点。分析如何根据生产需求进行选型。

第八章　印前及印后设备——应用于印刷前期、后期工序

第一节　印前设备

一、桌面出版系统

印刷设备是指生产印刷品及完成印刷过程使用的机械、设备、仪器的总称，一般分为印前设备、印刷设备、印后加工设备。印前设备主要是为印刷生产制作合格的印版的设备。彩色桌面出版系统属于印前设备。

（一）彩色桌面出版系统的组成

桌面出版系统（Desktop Publishing System）简称 DTP 系统，现已取代了传统的制版工艺和设备。彩色桌面出版系统一般由 DTP 输入设备、DTP 加工处理设备、DTP 输出设备组成，如图 8-1 所示。

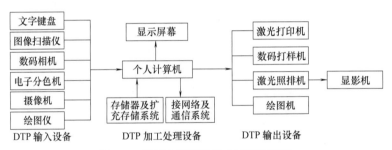

图 8-1　桌面出版系统组成结构示意图

（1）DTP 输入设备　输入设备的基本功能是对原稿进行扫描、分色并输入系统。文字输入与计算机排版系统相同。图像的输入可以采用多种设备，如扫描仪、数码相机、电子分色机、摄像机、绘图仪等，使用较多的是扫描仪。

（2）DTP 加工处理设备　加工处理设备统称为图文工作站，其基本功能是对进入系统的原稿数据进行加工处理。例如，校色、修版、拼版和创意制作，加上文字、符号等，构成完整的图文合一的页面，再传送到输出设备。

（3）DTP 输出设备　输出设备是彩色桌面出版系统生成最终产品的设备，主要由高精度的激光照排机和 RIP（光栅图像处理器）两部分组成。激光照排机利用激光，将光束聚集成光点，打到感光材料上使其感光，经显影后成为黑白（或彩色）底片。RIP 接受 PostScript 语言的版面，将其转换成光栅图像，再从照排机输出。RIP 可以由硬件来实现，也可以由软件来实现。硬件 RIP 由一个高性能计算机加上专用芯片组成，软件 RIP 由一台高性能通用微机加上相应的软件组成。

为了达到印刷对图像处理的要求，必须考虑激光照排机和 RIP 的分辨率、重复精度、

加网结构、输出速度等性能指标。此外，输出设备还应具有标准接口和汉字输出的能力，输出的幅面需能达到印刷的要求等。输出设备还有各种彩色打印机，以及各种多媒体载体（绘图机、活动硬盘、光盘、录像机）等。

（二）激光照排机

激光照排机又被称为激光图像记录仪，它利用电子计算机对输入文字符号进行编辑处理，再通过激光扫描技术曝光成像在感光材料上，形成所需的文字图像版面。它可以将文字、图形和网目调图像输出到相纸和阴图分色片上，甚至可以直接输出到胶印印版上。由于利用激光作为光源，使扫描光束亮度高，经聚焦后得到极细的光束，其扫描分辨力可达40 线/mm。因此，激光照排机能较好地再现文字字形轮廓和笔锋，照排的文字质量高，排版速度快。

1. 激光照排机的组成

棱镜扫描（又称转镜扫描）式激光照排机是应用较多的一类照排机，它由输入部分、信息处理部分、输出部分（激光扫描记录部分）组成，其原理框图如图 8-2 所示。

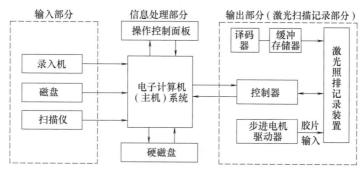

图 8-2　激光照排机主机原理

（1）输入部分　文字输入可采用键盘录入、文字识别等方式，图像用扫描仪输入。

（2）信息处理部分　由操作控制面板、电子计算机和硬磁驱动器组成。它按照输入信息和面板操作，发出指令完成编辑校对、组版拼排，并控制曝光，最终输出所需的文字版面。

（3）激光扫描记录部分　这部分是保证文字曝光成像质量的关键，它的主机采用激光扫描方式，记录经计算机处理后输出的点阵字形信息。

2. 激光扫描的原理

如图 8-3 所示为一种激光平面线扫描的原理，这种结构简单可靠，所用光学元件少，光能损耗小。由氦-氖激光器 7 输出的激光束（波长为632.8nm）进入声光调制器 6，利用声光调制器输出的载有文字信息的一级光作为记录光束。该光束经中性滤色片 5 调整到各种感光材料所适应的能量，再经扩束器 4 使光束准直，然

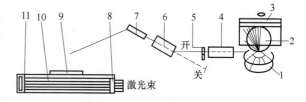

1—锥形转镜扫描器；2—透镜；3—感光材料；4—光束扩大器；5—中性滤色片；6—调制器；7—氦-氖激光器；8—高折射率镜；9—激励电极；10—氦-氖混合气体；11—100%反射镜。

图 8-3　激光扫描原理图

后投射到锥形转镜扫描器 1 上。锥形扫描器有八个反射面（有些为五个反射面），每一个面所反射的光束经广角聚焦透镜 2 在感光材料 3 上形成直径为 0.025mm 的光斑，构成 X 向扫描线，同时输送机构带动感光材料的 Y 向做 0.025mm 的位移，多根 X 向的扫描线和感光材料在 Y 向的位移组合成文字图像。

课外阅读：

王选与中文激光照排技术。王选院士于 1975 年以前从事计算机逻辑设计、体系结构和高级语言编译系统等方面的研究。1975 年开始主持华光和方正型计算机激光汉字编排系统的研制，用于书刊、报纸等正式出版物的编排。他针对汉字字数多、印刷用汉字字体多、精密照排要求分辨率很高所带来的技术困难，发明了高分辨率字型的高倍率信息压缩和高速复原方法，并在华光Ⅳ型和方正 91 型、93 型上设计了专用超大规模集成电路，实现复原算法，改善系统的性能价格比。领导研制的华光和方正排版系统在中国报社和出版社、印刷厂逐渐普及，并出口境外多地。如图 8-4 所示为王选正在查看用汉字激光照排系统输出的报纸胶片。王选为我国新闻出版全过程的计算机化奠定了基础，堪称中国自主创新的典范。

图 8-4　王选正在查看
用汉字激光照排系统
输出的报纸胶片

二、计算机直接制版系统

当前，计算机直接制版系统（Computer to Plate，简称 CTP），已从大、中型企业普及到中、小型企业，成为印刷制版的主流设备。

扩展学习：

CTP 有多种解释：Computer to Plate，脱机直接制版；Computer to Press（Computer to Plate on Press），在机直接制版；Computer to Paper/Print，直接印刷；Computer to Proof，直接数字式彩色打样（数码打样）。

（一）CTP 系统概况

如果不加说明的话，CTP 一般是指 Computer to Plate，即脱机直接制版。这种系统不经过制作软片、晒版等中间工序，将印前处理系统编辑、拼排好的版面信息，通过激光扫描方式直接在印版上成像，形成用于印刷的印版。CTP 实现了数字式整页版面向印版的直接转换，大大简化了制版工艺，加快了制版速度，实现了高质量、低成本、低污染的图文信息转移和传输，如图 8-5 所示。

可用于 CTP 的印版有多种类型，归纳起来主要有以下几种：

（1）银盐扩散型印版　此类型版材敏度高、速度快、技术成熟。

（2）银盐复合型印版　此类型版材敏度高，但加工复杂。

（3）感光树脂型印版　此类型版材耐印率高，但敏度较低。

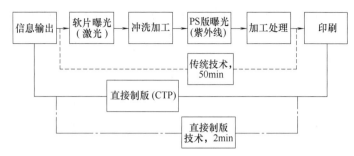

图 8-5 直接制版技术与传统技术的比较

（4）热敏型印版 此类型版材分辨率高、耐印率高，但敏度低。

（二）CTP 系统的组成

如图 8-6 所示，CTP 主要由数字式印前处理系统、光栅图像处理器（Raster Image Processor，RIP）、印版制版机、显影机等部分组成。

图 8-6 CTP 系统组成及工作流程

（1）数字式印前处理系统 这部分的功能是将原稿的文字图像编辑拼排成数字式版面。一般印前图文处理系统、整页拼版系统、DTP 等均可完成其任务。

（2）光栅图像处理器 它的作用是把数字式版面信息转换成点阵式整页版面的图像，并用一组水平扫描线将这一图像输出，用以控制印版制版机中的激光光源对印版进行扫描曝光。

（3）印版制版机 印版制版机是连接印前处理系统和印版的关键设备，其作用是通过连接光栅图像处理器，将数字版面信息扫描输出至印版，形成图文版面的图像潜影。一般都是采用激光扫描的方法直接将版面记录在印版上。

（4）显影机 显影机是一种后处理设备，通过显影、定影、冲洗、烘干等过程，把印版制版机输出的具有图像潜影的印版变成可上机印刷的印版。

（三）印版制版机的结构原理

印版制版机用来输出印版，又称印版照排机。目前主要有内滚筒扫描、外滚筒扫描、平台式扫描三种类型。如图 8-7 所示为一种平台式扫描印版制版机的结构，主要由激光器、声光调制器、反射镜、灰滤色镜、扩束器、锥面棱镜、$f\theta$ 物镜、工作台、步进电机、主电机、计算机和电控系统等部分组成。

激光器发出的激光投射到声光调制器，通过版面信息的控制，有图文信息时声光调制器产生一级衍射光，经反射镜转向和灰滤色镜调节光强、

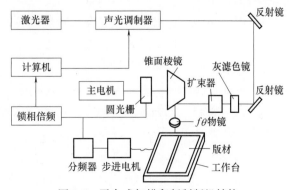

图 8-7 平台式扫描印版制版机结构

扩束器调节光束大小后投向旋转的锥面棱镜，反射光经 $f\theta$ 物镜汇聚到印版上。在扫描排版时，主电机带动旋转的反射棱镜和圆光栅一起转动，光栅输出的信号经分频后驱动工作台的步进电机运动，从而保证副扫描（工作台移动）系统严格同步，使扫描光束在版材上产生平行等间隔的扫描线，光栅信号经锁相倍频后作为打点脉冲向计算机请求发出文字（或图形）点阵信息控制声光调制器使激光束对版材进行打点曝光，扫描排出版面（形成曝光版面潜影）。

扫描系统由激光在旋转棱镜反射回转扫描（ X 向运动）和步进电机拖动安放版材的

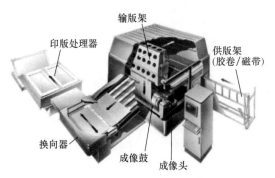

输版架
印版处理器
供版架
（胶卷/磁带）
换向器
成像鼓
成像头

图 8-8　直接制版系统示意图

工作台（ Y 向运动）组成，棱镜回转一面，激光束完成一次扫描（六面棱镜旋转一圈，完成六次扫描），则步进电机拖动工作台使版面移动过一条扫描的位置，激光进行第二次扫描，以此重复，直到整个版面扫描完。受控光束在印版上曝光形成潜像，经显定影后，得到印版。激光扫描分辨力可以调整，以适应不同输出精度的要求。

如图 8-8 所示是一种直接制版系统示意图。目前国内外许多厂商都已经推出了多种形式、多种规格的计算机直接制版系统，主要应用银盐型和热敏型版材。

第二节　印品表面整饰设备

一、覆膜与上光设备

（一）覆膜

覆膜将塑料薄膜黏附在印刷品表面，形成纸塑合一印刷品。覆膜增强了印刷面光亮度，改善了耐磨强度和防水、防污、耐光、耐热等性能，极大地提高了商品和书刊封面的艺术效果和耐用强度，作用十分显著。

1. 覆膜的方法

（1）湿式覆膜　把黏合剂涂布在塑料薄膜表面，通过压辊与基材（印刷品）黏合在一起，然后烘干或不烘干直接卷取。

（2）干式覆膜　把黏合剂涂布在塑料薄膜表面，经烘干除去黏合剂溶剂，然后与基材经过热压合黏合在一起；干式覆膜和湿式覆膜也称为即涂覆膜。

（3）预涂覆膜　把黏合剂涂布在塑料薄膜表面，烘干后备用，需要时将预涂膜与基材经过热压合黏合在一起。

（4）无胶覆膜　无胶覆膜是采用热熔性和塑性好的塑料薄膜加温加压复合在印刷品表面的工艺。

覆膜黏合剂通常有溶剂型、水溶型和热熔型。覆膜产品的黏合强度取决于塑料薄膜、黏合剂和印刷品之间的黏合力。

扩展学习：

查阅资料，了解以上四种覆膜方法的特点及适用产品。

2. 覆膜机结构原理

覆膜设备主要有干式覆膜机、湿式覆膜机、预涂覆膜机和无胶覆膜机。以下简要介绍干式覆膜机和预涂覆膜机两种覆膜机的工作原理及基本结构。

（1）干式覆膜机　干式覆膜机也称即涂型覆膜机，其结构原理如图 8-9 所示。塑料薄膜卷首先放卷，经过涂布装置使薄膜涂布黏合剂。涂布黏合剂的薄膜经过干燥烘道进行干燥，使黏合剂中的溶剂挥发。印刷品从输纸台输入，与烘干后的薄膜共同进入热压复合装置。这时，涂布黏合剂并经烘干的塑料薄膜在热压复合装置与印刷品相遇，经上下两个热压复合滚筒加热加压，并

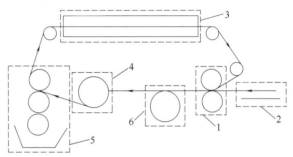

1—复合装置；2—印刷品输入装置；3—干燥装置；
4—进卷装置；5—涂布装置；6—收卷装置。
图 8-9　干式覆膜机工作原理图

通过黏合剂的作用使纸塑两层复合起来，获得中间不夹空气而光滑明亮的覆膜产品。覆膜后的产品进入印刷品复卷装置进行复卷，复卷后进行割膜。

干式覆膜机主要由进卷装置、涂布装置、干燥装置、复合装置、收卷装置、印刷品输入装置组成，另外还包括控制系统。

① 进卷装置。进卷装置主要由塑料薄膜支承架和张力控制装置组成。塑料薄膜材料装于进卷机构支承架的送膜轴上，开机前薄膜按规定运动方向经导向辊等进入涂布装置涂布黏合剂。覆膜生产中，为保持覆膜作业合适的张力，进卷机构一般设置张力控制装置。

② 涂布装置。卷筒塑料薄膜从进卷装置经过导辊等进入涂布机构涂布黏合剂。常用的涂布形式有逆向辊涂布、网纹辊涂布，有刮刀涂布和无刮刀涂布等。有刮刀涂布是涂布辊直接浸入胶液，并不断转动，从贮胶槽中带起胶液，经刮刀除去多余胶液后，同塑料薄膜表面接触完成涂胶。无刮刀涂布是辊压式涂布，涂布辊直接浸入胶液涂布时，涂布辊带出胶液经匀胶辊匀胶后，靠衬辊与涂布辊间的挤压力完成涂胶。

③ 干燥装置。干燥装置也称烘道，主要由导辊、外罩、电热装置、热风机、排风装置等组成。涂布黏合剂的塑料薄膜经过烘道进行干燥处理，使溶剂挥发。烘道上一般有 2~5 台风机，2~3 台装于烘道前端，一台装于烘道上，启动风机可将电热管产生的热量向整个烘道均匀吹送。

④ 复合装置。干式覆膜机复合装置由热压辊（热压滚筒）、橡胶压辊（橡胶滚筒）及压力调节机构组成。热压辊表面镀铬，十分平滑。热压辊为空心辊，辊内安装自动控温装置，采用远红外石英管的电能-热能辐射转换对热压辊表面进行加热，热压温度一般为 60~80℃，热压辊采用电控无级变速。复合装置的压力调节机构用于调节热压辊和橡胶压

辊之间的工作压力。

⑤ 收卷装置。干式覆膜机多采用自动收卷装置，收卷轴可以把覆膜后的产品自动收成卷筒状。

⑥ 印刷品输入装置。印刷品的输入有手工输入和自动输入两种方式。手工输入是由主机带动传送带，传送带与塑料薄膜线速度相配合。输入装置上有印刷品定位机构，保证印刷品覆膜时位置准确，由操作人员手工输纸。自动输入方式有气动式和摩擦式两种，其结构原理与印刷机输纸装置相同。

⑦ 控制系统。控制系统主要控制驱动部分和电热部分。驱动部分为电机，通常电机为调速电机，电机驱动进卷、收卷和复合装置。电热部分包括热压辊加热、烘道加热、排风及温度控制。

干式覆膜机适用于各类书刊封面、图画、地图、各类证件、广告、包装装潢及食品盒等制品的覆膜。操作简单，调速方便，自动化程度较高，采用桥状外形，烘道较长，维护保养方便。

（2）预涂覆膜机　如图 8-10 所示为预涂覆膜机工作原理图。预涂黏合剂的塑料薄膜材料成卷筒状放在进卷装置的送膜轴上，开机前将预涂薄膜按规定前进方向经调节辊和导向辊等机构进入复合装置，这时从印刷品输入装置输入的印刷品也一起进入复合装置，经过复合装置的热压辊和橡胶辊进行热压合后，传送到收卷装置的收料轴上。收卷装置在电动机带动下，按调好的速度拉动已覆膜的印刷品，预涂膜也按上述路线向前输送。卷成卷筒的覆膜印刷品经割膜成为单独覆膜产品。

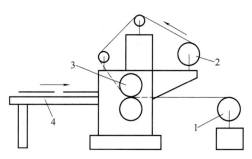

1—收卷；2—预涂膜；3—复合；4—印刷品输入。

图 8-10　预涂覆膜机工作原理

预涂覆膜机主要由进卷装置、复合装置、收卷装置、印刷品输入装置和控制系统组成。与干、湿式覆膜机相比，预涂覆膜机没有干燥装置和涂布机构。

预涂覆膜机适用于书本、各类书刊封面、图片、广告、产品样本、文件、卡片、包装纸盒等预涂覆膜。预涂覆膜机结构紧凑，操作方便，维修简易，节省能源，没有污染。温度、压力、速度可调，能很方便地保持薄膜的平展；热压性能稳定，适应大批量生产需要。

（二）上光

纸张印刷图文后，油墨与纸张纤维作用，可能导致纸张表面的光亮度及防污性不够理想。要解决这些问题，可对印刷品表面上光。经过上光的印刷品表面光亮、美观，其防潮、耐晒、抗水、耐磨、防污等性能得到增强。

1. 上光的方法

上光有四种形式：涂布上光、压光、UV 上光和压膜上光。

① 涂布上光也称为普通上光，是以树脂等上光油（上光涂料）为主，用溶剂稀释后，利用涂布机将上光油涂布在印刷品上，并进行干燥。涂布后的印刷品表面光亮，可以不经过其他工艺加工而直接使用，也可以再经过压光后使用。

② 压光是把上光油先涂布在印刷品表面，通过滚压而增加光泽的工艺过程，它比单

纯涂布上光的效果要好得多。

③ UV 上光是在印刷品表面涂布 UV 上光油，在紫外线照射下，固化后形成固化膜。在固化过程中，UV 预聚合物经过硬化形成耐磨损、有光泽的塑料体。

④ 压膜上光是在普通纸张上印刷完成后，通过专用设备进行激光全息转印，使印刷品达到与在激光纸上印刷的产品相同的效果。压膜上光工艺将模压后形成的激光膜与涂布 UV 上光油的印刷品压合，剥离后形成激光干涉效果。

2. UV 上光

（1）UV 上光分类　按上光机与印刷机的关系分类，可分为脱机上光和联机上光两种方式。脱机上光采用专用的上光机对印刷品进行上光，即印刷、上光分别在各自的专用设备上进行。联机上光则直接将上光机组连接于印刷机组之后，即印刷、上光在同一机器上进行，速度快，生产效率高。目前，联机上光的应用越来越广泛。

按上光方法分类，可分为辊涂上光和印刷上光两种。辊涂上光是最普通的上光方式，由涂布辊将上光油在印刷品表面进行全幅面均匀涂布。印刷上光通过上光版将上光油印刷在印刷品上，因此可进行整体上光和局部上光。

（2）涂布　上光油涂布方法很多，主要有辊式涂布和刀式涂布，其中辊式涂布可采用三辊式、逆向辊、网纹辊等涂布结构；刀式涂布主要为气刀涂布。

① 三辊式涂布。三辊式涂布结构简单，可进行双面涂布，是上光中最常用的涂布形式，其原理如图 8-11 所示。纸张下面涂布由涂布辊、刮刀和衬辊完成；用专用上光油输送装置把上光油从上侧输送到衬辊和计量辊之间，使衬辊作为涂布辊对纸张上面进行涂布。双面涂布时，从下面料槽和上面上光油输送装置同时供料。纸张通过涂布时，三辊之间需有一定压力。

② 逆向辊涂布。逆向辊涂布通常用 3 个或 4 个辊做同向回转，各辊同其相邻辊表面做逆向运动，涂布辊（也称施涂辊）与衬辊在纸张通过时有一定压力。逆向辊涂布各辊之间的间隙对涂布质量影响较大，间隙大小可以调节。如图 8-12 所示为一种顶部供料的逆向辊涂布结构。

③ 网纹辊涂布。如图 8-13 所示，上料辊为包胶辊，单独传动，低速回转，同网纹辊有极微间隙。上料辊从料槽中黏附上光油后，与网纹辊接触，将上光油转涂于网纹辊上，与网纹辊面相接触的刮刀将多余的上光油刮下，只在网纹辊表面凹槽内留下定量上光油。当网纹辊再与包胶涂布辊接触时，又将凹槽内定量的上光油大部分转涂到涂布辊表面。涂布辊与衬辊在纸张通过时，以一定压力滚压，对纸张进行涂布。

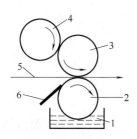

1—料槽；2—涂布辊；3—衬辊；
4—计量辊；5—纸张；6—刮刀。
图 8-11　三辊式涂布

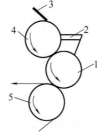

1—涂布辊；2—料槽；3—刮刀；
4—计量辊；5—衬辊。
图 8-12　顶部供料逆向辊涂布

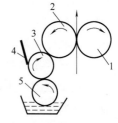

1—衬辊；2—涂布辊；3—网纹辊；
4—刮刀；5—上料辊。
图 8-13　网纹辊涂布

④ 刀式涂布。如图 8-14 所示为一种采用气刀的刀式涂布方法原理图。这种气刀涂布方法适用性较广，应用较普遍。它是由涂布辊将过量的上光油涂布于纸或纸板表面，在纸张穿过衬辊与气刀之间时，由气刀喷缝喷射出与纸张成一定角度的气流，将过量的上光油吹除，从而达到要求的涂布量，同时将上光油吹匀。

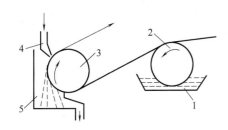

1—料槽；2—涂布辊；3—衬辊；
4—气刀；5—收集槽。

图 8-14　气刀涂布原理

（3）紫外线固化

紫外线固化（干燥）是用充满氩气和水银蒸气的管状充气石英灯做辐射器，通常发射的紫外线主波长在 280～420nm。它的辐射射线靠椭圆的或抛物线的反射装置集聚到纸张上。紫外线辐射能够引起游离基迅速发生聚合反应，使 UV 上光油很快干燥固化，一般在几秒钟以内。紫外线固化装置如果设计不合理，会对操作人员视力有影响，对机械零件有腐蚀作用。紫外线固化上光设备投资较大，上光油成本较高。

二、模切压痕设备

（一）模切压痕原理

利用钢刀、钢线排成模版，通过压印版施加一定的压力，将印品（或纸张）轧切成所要求的形状的工艺过程，称为模切压痕。模切压痕工艺用于把各种精美的书刊装帧、包装装潢及其他印品加工成人们需要的各种图形，将纸盒印刷品加工成结构新颖、光洁挺直的纸盒。

如果利用阴阳两块模版，通过机械施加一定的压力，在印品或纸张表面压印具有立体效果的图案的工艺过程，称为凹凸压印。凹凸压印过程与压痕加工一样，都使得产品产生形变，仅程度不同而已。

模切压痕的工艺流程如下：

设计→打样→刀具加工→排刀版→装版→塞橡皮→垫版→模切压痕→出成品。

每台平压平模切压痕机都有额定的工作压力。在模切时，若版台上装的钢刀和钢线过少，会造成设备能力的浪费；而装的钢刀和钢线过多，会造成超载，使得应该切断的却不能切断。为此，需要较准确地计算模切力。若所需的模切力为 F，则：

$$F = KLP \tag{8-1}$$

式中　F——模切力，N；

　　　K——修正系数，为考虑模切压痕过程的实际条件和一系列技术因素影响的系数，如模压产品的尺寸、模压产品的形状、阴阳模端部形状、阳模尺寸和印品厚度之间的影响及和材料、温度有关的系数等；

　　　L——模切周边，包括切口和压线的总长，mm；

　　　P——单位长度切口和压线的模切力，它与被切纸张的纸质、品种、规格及刀刃状况有关，一般取实际用纸重复进行十次试验的模切力平均值再除以切口和压线的总长度，N/mm。

（二）模切压痕机

模切压痕机根据压印形式可以分为平压平、圆压平、圆压圆模切压痕机；根据模版放置形式可以分为立式、卧式模切压痕机；根据自动化程度可以分为半自动和自动模切压痕机。此外，也有的模切压痕机还可以烫金，称为模切烫金两用机。国内生产和使用的模切压痕机主要是平压平模切压痕机，它又分为立式、卧式及半自动式、自动式。

1. 立式平压平模切压痕机

立式平压平模切压痕机由机身、压架、传动系统等部分组成。压架有两种运动形式，如图 8-15 所示。

如图 8-16 所示为一种立式平压平模切机的结构原理图。机身正前面下方为对称的导轨，导轨面相对水平面倾斜 15°；与导轨垂直的大平面即版台；机身的后面为二级齿轮减速传动装置。机身的传动是由电机轴上的

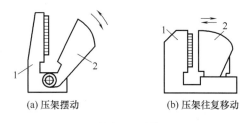

1—机身；2—压架。

图 8-15　立式平压平模切机运动示意图

小皮带轮经三角皮带传动大皮带轮，再经二级齿轮减速。传动大齿轮 18 所在的主轴上，两个大齿轮 18 对称安装在其两端。大齿轮 18 的偏心曲柄上装有连杆 1，连杆的另一端装在压架 7 轴上的可调偏心套 13 上，带动压架进行往复运动。大齿轮 18 转动一周，全机完成一次模切工作循环。大皮带轮所在的轴上两端分别装有启动、制动电磁离合器，以便模切机平稳启动和紧急制动；也有的采用胀圈摩擦刹车制动。

2. 圆压平模切机

常见的圆压平模切机多由平台凸版印刷机改装而来，版台装在可以往复移动的平台上，连续旋转的压印滚筒将纸板输入并施压完成模切。

如图 8-17（a）所示为二回转式模切机运动原理图。压印滚筒连续同向转两周，版台往复移动一次，完成一个模切工作循环。模切时压印滚筒下降，模切完毕，压印滚筒上升。如图 8-17（b）所示为一回转式模切机运动原理图。压印滚筒旋转一周，版台往复移动一次，完

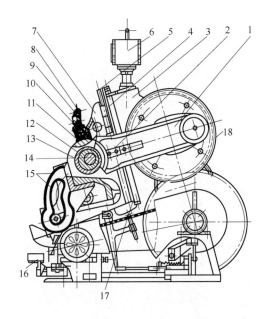

1—连杆；2—前齿板；3—机身；4—垫板；5—安全杆；6—电器装置；7—压架；8—把手；9—弯块；10—定位销；11—定位板；12—内偏心套；13—可调偏心套；14—轴；15—曲线环；16—脚踏板；17—板框；18—大齿轮。

图 8-16　立式平压平模切机结构原理图

成一个模切工作循环。压印滚筒半径较大部分的表面进行施压模切，半径较小部分的表面与版台脱离接触，用于返回行程。圆压平模切机为线接触模切，降低了所需的模切压力。

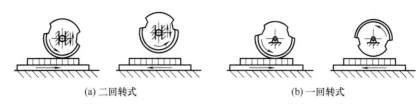

(a) 二回转式　　　　　　　　　(b) 一回转式

图 8-17　圆压平模切机运动原理

3. 圆压圆模切机

如图 8-18 所示为圆压圆模切机工作原理图。模切刀片为经过热处理和精加工的高级合金钢片，它与压痕嵌线装在与模切滚筒 3 曲率相同的弧形胶合版上，制成模版 4，再将其固紧在模切滚筒 3 上，砧辊 2 一般为钢辊或表面覆盖聚氨酯类塑料的钢辊。模切时，纸板由链条或弹踢送纸机构从工作台上取走，先送入送纸辊 1 之间，再进入到模切滚筒 3 和砧辊 2 之间进行模切，模切完成之后由纸垛机收集起来。

圆压圆型模切机模切时，模切下的废屑常常粘连在模切滚筒上，影响下次模切的顺利进行。如果不让废屑与纸板完全脱离，在机下再进行逐件清除废屑则要浪费大量人力。如图 8-19 所示为一种安装自动除屑装置的新型圆压圆模切机的工作原理图。这种机器在模切滚筒 3 的上方增加了一个除屑滚筒 5，其上装有很多除屑针销 4，能自动将废屑推出。

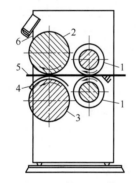

1—送纸辊；2—砧辊；3—模切滚筒；
4—模版；5—纸板；6—刷子。

图 8-18　圆压圆模切机工作原理图

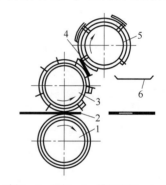

1—砧辊；2—纸板；3—模切滚筒；4—除屑
针销；5—除屑滚筒；6—废屑排送器。

图 8-19　装有除屑滚筒的圆压圆模切机

4. S&S 型模切机

随着生产的发展，对模切压力要求越来越高，然而传统的平压平模切机显然不适应这种需求。S&S 型模切机将传统的垂直冲压改为摆动碾压，即将原来的面接触改为线接触，模切压力高达 4000～4500N，机器的运转也更加平稳，其工作原理如图 8-20 所示。

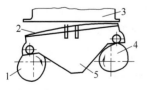

(a) 模切开始时

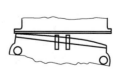

(b) 模切即将结束时

1、4—凸轮；2—弧形面；3—上版台；5—摆动床。

图 8-20　S&S 型模切机工作原理图

模切刀嵌装在上版台 3 上，刀刃向下。当传送链条上的夹持棒将纸板输送到模切位置时，在凸轮机构的作用下，弧形面摆动床 5 升起，将纸板模切成所需的形状。如图 8-20 (a) 所示为模切开始时的情形，此时凸轮 4 控制的摆动床的弧形面 2 右边先与上版台 3 上的模版接触模切。随着凸轮 1、4 的转动，摆动床 5 由右向左碾压。如图 8-20（b）所示为模切即将结束时的情形，即左边接触模切。然后，摆动床 5 在凸轮 1、4 控制下降下，链条上的夹持棒将模切后的纸板拉出送到下一个工位用凹凸模进行排废，再送出该纸板，从而完成了一个模切工作循环。第二组夹持棒又将第二张纸板输送到模切位置，开始第二轮模切。

三、烫印设备

烫印就是在一定的温度和压力下，运用装在烫印机上的模版，使印刷品和烫印版在短时间内合压，将电化铝箔按烫印模版的图文要求转印到被烫印材料表面的加工工艺。因为烫印以金银色为主，所以通常称之为烫金。电化铝箔烫印产品有着油墨和其他任何工业化印刷方法都无法比拟的独特色彩、光泽视觉效果。

（一）烫金的原理

烫金是利用热压作用，使热熔性的有机硅树脂脱落层和胶黏剂受热熔化，其黏结力减小，铝层便与基膜剥离，将热敏胶黏剂粘接在烫印材料上。由于胶黏剂的迅速冷却固化，带有色料的铝层牢牢烫印、呈现在烫印材料的表面上。因此，烫金必须具备温度、压力、色箔、烫饰版四个方面的条件才能进行。

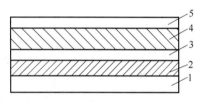

1—聚酯薄膜片基层；2—隔离层；
3—染色层；4—镀铝层；5—胶黏层。
图 8-21　电化铝箔结构示意图

如图 8-21 所示，烫金用电化铝箔由聚酯薄膜片基层、隔离层、染色层、镀铝层、胶黏层组成。电化铝烫印的方法有压烫法和滚烫法两种。无论采用哪种方法，其操作工艺流程一般都包括烫印前的准备工作、装版、垫版、烫印工艺参数的确定、试烫、签样、正式烫印等几项。工艺流程如图 8-22 所示。

（二）烫金机

完成烫金工艺的机器设备称为烫金机，亦称烫印机。

1. 烫金机的类型及特点

（1）按工作原理分　根据烫印工作基本原理，单张纸烫金机可分为平压平、圆压平、圆压圆三种类型，分别如图 8-23、图 8-24、图 8-25 所示。这三种类型的主要不同在于烫印版、压印版是平型板台还是圆形滚筒。

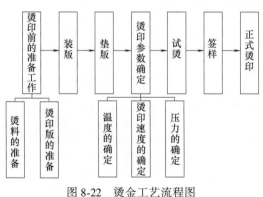

图 8-22　烫金工艺流程图

圆压圆、圆压平、平压平三种压印方式烫金机各有其优缺点：圆压圆、圆压平烫印实施的是线压力，总压力小，以相对较小的压力轻松完成大面积实地烫金，运动平稳，而且圆压圆型生产效率较高，特别适合大批量活件烫金，但由于铜版圆弧面加工难度较大，制作成本较高，加热滚筒也比平面加热困难。平压平操作灵活方便，比较适合短版产品。目前应用量最大的是平压平烫金机。采用平压平烫金机进行大面积烫印或烫印表面光滑无孔

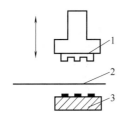

1—电热烫印版；2—电化铝箔；
3—被烫印物。

图 8-23　平压平烫印原理图

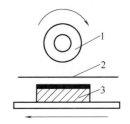

1—硅胶烫印压印滚筒；2—电化
铝箔；3—被烫印物。

图 8-24　圆压平烫印原理图

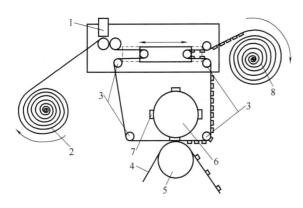

1—全息探测器；2—电化铝箔；3—气动辊；4—卷筒纸；
5—承压辊；6—烫印辊；7—烫金版；8—废箔收卷。

图 8-25　圆压圆烫印原理

的基材时，因烫印箔与基材之间的空气无法排出，使得烫印箔与基材难以很好地黏合，会产生无法烫印或出现气泡的现象。圆压平烫金机属于大中型机器，大多由圆压平印刷机改装而来。圆压平烫印时烫印箔与基材之间是线性接触，因此可以用于无孔材料的烫印，不会产生无法烫印或出现气泡的现象。

（2）按烫印版放置方式分　根据烫金机上烫印版放置的方式，可以将烫金机分为立式烫金机和卧式烫金机两种类型。立式烫金机烫印版与地面垂直，即立放；而卧式烫金机的烫印版与地面平行，即平放。

（3）按输纸方式分　根据烫金机承烫材料输送的自动化程度，可以将烫金机分为半自动烫金机和自动烫金机两种。

（4）按烫印的功能　按照烫金机烫印的颜色，可以将烫金机分为单色烫金机、多色烫金机、多色多功能数控自动步跳式烫金机。有的烫金机和模切压痕机及其他机器共同装配组合成多功能模切烫金机。

2. 烫金机的基本结构

以立式平压烫金机为例，如图 8-26 所示，其主要由机身机架、烫印装置、电化铝传送装置等组成。机身机架包括机身及输纸台、收纸台等。烫印装置包括电热板 3、烫印版 4、压印版 6 和底板。电热板固定在印版平台上，电热板内装有功率为 600～2500W 的迂回式电热丝。底板为厚度约 7mm 的铝板，用来粘贴烫印版。烫印版由腐蚀的铜板或锌板制作，其特点是传热性好、不易变形、耐压、耐磨。压印版 6 通

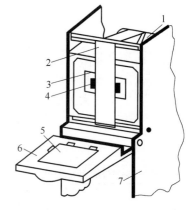

1—电化铝箔辊；2—电化铝箔；3—电热板；
4—烫印版；5—印张；6—压印版；7—机身。

图 8-26　立式平压平烫金机

常为铝板或铁板。

电化铝的传送装置由放卷轴、送卷辊和助送滚筒、电化铝收卷辊和进给机构组成。电化铝被装在放卷轴上，烫印后的电化铝通过两根送卷辊之间，由凸轮、连杆、棘轮、棘爪所构成的送卷进给机构带动送卷轴做间歇转动，送卷辊的间歇转动带动了电化铝的进给，进给的距离设定为所烫印图案的长度。烫印后的电化铝卷在收卷辊上。

第三节　书刊装订设备

一、主要装订方法

装订是指印张经一系列加工和装潢使其成册的工艺总称。根据书刊的用途、使用的对象、保存的时间等不同，可以确定不同的装订方法。现代书刊的主要装订方法有：平装、精装、骑马订。此外，还有线装、特装（亦称豪华装）、活页裱头装等。

1. 平装

平装书最常见，在我国它的使用量最大，常见平装工序如图 8-27 所示。

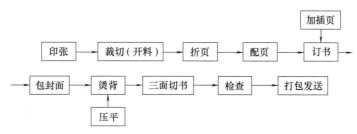

图 8-27　平装工艺

其中订书方法又分为铁丝订、无线胶订、锁线订、缝纫订等不同的工艺，其中又以无线胶订需求量最大，可以说大多数平装书为胶订书。在适应范围上也有区别，如铁丝订适宜在气候干燥的地方使用，而不适宜在气候潮湿的地方使用，因为铁丝遇潮会生锈，导致书页散落；很厚的平装书不能用缝纫订，也不适宜用无线胶订，而应使用锁线平订。

2. 精装

需要长期保存、经常翻阅的图书，如辞典、手册、经典著作等，需要用精装。精装书在书的封面和书芯的脊背、书角上进行了各种各样的精细造型加工，如书背加工成圆背或方背，书壳加工成直角或圆角，还有的烫印金字或图案。精装书的加工工序主要分书封、书芯、套合加工三大工序，而在订书之前与平装书的加工方法相同。从订书芯开始其过程如图 8-28 所示。

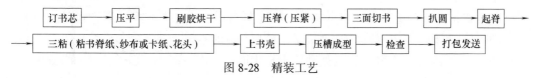

图 8-28　精装工艺

3. 骑马订

骑马订因其沿书帖折缝配页骑在机器上订书，如同骑马而得名，主要用于要求出书快，不太厚的书刊，最常见的为一般期刊杂志。骑马订用的书帖多是印刷机上印刷、折页连续完成的，其工序如图 8-29 所示。

图 8-29　骑马订工艺

思考：

如何选择合适的装订方式？

二、常用平装设备

（一）折页机

折页是书刊平装工艺中不可或缺的一步，需要使用折页机将印张折叠成书贴。

1. 刀式折页机

（1）工作原理　刀式折页的机折页机构主要由折刀和折页辊及盖板、规矩部件组成，如图 8-30 所示。印张由输送机构送至折页辊上面的盖板上，经规矩定位后，折刀下落，将印张压入两根折页辊之间，折刀下落到距离折页辊中心线大约 4mm 时，开始向上返回。印张在折页辊带动下，继续向下完成折页。两折页辊中，一根为固定折页辊，只做旋转运动，另一根是浮动折页辊，除做旋转运动外，还随印张的厚度变化相应浮动，以保证折页精度。

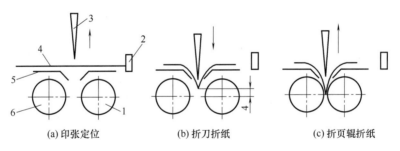

(a) 印张定位　　　　　　(b) 折刀折纸　　　　　　(c) 折页辊折纸

1—浮动折页辊；2—规矩；3—折刀；4—印张；5—盖板；6—固定折页辊。

图 8-30　刀式折页机构工作原理

如上述原理，第一折页完成后，切断刀在印张中间进行切断，打孔刀在二折线上进行打孔，被切断和打孔的一折书帖由传送带传送到二折工位，重复一折过程，如此反复完成三折和四折。

（2）主要机构

① 折刀。折刀运动形式很多，一般有往复摆动式、往复移动式两种。利用凸轮摆杆机构使折刀往复摆动，凸轮转动推动滚子，使摆杆往复摆动，折刀安装在摆杆上，也随摆杆往复摆动，完成折页工作。往复摆动机构结构简单，占空间小，但往复摆动惯性大，精度低，主要用在四折页组组成的刀式折页机的第三、四折页组。往复移动式折刀机构结构复杂，占空间大，往复移动惯性较小，控制精度高，多用于大幅面的第一、二折页组。小型刀式折页机一般采用往复摆动式折刀运动机构。

② 折页辊。刀式折页机每个折页组都有两个折页辊，一个是固定折页辊，一个是浮动折页辊，以适应书页厚度的变化。固定折页辊做旋转运动，浮动折页辊既做旋转运动又可以移动。

2. 栅栏式折页机

（1）工作原理 栅栏式折页机的折页机构由折页辊、折页栅栏和挡规组成。栅栏式折页机构每组有 3 个折页辊，当输纸机构将印张送到折页机构后，折页辊将印张高速送入栅栏内，在挡规和折页辊的配合下完成折页，如图 8-31 所示。

如图 8-31（a）所示为两个相对旋转的折页辊将印张高速送入栅栏中，纸头撞到挡规上；如图 8-31（b）所示为印张在折页辊 A、B 作用下继续前进，被迫折弯；如图 8-31（c）所示为印张折弯处进入相对旋转的折页辊 B、C 之间向下运动，完成折页。重复上述过程可完成两折或多折，如图 8-32 所示。

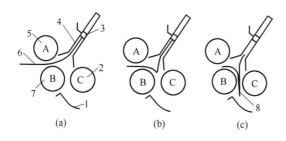

1—收帖导板；2、5、7—折页辊；3—挡规；
4—栅栏；6—印张；8—书帖；A、B、C—折页辊。

图 8-31 栅栏式折页机构工作原理

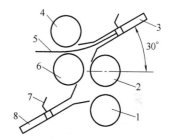

1、6—固定折页辊；2、4—浮动折页辊；3—上
栅栏；5—印张；7—挡规；8—下栅栏。

图 8-32 二折折页原理

（2）折页机构

① 折页栅栏。折页栅栏又称篦笆，由上栅栏和下栅栏组成，如图 8-33 所示。两片栅栏之间安装有挡规，用来控制纸页宽度，挡规可进行高度和平行度调整，还可使栅栏封闭不用。折页栅栏倾斜安装，一般安装角为 30°。栅栏可以升降，一般角度保持不变。栅栏的宽度大于印张最宽尺寸，印张进入栅栏后与栅栏两侧保持一定空隙，使之自由移动。

② 折页辊。栅栏式折页机每组折页辊共有 3 根，如图 8-34 所示，辊 1、2、7 为一组，

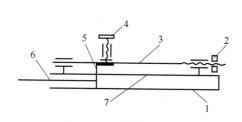

1—下栅栏板；2—微调螺母；3—滑杆；4—螺
钉；5—挡规；6—印张；7—上栅栏板。

图 8-33 折页栅栏和挡规

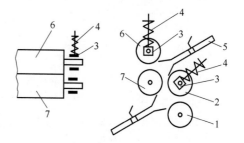

1、7—固定折页辊；2、6—浮动折页辊；
3—滑座；4—弹簧；5—栅栏。

图 8-34 栅栏式折页机折页辊

辊 2、6、7 为一组。由于被折印张或书页厚度变化，辊间间隙应可调，因此，每对折页辊中有一个轴套可以移动的浮动辊，浮动辊可周向转动也可调节间隙；另一根折页辊为固定辊，只能作周向转动。浮动辊轴套安装在可移动的滑座中，滑座装有弹簧，由于弹簧的作用，使浮动辊与固定辊间始终保持一个极小的间隙，在工作时产生对被折书帖的挤压力，从而带动印张随折页辊运动，完成折页。

3. 栅、刀混合折页设备

栅、刀混合折页机由 2~5 个折页组组成。第 1、2 折页组采用栅栏式折页机构，后面的折组采用刀式折页机构，这样就利用了栅栏式和刀式折页机构各自的优点。

（二）配页机

配页设备用于将折好的书帖或单张书页按页码的顺序配齐成册。配页的方法有两种：

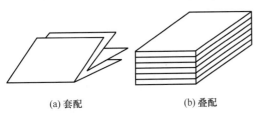

(a) 套配　　　　(b) 叠配

图 8-35　配页形式

套配法和叠配法，如图 8-35 所示。套配是将书帖按页码顺序依次套在一起，外面套上封面。套配法通常用于骑马订的各种杂志和较薄本册。叠配是按照书芯页码顺序将书帖或单张书页叠放在一起。叠配法用于除骑马订以外装订方式的各种书刊。用配页机进行配页生产效率高，劳动强度低。

配页机分为单张纸配页机和书帖配页机。

1. 单张纸配页机

以一种长条式配页机为例，如图 8-36 所示，其主要由传动机构、储页装置、分纸机构、输页机构、落叠和闯齐机构、收叠机构、检测机构组成。这种配页机只适用于单张纸的配页，不适用于书帖，也不适用于较薄纸张。

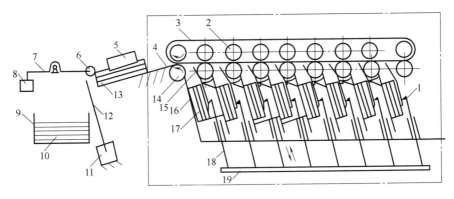

1—摩擦头；2—上辊；3—传送带；4—落叠板；5—侧挡板；6—压轮；7—杠杆；8、11—电磁铁；9—收叠台；10、13—书芯叠；12—前挡块；14—下辊；15、17—书页；16—贮页格；18—推杆；19—连接杆。

图 8-36　长条式配页机工作原理

各叠书页按页码顺序依次放在每个储页格中，上滚轴高速转动，下滚轴反方向高速转动，转动动力来自传送带，安装在推杆上的摩擦头在连接杆向上移动时也向上移动，将上面一张书页与书页叠分离，进入上下滚轴之间，被传送到落叠板上，书页撞到前挡块，自动定位，侧挡板将书页侧面定位。接着前挡块自动下降让纸，书页自行落入收叠台，完成配页过程。压轮的作用是防止高速运动的书页在前挡块处定位时出现偏差。长条式配页机储页格一般为 10~15 个。储页格可以升降，可适应各种幅面的配页，并且存取书页方便。

2. 书帖配页机

书帖配页机的作用是将书帖配齐成册，用于叠配法书芯的配页，如图 8-37 所示为书帖配页机的工作原理图。

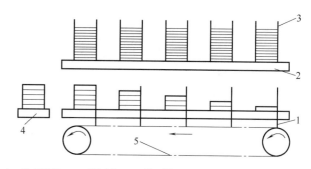

1—拨书机构；2—储页台；3—储页格；4—收书机构；5—传送链条。

图 8-37　配页机工作原理图

配页机工作时，分页机构将储页格中最下面的书帖分离出来，叼页机构将书帖放到传送链条上，传送链条上的拨书机构推动书帖前进，每前进一格，书帖多出一叠，直到收书机构配页完成。

配页机的主要结构由分页机构、叼页机构、收书机构和检测装置组成。

（1）分页机构　分页机构的作用是把储页格里最下面的一个书帖与上面的书帖分开，为叼页机构咬住此书帖做好准备。它主要由分页吸嘴、分页爪和气路组成。

（2）叼页机构　叼页机构是配页机最主要的机构，它的作用是将分页机构分出的书帖从储页格中叼出，放到书帖传送机构上。叼页机构有钳式、单叼辊式、双叼辊式三种结构形式。

如图 8-38 所示，双叼辊式叼页机构主要由叼牙、叼页轮、叼牙控制机构组成。叼牙控制机构包括叼页凸轮、滚子、摆杆、叼牙凸轮和扇形齿轮等。叼牙凸轮固定不动，叼页轮带着叼牙连续旋转。当滚子与叼页凸轮大面接触时，扇形齿轮在摆杆作用下向下移动，带动叼牙齿轮逆时针转动，使与之固联在一起的叼牙闭牙，叼住书帖向下转动，将书帖抽出。书帖到达传送机构上方时，滚子与叼页凸轮小面接触时，叼牙开牙，将书帖放在传送机构上面，完成叼页过程。叼页轮上安装两套叼牙机构，叼页轮每转一周，完成两个书帖的叼页过程。

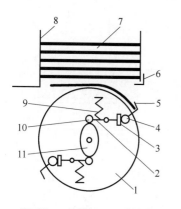

1—叼页轮；2—摆杆；3—扇形齿轮；
4—齿轮；5—叼牙；6—分页爪；
7—书帖；8—储页格；9—弹簧；
10—滚子；11—凸轮。

图 8-38　叼页机构组成

（3）收书机构　正常的书帖经配页成册，通过收书机构的输送翻转机，经配页出书台交错竖立推出，完成配页工作。由于书帖背脊印有色标，收书过程中可由错帖检测机构进行检测错帖。

（4）检测装置　检测装置的作用是检测机器故障和多帖、缺帖、乱帖等故障。发现故障向相应机构发出信号，并通知操作人员及时排除，保证配页质量，保护机器。多帖和缺帖的检测装置主要有机械式和光电式。

如图 8-39（a）所示为一种机械式检测装置。当叼牙叼着多帖或空帖时，滚子与叼页轮之间增加或减小距离，滚子通过杠杆和拨销带动圆盘转过一个角度，一次叼过书帖越多，转角越大。正常工作时电刷 A、B 位于圆盘上的电极板中间位置，同时与电极板接触，当发生多帖或空帖时，滚子与叼页轮之间的距离变化，电刷与电极板相对位置变化，发出信号。

发生多帖时，电刷 A 与电极板接触，电刷 B 不接触；发生空帖时，电刷 B 与电极板接触，电刷 A 不接触。调节螺钉可以调整滚子与叼页轮的间隙，以适应不同厚度的书帖。电极板在圆盘上的位置可以根据需要调节。

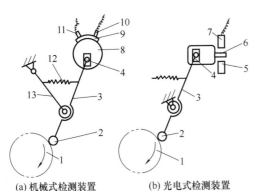

(a) 机械式检测装置　　(b) 光电式检测装置

1—叼页轮；2—滚子；3—杠杆；4—拨销；5—受光管；
6—遮光板；7—发光管；8—圆盘；9—电极板；
10—电刷 A；11—电刷 B；12—弹簧；13—支撑杆

图 8-39　叼页检测装置原理图

如图 8-39（b）所示为一种光电式检测装置。正常工作时，遮光板挡住发光管。出现多帖或空帖时，遮光板移开，发光管发出的光被受光管接收，发出多帖或空帖信号，机器停止运行，排除故障后继续运行。

（三）订书机及锁线机

1. 铁丝订书设备

铁丝订书设备包括订书器、电动订书机、铁丝订书机、折订机。

（1）订书器　订书器一般用于办公室少量文件、书本等的装订，结构简单，采用标准预成型书钉，装订厚度一般为 0～4mm。

（2）电动订书机　电动订书机是轻印刷装订的常用设备，可进行平订和骑马订，利用标准预成型书钉。电动订书机主要由机架、传动杠杆、订书机头、置书机构、控制装置和安全机构等组成。

如图 8-40 所示为电动订书机工作原理图。图中所示置书板状态为骑马订形式。当要进行平订时，松开手轮，滑套沿机架向上滑动，使置书板处于水平状态，调整定位杆可以确定书钉订入位置。工作时，将所订书页放在订书机头下，定好位后，踏动脚踏开关，电磁铁瞬间通电，电磁铁触头推动滚轮带动杠杆绕固定支点逆时针转动，滚轮首先压下订书机头，接近并压紧书页叠，接着滚轮压下压钉片，将书钉订入书页叠。此时，电磁铁断电，电磁铁触头下落，压钉片上升复位，杠杆复位。同时，推钉片在拉簧作用下推动排书钉向前移动一钉，订书机头在弹簧片作用下复位，完成整个装订过程。

（3）铁丝订书机　铁丝订书机是一种适合大量生产用的订书设备，装订质量好，装订精度高，采用盘状铁丝作装订材

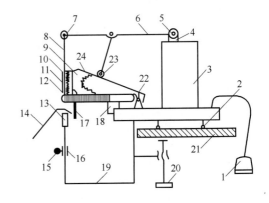

1—脚踏开关；2—支脚；3—电磁铁；4—电磁铁
触头；5、7、23—滚轮；6—杠杆；8—压钉片；
9—订书机头；10—压簧；11—开启杆；12—排
书钉；13—书钉成型板；14—置书板；15—手轮；
16—滑套；17—规矩开关；18—钩爪；19—机架；
20—紧固螺杆；21—工作台面；22—片撑簧；24—拉簧。

图 8-40　电动订书机原理图

料，装订厚度一般在 100 页以下，可进行平订或骑马订。

铁丝订书机由机架、工作台、传动机构、脚踏操纵机构、送丝机构、切断机构、做钉机构、订钉机构、紧钩机构等组成，如图 8-41 所示。脚踏操纵机构通过连杆、杠杆控制单向离合器，操纵机头订书动作。每踏动一次脚踏操纵机构，机头动作一次，进行一次工作循环。

2. 胶粘订机

胶粘订机装订牢固，质量好，应用范围广。

（1）工作过程　装订时，书芯首先送到夹书器，定位后，将书夹紧，送到铣背工序，将书芯的书背铣去 1.5～3.5mm，以最内页铣开为准。铣背后，书芯又被送到打毛工序，锯槽刀对书芯进行锯槽。锯槽完成后，书芯又到了上胶工序，由上胶辊完成对书芯的上胶。

在完成上述工序的同时，将书封面送到包封面工位并定位。书芯到达包封面工位后，包封面机构对书芯进行包封面。接着夹书器又将已粘贴书封面的书芯带至成型工

图 8-41　铁丝订书机外形图

序，由成型机构对书背三面加压，使书本成型。最后夹书器松开书芯，书本落到收书台上。

（2）结构原理　胶粘订机是一个椭圆形或直线形的联动线，主要由传动机构、送书芯机构、夹书机构、铣背机构、锯槽机构、上胶机构、包皮机构、送封皮机构、成型机构和控制装置组成。下面简单介绍上胶机构的结构原理，如图 8-42 所示。

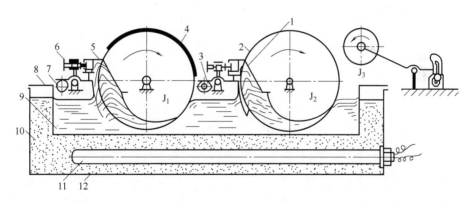

1、5—刮胶板；2—二胶膜；3—双层凸轮；4—胶膜；6—调节螺钉；7—双层凸轮；8—胶锅；
9—热熔胶；10—62#汽缸油；11—电热管；12—热锅；J_1、J_2—上胶辊；J_3—热胶辊。

图 8-42　书背上胶机构

书芯经过打毛，进入上胶工序。上胶辊 J_1、J_2 在胶液槽中涂上胶层，书芯在胶辊上通过，胶辊沿书芯运动方向旋转，将胶层转移到书背上，完成上胶。上胶辊 J_1 叫一胶辊，它载有较厚胶层，线速度大于书芯前进速度，胶辊表面与书背产生搓动，将胶液压入沟槽，保证沟槽内胶液饱满。上胶辊圆周表面有许多环形小沟槽，能使书背纵向条纹充胶，书页黏合牢固。

上胶辊 J_2 叫二胶辊，所载胶层较薄，离书背较远，其作用是补充一胶辊上胶的不足，控制胶层厚度并使胶层均匀。热胶辊 J_3 本身不带胶，工作时高速逆转。辊内装有电热丝，表面温度可达 190~200℃，它的作用是烫断热熔胶的拉丝和滚平背胶，对书背胶层厚度进行控制。

3. 锁线机

锁线机用于锁线订，可以进行平装书和精装书装订。

锁线机按自动化程度分为手工搭页锁线机、半自动锁线机和自动锁线机。自动锁线机是目前广泛使用的锁线机，其结构复杂，工序多，动作配合要求高，安全可靠，锁线质量高，速度高，工作状态稳定。

锁线机主要由输帖机构、缓冲定位机构、锁线机构、出书机构、传动机构和控制系统组成。

如图 8-43 所示为锁线机工作原理简图。搭好页的书帖搭在输帖链导轨上，推书块将书帖沿导轨推至送帖轮之间，高速旋转的送帖轮将书帖加速送至订书架。订书架接到书帖后摆向锁线位置，安装在订书架上的缓冲器和拉规对书帖定位。订书架下的底针对书帖打孔，穿线针由升降架带动向下移动穿线，钩线爪牵线和钩线针配合打活结。锁线完成后，由敲书棒和打书板将书帖送到出书台上，这时，挡书针将书挡住，以防书帖倒退，完成一个书帖的锁线过程。当一本书芯的所有书帖锁线完成后，机器空转一次，割线刀将线割断，完成一本书芯的锁线过程。

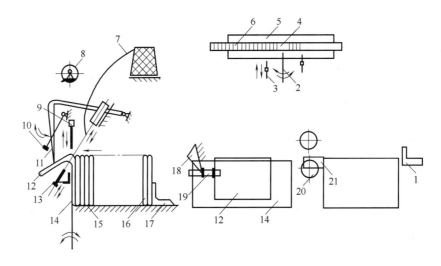

1—推书块；2—钩线针；3—穿线针；4—小齿轮；5—升降架；6—齿条；7—装订线；8—纱布带；
9—挡书针；10—打书板；11—敲书棒；12—书帖；13—底针；14—订书架；15—出书台；
16—书芯；17—挡书块；18—凸板；19—缓冲器及拉规；20—送帖轮；21—输帖链。

图 8-43　锁线机工作原理图

(四) 包本机

包本设备用来给完成订本的平装书芯包封面。包本设备可以单机包封面，也可以设置在联动生产线中包封面。包本设备按机器外形可分为台式包本机、圆盘包本机和直线包本机。

1. 台式包本机

台式包本机是常用装订设备，操作方便，体积小。适用于由单张书页配成的书芯或已订成书芯的包封面工作，包封书芯厚度一般为35mm以内。台式包本机主要由传动机构、书芯夹紧机构、书芯刷胶机构、上封面机构和温控装置等组成。如图8-44所示为一种台式包本机的示意图，其传动机构安装于机架4中，书芯夹紧机构包括活动夹书板1、夹书手柄2、固定夹书板3，书芯刷胶机构包括刮胶板5、胶锅6（胶锅配有温控装置）和上胶辊7，上封面机构主要由两块封面夹紧板9和底托板11组成，封面的定位由书封前挡规8和书封侧挡规10实现。

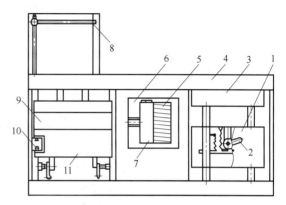

1—活动夹书板；2—夹书手柄；3—固定夹书板；
4—机架；5—刮胶板；6—胶锅；7—上胶辊；
8—书封前挡规；9—封面夹紧板；
10—书封侧挡规；11—底托板。

图8-44　台式包本机

（1）工作原理　台式包本机工作时，首先打开电源和胶锅加热开关，使胶锅中的热熔胶熔化。把书芯夹紧机构移到起始工作位置，将封面置于封面台上并定位。将书芯置于夹书板之间并夹紧，按下启动开关，传动机构带动书芯夹紧机构和书芯向左移动，经刷胶机构刷胶，书芯移动到最左端时上封面。

（2）主要机构

① 传动机构　传动机构将动力从电动机传递到包本机的各个部分。

② 书芯夹紧机构　书芯夹紧机构作用是利用活动夹书板和固定夹书板夹紧书芯，使书芯在刷胶、上封面过程中不会变形和脱落，并排出书芯中的空气，保证刷胶量均匀一致，使书芯粘牢。

③ 书芯刷胶机构　书芯刷胶机构作用是将热熔胶均匀涂布到书背处，保证上封面时封面与书芯能牢固地黏结在一起。

④ 上封面机构　上封面机构主要作用是使封面牢固地黏结到书芯的书背和两侧，保证封面的成型。书芯向左移动时，底托板下降，封面夹紧板松开，使书芯通过。当书芯到达上封面位置时，底托板上升，将封面与书芯的书背书脊接触完成黏合。同时，封面夹紧板完成封面与两侧的黏结成型，完成包封面工作。

⑤ 温控装置　热熔胶对温度变化比较敏感，温度将直接影响其黏结性能。在达到一定温度时，热熔胶才会软化，低于一定温度时，热熔胶会变脆。所以必须利用温控装置严格控制热熔胶在胶锅中的温度，确保封面和书芯的黏合质量。

2. 圆盘包本机

圆盘包本机主要由机架、大夹盘、进本机构、刷胶机构、封面输送机构、包本机构、收书机构、传动机构及控制系统组成。如图8-45标注出了进本机构、刷胶机构、封面输送机构、包本机构、收书机构。有的圆盘包本机有两套执行机构同时工作，称为双头圆盘包本机。

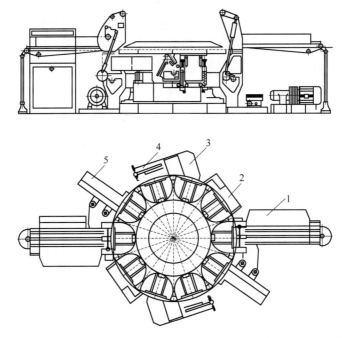

1—进本机构；2—刷胶机构；3—封面输送机构；4—包本机构；5—收书机构。

图 8-45　圆盘包本机

（1）工作原理　圆盘包本机工作时，书背向下放在进本架上，进本机构间歇地把书芯推到进本架的顶端，吸书芯板将书芯送入连续匀速转动的大夹盘（转盘）的夹书器中，在凸轮机构的作用下，夹书器将书芯夹紧，传送到刷胶架上，对书背和侧面刷胶。同时，封面输送机构将封面分离并送到包封台上。此时，涂好胶的书芯也随大夹盘转到包封台上方，包封台上升把封面托起包在书背上并夹紧，完成包本动作。大夹盘上有两个吸嘴将封面吸住，防止封面在输送中从书芯上掉下。到达收书器前，吸嘴放开封面。夹书器在凸轮作用下松开书芯，书本落到收书台上，由推书机构将其推出。

（2）主要机构

① 进本机构。进本机构的作用是将书芯依次输送给大夹盘上的夹书器。进本机构完成 3 个动作：书芯的前移、定位、送入夹书器。

② 刷胶机构。刷胶机构的作用是给书背及书背两侧刷胶，以便包封。如图 8-46 所示为刷胶机构原理图。

刷胶机构有两个动作：底刷胶片的上下移动和侧刷胶片的夹紧动作。工作时，凸轮 C_1 推动滚子通过杠杆和连杆带动夹

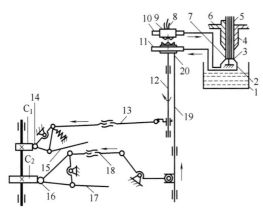

1—胶盒；2—底刷胶片；3—外侧刷胶片；4—固定夹书板；5—书芯；6—活动夹书板；7—内侧刷胶片；8—螺母；9、20—齿轮；10、11—齿条；12—夹紧轴；13、15、17、18—连杆；14、16—小滚；19—升降轴；C_1、C_2—凸轮。

图 8-46　刷胶机构原理图

紧轴转动，夹紧轴上的两个齿轮通过离合器嵌合在一起转动，两个齿轮与两个齿条啮合，两个齿条分别与内侧刷胶片和外侧刷胶片相连接，使两个侧刷胶片相对运动，夹紧书芯并将胶液粘到书背两侧。调整连杆上的螺母可调节两个侧刷胶片的间距。底刷胶片的上下移动是由凸轮 C_2 作用于滚子，通过杠杆和连杆带动升降轴上下移动。底刷胶片与升降轴连在一起随升降轴上下移动，完成粘胶和刷胶动作。

③ 封面输送机构。封面输送机构的作用是将书封面分离并送到包本机构。封面输送机构上还安装了多张和空张检测装置。

④ 包本机构。包本机构的作用是完成包封面工作。如图 8-47 所示为包本机构原理图。包本机构是包本机最主要的机构。它有两个动作，夹紧动作和升降动作。工作时，包本机构的两夹紧板相对运动把封面夹紧在书芯上，凸轮 C_1 与滚子作用，通过杠杆、连杆、拉杆等机构完成夹紧板相对运动。凸轮 C_2 与滚子作用，通过杠杆、连杆，使升降轴做上下移动，带动底板上升时对书背加压，使书封牢固地粘在书芯上。夹紧板间距和底板上升高度可通过螺套调节。

⑤ 收书机构。收书机构的作用是将包好封面的毛本书收集起来。包好封面的毛本转到收书工位时，控制凸轮松开夹书器，书本落到收书板上。

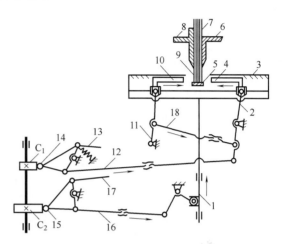

1—升降轴；2、11—杠杆；3—包封台板；4—夹紧板；5—底板；6—固定夹书板；7—书芯；8—活动夹书板；9—封面；10—夹紧板；12、13、16~18—连杆；14、15—小滚；C_1、C_2—凸轮。

图 8-47　包本机构原理图

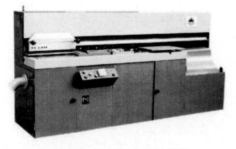

图 8-48　长条包本机外形图

3. 直线包本机

直线包本机又称为长条包本机，其外形如图 8-48 所示。直线式包本机主要由机架、进本、走本、夹书器、刷胶、压痕、包本、收书等机构及控制和传动机构组成。包本机构的作用是把书芯与封面粘在一起并挤紧压实。直线式包本机在工作过程中，书芯所经过的路径基本上是一条直线：第一步进本，第二步刷胶，第三步封面压痕输送，第四步包封，第五步出书。

（五）切纸机及切书机

装订常用的裁切设备有单面切纸机和三面切书机。单面切纸机用途广泛，可以裁切纸张、纸板，也可以裁切书本的半成品和成品。三面切书机主要用来裁切各种书刊的成品，裁切质量好，效率高。

1. 单面切纸机

单面切纸机主要由工作台、推纸器、压纸器、裁刀、刀条等装置组成（图 8-49）。单面切纸机工作台用来堆放被裁切物；推纸器用来将纸推到裁切线上并起定位作用；压纸器用来将裁切的纸叠压紧，防止裁切时纸张弯曲；裁刀用来裁切纸张；刀条用来保证底层纸裁切平整并保护刀刃。

单面切纸机可分为轻型切纸机和大型切纸机。轻型切纸机切纸幅面一般在四开以下。大型切纸机切纸幅面一般在四开以上，分为普通切纸机、液压切纸机、液压程控切纸机和自动上料液压程控切纸机。普通切纸机主要由机架、压纸机构、切纸机构、推纸器、传动系统、控制系统和安全装置组成。

液压切纸机的基本组成与普通切纸机相同，压纸机构是利用液压系统实现的，结构简单，压纸力调节范围大。在裁切过程中，随纸叠厚度变化，液压系统能自动调整压纸力，保持恒定，容易控制和操作。液压压纸机构由油泵、滤油器、压力表、电磁阀、油箱、油管、油阀和机械机构组成。

2. 三面切书机

书本裁切有单面切和三面切两类，单面切一本书要切三次，而三面切一本书一次成型，裁切精度高、速度快、劳动强度低。三面切书机专门用来裁切书刊，裁切机构是三面切书机最主要的部分，如图 8-50 所示，安装有三把切纸刀，其中侧刀两把，用于裁切书籍天头和地脚；前刀（门刀）一把，用来裁切书籍切口。

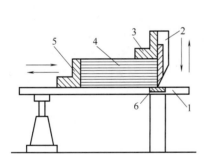

1—工作台；2—裁刀；3—压纸器；
4—纸张；5—推纸器；6—刀条。

图 8-49　单面切纸机示意图

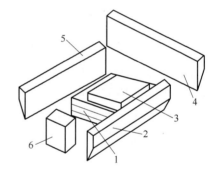

1—书叠；2—右侧刀；3—压书器；
4—前刀；5—左侧刀；6—夹书器。

图 8-50　书本三面裁切原理

（六）印装联动线

印装联动线是将印刷机与装订设备通过中间传送环节组成的机组。装订联动设备自动化程度高，生产效率高，装订质量高，稳定性强，劳动强度低。

1. 印装联动线结构组成

印装联动线由印刷机组、裁折配页机组和装订机组组成。印刷机组对纸幅进行印刷，一般采用卷筒纸双面印刷机。裁折配页机组对印刷好的纸幅进行加工，其工作过程是：裁切装置将纸幅裁成要求尺寸的窄纸幅，窄纸幅继续向前运行，双页宽度纸幅进入折页装置作纵折，单页宽度纸幅则直接进入配页机，配好页后一本一本地送到装订机组。装订机组由胶粘订机与三面切书机组成，对裁折配页机组送来的书芯进行书背加工、上胶、包皮、烘干、切书。

印装联动线还有多种联机形式，如骑马订联动线、胶粘订联动线、精装联动线等。

2. 胶粘订联动线

胶粘订联动线主要由书帖配页机、书芯传送机构、胶粘订机、贴纱卡装置、烫背或干燥装置、三面切书机、计数堆积机、打包机等机组组成。如图 8-51 所示为一种胶粘订联动线平面布置图。

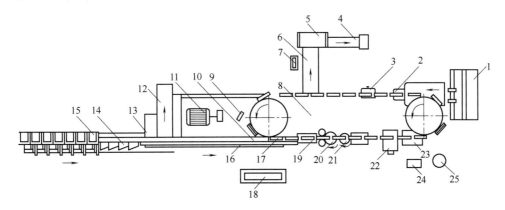

1—给封皮机构；2—贴封皮机构；3—加压成型机构；4—出书传送带；5—计数堆积机；6—传送带；7—计数堆积机控制器；8—胶粘订机；9—计速表；10—链条；11—主电机；12—配页机出书芯部分；13—除废书部分；14—翻立本部分；15—配页机；16—进本机构；17—夹书器；18—主控制箱；19—定位平台；20—铣背刀；21—打毛刀；22—贴纱布机构；23—上封皮胶锅；24—吸尘器；25—预热胶锅。

图 8-51 胶粘订联动线

胶粘订联动线布置形式种类很多，但基本组成相似。书帖经配页机组配页后，形成书芯；书芯经翻转立本机构翻转立本，除废书，定位，由夹书器夹紧进入铣背工序，将书芯的书背用刀铣平，使书芯成为单张书页；铣背完成后进入打毛工序，对书芯进行打毛处理；书背加工完成后，进入上胶工序；然后进入粘纱卡工序，在上过胶的书背上粘贴一层纱布或卡纸，提高书背连接强度和平整度；书芯粘纱卡后，经过上封面胶进入包封工序，先将书封皮贴到书背上，再进行加压成型，从三面向书背加压，把封面粘牢，然后进行烫背，进一步干燥；最后包封好的毛本书经三面切书机裁切后获得成品，经计数、包装完成全书胶粘订。

本章习题：

1. 简述 DTP 系统的组成及作用。
2. 简述计算机直接制版系统的结构及工作原理。
3. 常用的印品表面整饰设备有哪些？各有何作用？
4. 简述平装工艺流程。每一工艺用到何种设备？
5. 折页机有哪些类型？各有何特点？

第九章 电气控制基础——如何实现自动控制

第一节 电气自动控制系统结构与原理

印刷设备的工作过程是一个极其复杂的过程，要实现过程的自动控制，需要对整个设备工作循环给以控制和协调，使各种机械动作按一定顺序和节拍进行，并进行必要的压力、温度、时间、速度的调节，进行各种质量检测、自动安全保护、墨量自动调整、自动定位、自动输水，以及系统故障的报警与控制等。

一、自动控制系统的结构与要求

（一）电气系统的原理及组成

1. 反馈控制原理

以人工调节温度的恒温箱为例（图9-1），可以通过调压器改变电阻丝的电流，达到控制箱内温度的目的。人工调节过程可归纳为如下步骤：

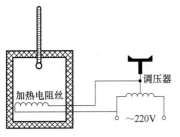

图9-1 人工控制恒温

① 观测由温度计（测量元件）测出的恒温箱（被控对象）的温度（被控量）。

② 与要求的温度值（给定值）进行比较，得出偏差的大小和方向。

③ 根据偏差的大小和方向进行调节。当温度高于调压器所要求的给定值时，向左移动调压器的滑动触头，使加热电阻丝电流减小，降低箱内温度；若温度低于给定值时，反向移动调压器的滑动触头使电阻丝电流增加，使箱内温度升到正常范围。

由上述调节过程可以发现，人工控制的过程就是测量、求偏差、再实施控制纠正偏差的过程，即"检测偏差并用以纠正偏差"的过程。对于这种控制形式，如果能找到一个控制器代替人的职能，那么这一人工调节系统就可以变成自动控制系统。

如图9-2所示是一个自动恒温控制系统，其中，温度是由给定电压信号 U_g 控制的。当外界因素引起箱内温度变化时，作为测量元件的热电偶把温度转换成对应的电压信号 U_f，并反馈回去与给定信号 U_g 相比较，所得结果即为温度的偏差信号 $\Delta U = U_g - U_f$。再经过电压、功率放大

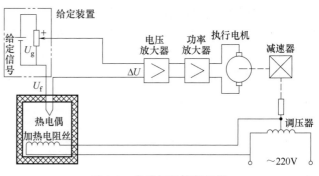

图9-2 自动恒温控制系统

后，用以改变电机的转速和方向，并通过传动装置拖动调压器触头。当温度偏高时，滑动触头向着减小电流的方向运动；反之，加大电流，直到温度达到给定值为止。即只有在偏差信号 ΔU 为 0 时，电机才停转。这样就完成了所要求的控制任务，而所有这些装置组成了一个自动控制系统。

上述自动控制系统与人工控制系统是极其相似的，执行机构类似于人手，测量装置相当于人的眼睛，控制器类似于人脑。另外，它们有一个共同的特点，就是都要检测偏差，并用检测到的偏差去纠正偏差。可见，没有偏差便没有调节过程。在自动控制系统中，这一偏差是通过反馈建立起来的。给定量也叫控制系统的输入量，被控制量称为系统的输出量。反馈就是指输出量通过适当的测量装置将信号全部或一部分返回输入端，使之与输入量进行比较，比较的结果叫偏差。因此，基于反馈的"检测偏差用以纠正偏差"的原理又称为反馈控制原理，利用反馈控制原理组成的系统称为反馈控制系统。

2. 反馈控制系统的组成

一般反馈控制系统可以归纳为以下几个组成部分：

（1）被控对象　在自动控制系统中，工艺变量需要控制的生产设备或机器称为被控对象。印刷过程中的输纸器、墨辊、电机等都可以是被控对象。

（2）检测元件（反馈元件）　它用来感受被控变量并将其转换为电信号，如电压、电流。检测元件在生产过程中时刻监视过程进行的状态，用作实施控制的依据。因此要求测量准确、及时、灵敏。

（3）调节器　调节器又称控制器，它把检测元件送来的信号与工艺上需要保持的变量给定值进行比较，得出偏差，再根据这个偏差的大小及变化趋势，按预先设计好的运行规律进行运算，输出相应的特定信号给执行器。

（4）执行器　其作用是接受调节器发来的控制信号并放大到足够的功率，推动调节机构（如调压器）动作。上述恒温箱示例中的电机便是执行器，改变电机的速度和方向，就可改变电流，从而改变温度。

一个自动控制系统除具备以上部分外，还有一些辅助装置，如给定装置、转换装置、显示仪器、放大器等。

分析自动控制系统时，一般用功能图来表示控制系统的组成和作用。如图 9-3（a）所示为恒温自动控制的系统方框图，如图 9-3（b）所示是其职能方框图。图中给定装置是电位器，测量装置是热电偶，调节器包括比较器、电压及功率放大器，执行器由直流执行电动机、减速器、调压器组成，被控对象是电炉（恒温箱），被控变量是箱温。图中每一方块代表系统中的一个组成部分，称为"环节"。两个方块之间用一条带有箭头的线条联系，表示信号的流向；作用于方块上的信号称为该环节的输入信号，它送出的信号称为该环节的输出信号。

课外学习：

调节器能按照预先设计的控制规律，输出相应的信号给执行器。常用的控制规律有PID 控制、预测控制、模糊控制等。查阅相关资料，了解什么是 PID 控制、如何实现 PID控制。

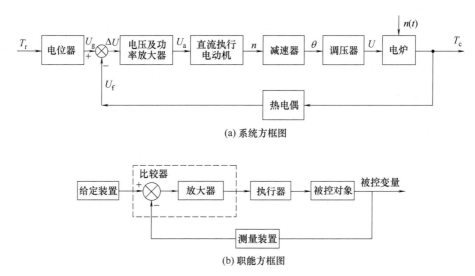

(a) 系统方框图

(b) 职能方框图

图 9-3 恒温自动控制系统功能图

（二）电气控制系统的分类

1. 按被控变量给定值分类

（1）定值控制系统 所谓定值就是给定值为常数。印刷过程中有些参数要求控制系统的被控参数保持在某个正常标准值上不变，这个正常标准值就是给定值。这类系统包括纸带张力、墨层厚度、干燥温度等控制系统等。

（2）随动控制系统 也称跟踪控制系统，这类系统的特点是给定值不断变化，而这种变化往往是无规律的，是时间的未知函数。控制系统的目的是使被控参数快速、准确地跟随给定值的变化而变化。

（3）程序控制系统 这类系统的给定值也是变化的，但它的变化规律是一已知的关于时间的函数。

2. 按有无反馈分类

（1）开环控制系统 如果系统输出端和输入端之间不存在反馈回路，输出量对系统的控制作用无影响，这样的系统称为开环控制系统。如图 9-4 所示的电机调速系统是开环控制系统。当给定电压改变时，电机转速也跟着改变，但这种控制系统经受不住负载力矩变化对转速的影响。开环系统结构简单，但控制精度低，受干扰的影响较大，其精度取决于各环节的精度以及系统干扰的大小。

（2）闭环控制系统 如图 9-5 所示是一个电动机反馈控制系统，也叫闭环控制系统。

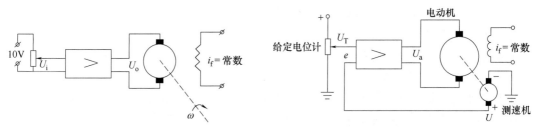

图 9-4 电机转速开环控制   图 9-5 电机闭环调速系统

这种系统的特点是系统的输出端与输入端之间存在反馈回路，即输出量对控制作用有直接影响，闭环的作用就是应用反馈来减小偏差。如图9-5所示的闭环调速系统能大大降低负载力矩对转速的影响，如负载加大，转速会降低；经过反馈，偏差增大，电机电压升高，转速又会上升。闭环系统结构比开环复杂，但控制精度高。

闭环、开环系统在印刷过程中都有广泛的应用，如温度控制系统是一般采用闭环系统，而采用步进电机驱动的印刷设备部件大多采用开环控制。

3. 按系统的反应特性分类

（1）连续控制系统　此类系统中参数变化都是连续进行的，即系统的信号传递和被控制对象的反应是不间断的。可分为线性控制系统和非线性系统两种。线性控制系统可用线性微分方程来描述。线性控制系统的一个最重要性质是可以应用叠加原理，即几个扰动或控制作用同时作用于系统上时，其总效果等于每个单独作用引起的效果之和。非线性控制系统是指包含本质非线性元件的系统，不适用叠加原理。

（2）断续控制系统　此类系统中内部信号的传递或被控制对象的运动是断续的。可分为采样控制系统、开关控制系统两种。采样控制系统特点是将被控制的连续模拟量通过采样装置以一定的频率采样，并转换成数字量送入计算机，经数据处理或运算后，输出控制指令，再通过数模转换去控制被控对象。开关控制系统是由开关元件组成的、起断续作用的控制系统。由于开关元件只具有"接通"和"断开"两种截然不同的状态，不能连续反映控制信号的变化，因此它所能实现的控制必然是断续的。具有"接通"和"断开"两种状态的开关元件有：继电器、接触器、开关晶体管以及数字集成电路等。

4. 按生产工艺参数分类

可分为压力控制、流量控制、温度控制、速度控制、位置控制等系统。

二、自动控制系统的基本要求

自动控制系统用于不同的目的时，要求往往不一样，但一般可以归结为以下三方面基本要求：

（1）稳定性　由于系统存在惯性，当系统的各个参数设置不当时，将会引起系统的振荡而失去工作能力。稳定性就是指动态过程的振荡倾向和系统能够恢复平衡状态的能力。输出量偏离平衡状态后，应该随着时间而收敛，并且最终回到初始的平衡状态。稳定性的要求是系统工作的首要条件。

（2）快速性　该要求是在系统稳定的前提下提出的。快速性是指当系统输出量与给定的输入量之间产生偏差时，消除这种偏差过程的快速程度。

（3）不准确性　是指在调整过程结束后输出量与给定的输入量之间的偏差，或称为静态精度。这也是衡量系统工作性能的重要指标。有些系统精度要求高，如位置控制；而一般恒温和恒速系统的精度都可在给定值的1%以内。

由于受控对象的具体情况不同，各种系统对稳、准、快的要求各有侧重。例如，随动系统对快速性要求高，而调速系统对稳定性提出较严格的要求。同一系统稳、准、快是相互制约的。快速性好，可能会有强烈振荡；改善稳定性，控制过程可能过于迟缓，精度也可能变差。分析和解决这些矛盾，是一个自动控制系统的重要内容之一。

三、印刷电气系统的发展方向

印刷过程控制系统是一个复合型系统，是不同类型的控制系统的有机组合。印刷生产过程自动化的发展与自动化技术和智能技术的发展密切相关。印刷过程控制经历了从"单机单参数控制"发展到"印料至产品包装成形各参数综合、协调控制"的一体化系统，从简单逻辑控制发展到连续自调节控制。随着自动化技术和计算机技术发展，随着信息论、控制论和系统论在印刷过程中的应用，印刷控制系统不断向着高度集成化、柔性化和智能化方向发展。

1. 集成化

高集成度是指多个工序的集合，原有单一工序模式得以改变。高度集成化的优点是：
① 减少物流人工周转，提高产品定位精度，提升生产的连续性。
② 提高自动化率，减少人工介入，产品质量更好，作业效率更高。
③ 减少占地面积，节省成本，生产管理更加合理化。

2. 柔性化

随着时代的进步，用户个性化的订单会越来越多，小批量多规格制造作业方式是发展趋势。自动化装备为柔性化带来积极的作用，系统柔性的导入大幅提升了生产效率，缩短了产线换型时间，从容应对生产需求的快速变化。

3. 智能化

智能化是工业自动化发展的必然趋势。工业化和信息化的深度融合促成智能制造的形成。智能制造使得生产效率更高、工厂无人化水平更高、产品质量得以提高。高度智能制造的工厂将会成为"黑灯工厂"。

此外，随着多媒体智能技术应用于印刷工业，引起了过程控制、测控智能化的变革，封闭式的自动化演变为可视化人机交互的智能型自动化。集成化的综合功能芯片使各种实时智能检测和控制的严格要求充分得到满足。测控系统智能化、多媒体化后，其工作性能将明显优于现在的结构系统，智能化结构体系和部件能自适应各种变化的工况和工作环境，使其始终保持最优化性能和最佳的工作状态。多媒体技术的信息感受、动作激励和性能检测元件的高度集成化，将使智能产品的成本进一步下降，智能测控系统的零部件设计将进一步简化，运动部件大为减少，自动控制更有效。在实现多媒体信息处理的智能和高速化、多媒体实时通信、智能材料与现代信息技术相结合的微传感器多样化后，综合利用这些新技术将能创造出最大的经济效益。

第二节　计算机测量与控制原理

一、计算机控制系统的组成

工业生产控制是计算机的一个重要应用领域，计算机控制正是为了适应这一领域的需要而发展起来的一门专业技术。它主要研究如何将计算机技术和自动控制理论应用于工业生产过程，并设计出所需要的计算机控制系统。由于生产过程日趋复杂，对控制系统的要求也越来越高。计算机具有运行速度快、精度高、存储容量大、编程灵活的特点，使得计算机在生产过程控制中得到了广泛的应用。

早期的印刷机上生产质量和状态变量的控制主要是由人工调整和模拟仪表实现，后来技术人员首先将计算机控制技术应用到印刷墨量的控制中，实现了油墨的预调和遥控功能。随后计算机控制技术不断扩大在印刷领域的应用，实现了数字印刷、数字制版、数字化的印前、印中、印后，以及各种多级、网络化的控制。印刷机在计算机的控制和全面监管下正以高效、安全和可靠的性能为印刷复制技术服务。

（一）计算机控制系统的特点

计算机控制技术与传统的模拟控制系统相比较，具有非常明显的优点。

① 控制精度、运行速度、可靠性更高。控制系统采用计算机技术，数据处理的速度、精度大大提高了。采用高可靠性的计算机可以提高控制系统工作的可靠性、降低故障率。另外还可以采用一定的冗余技术提高系统可靠性。

② 计算机控制系统可以实现多个回路的控制。计算机系统的存储容量很大，可以采集生产现场大量数据，获得多个回路的信息，实现对多回路、多对象、多工况的综合处理和控制。

③ 控制规律灵活多变，可以实现复杂的控制算法。当需要更改控制算法时，只需要调整和更换控制程序，一般不需要更换任何硬件。

④ 可以获得更好的控制性能。由于计算机的实时控制，控制系统可以处理大量信息，并具有快速的反应能力，这样就可以获得更好的控制效果。

（二）计算机控制系统的组成

生产过程计算机控制系统主要包括两大部分：计算机控制部分和生产过程部分，如图 9-6 所示。前者主要实现系统的控制功能，后者是被控制的对象。生产过程按照计算机发出的控制信息进行工作，并将自身的工作状态通过接口电路发送给计算机，让计算机及时调整控制决策，更好地控制生产。

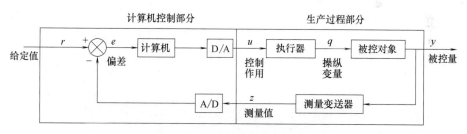

图 9-6　计算机控制系统的组成

依据生产工艺要求，将控制参数的设定值送入计算机控制系统，经过模/数转换装置（A/D）将模拟量转换成计算机可以接收和处理的数字量，计算机依据事先根据生产工艺特点和控制原理编制的控制算法程序对其进行处理后，经过数/模转换装置（D/A）将数字量变成模拟信号后送给生产过程的执行机构，通过执行机构改变被控对象和被控制参数。测量变送装置用于检测被控参数，并将其变成合适的信号数值送回到控制系统的输入部分与给定值比较。

如果按照硬件和软件进行分类和细化，计算机控制系统包括与计算机相关的各种组件、接口、信号通道、工业对象等，如图 9-7 所示。

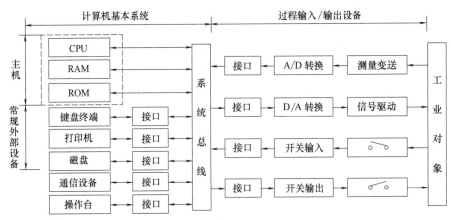

图 9-7　计算机控制系统的细化结构

1. 硬件组成

计算机控制系统的硬件一般由主机、常规外部设备、过程输入/输出设备、人机交互设备和通信设备等组成。

（1）主机　主机是计算机控制系统的核心，由中央处理器（CPU）、内存储器（RAM、ROM）和系统总线组成。主机负责接收由外部输入通道送入的各种生产数据信息，通过预定编制好的控制算法处理这些信息，并通过输出通道向生产过程发送相应的控制命令，以便控制工业对象。

（2）外部设备　外部设备是计算机专用设备，主要包括输入设备、输出设备和外存储器等几个部分。输入设备主要包括键盘、鼠标、触摸屏等。输出设备主要包括显示器、打印机、绘图机、触摸屏等。外存储器有磁盘、光盘等。这些外部设备与主机组成计算机控制的基本系统，实现科学计算和管理功能。

（3）过程输入/输出设备　过程输入/输出设备是生产现场的各种数据和计算机控制系统之间进行交互的通道，一般也可以称之为过程的输入/输出通道。计算机控制系统的接口与通道如图 9-8 所示。

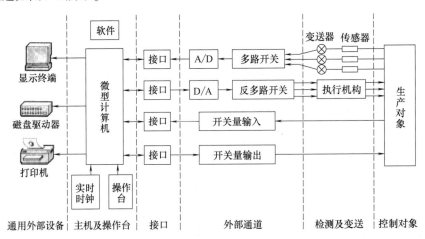

图 9-8　计算机控制系统的接口与通道

过程输入通道包括模拟量的输入通道（A/D）和数字量输入通道（DI），分别用来输入模拟量、开关量或数字量信号。A/D 通道把从控制对象检测得到的时间连续模拟信号（如温度、压力、流量、液位等数值为 0～10V 或者 4～20mA 的信号）变换成二进制的数字信号，然后经接口送入到计算机。DI 通道把从控制对象检测得到的数字码、开关量（如按钮的通断、继电器的得电或失电等）、脉冲量（数字量编码器或中断请求）信号经过输入缓冲器在接口的控制下送给计算机。

过程的输出通道主要包括模拟量输出通道（D/A）和数字量输出通道（DO）。D/A 通道把计算机输出的数字信号转换成生产中需要的各种模拟量信号后给生产现场的各种执行机构。DO 通道是输出开关量或数字量信号给现场的相应部分，把从计算机输出的数字信号通过接口输出给需要数字信号、脉冲信号或开关信号的执行部分。

（4）人机交互设备　人机交互设备主要是指为生产设备配备的中央控制操作台等，用于操作人员与系统之间进行交互。一般包括显示部分、各种操作的按钮、开关、指示灯等。生产操作人员可以通过中央控制台上的各个操作部分对整个控制系统的运行进行操作和控制。

（5）通信设备　通信设备是系统的局部功能之间进行信息交互的设备。由于一个大型的生产系统一般需要多台计算机系统联合工作，不同位置、不同功能、不同系统的计算机之间的网络连接和通信就需要这些通信设备来完成。

2. 软件部分

要使计算机正确地运行并解决生产控制问题，还需要计算机软件的工作。软件就是计算机程序系统及有关信息的集合。软件使计算机实现各种正确的运行和操作，软件的好坏直接影响计算机系统的运行和功能。计算机控制系统的软件一般包括系统软件和应用软件两部分。

（1）系统软件　系统软件是支持系统开发、测试、运行和维护的工具软件。系统软件的核心是操作系统，还有各种编程语言。计算机控制系统中一般采用实时多任务操作系统，编程语言一般为面向过程或对象的专用语言或编译类语言。

（2）应用软件　应用软件是控制系统设计人员利用编程语言编制的可执行程序，实现对具体生产设备、生产过程的控制和管理。生产过程不同、被控对象不同，控制和管理程序也不同。通常计算机控制系统中包括一些按照功能区分的应用软件模块，例如过程输入、输出程序、报警程序、运行控制程序等。

二、采样与输出

计算机控制系统要对生产实施控制，需要将生产过程中的各种变化的模拟量（如温度、压力等）转换成计算机能接受和处理的数字量。同时，计算机系统输出的数字量也需要经过从数字量到模拟量的转换才能被生产现场的执行机构接受。

（一）采样、量化和编码

模拟量和数字量之间的转换过程大体上要解决三个问题，即采样、量化和编码。

1. 采样

把时间连续的信号转换为一连串时间不连续的脉冲信号，这个过程称为"采样"。采样后的脉冲信号称为采样信号，采样信号在时间轴上是离散的，但在函数轴上仍是连续

的。采样过程通过采样器来实现。

采样的信号是否可以替代原来的连续信号呢？当采样周期为 0 时，采样信号和原来的连续信号完全一致。若采样周期不为零呢？实际上，采样必须要满足两个条件，才能使所采样的信号替代原来的连续信号：

① 被采样的连续信号 $x(t)$ 是频带受限的，即信号 $x(t)$ 中包含的全部谐波频率均在一定的范围内。

② 采样周期 $T \leqslant 1/(2f_{max})$，其中 f_{max} 为被采样信号的最高频率。

这就是香农（Shannon）采样定理。只要采样频率 $f \geqslant 2f_{max}$，采样信号就能唯一复现原信号。

采样周期的大小要综合考虑。根据香农采样定理，系统采样频率的下限为 $f_s = 2f_{max}$，此时系统可真实地恢复到原来的连续信号。从执行机构的特性要求来看，有时需要输出信号保持一定的宽度，采样周期必须大于这一时间。从控制系统的随动和抗干扰的性能来看，要求采样周期短些。从计算机的工作量和每个调节回路的计算量来看，一般要求采样周期大些。从计算机的精度看，过短的采样周期是不合适的。

常见被控量的经验采样周期为：流量 1~5s，优先选用 1~2s；压力 3~10s，优先选用 6~8s；液位 6~8s，优先选用 7s；温度 15~20s。

2. 量化

采样信号经过整量化成为数字信号的过程称为整量化过程或称为量化。

3. 编码

把量化信号转换为二进制代码的过程称为编码。编码的任务由 A/D 转换器完成。

扩展学习：

查阅相关资料，学习量化和编码的基本原理。

（二）保持

保持就是将连续信号通过保持器从离散信号中恢复过来。将连续信号通过理想的低通滤波器从离散信号中恢复过来的过程也称为信号的复原。采样器在采样时，其输出能够跟随输入变化；而保持器在保持状态时，能使输出值不变。

1. 零阶保持器

零阶保持器是将一个采样时刻的采样值保持到下一次的采样时刻。依次外推，每一个采样值只递推一次。零阶保持器是一种按照常值规律外推的保持器，具有结构简单、易于实现等优点，在闭环离散系统中被使用。

2. 一阶保持器

一阶保持器也是一种从离散信号中恢复连续信号的保持器，它在任意时刻的输出值基于两个采样值按线性外推规律来恢复。

计算机系统工作中不断地对生产过程进行信号检测、采样、处理、保持，控制生产的有效进行，如图 9-9 所示为采样和保持方法在控制系统信号状态转换中的应用过程。

三、控制规律及结构

控制器是控制系统自动调节的中枢。控制器的作用主要有两个：一个是接收由变

送器送来的表示生产过程被控
变量变化的信号，并与设定的
被调参数的给定信号比较得到
差值；二是将这个偏差信号经
过控制器调节规律的运算处理
后，发出控制信号。控制规律
也称为控制算法。控制规律的

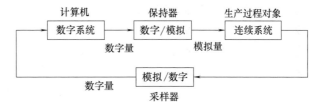

图 9-9　计算机系统的信号状态转换

选择与系统的控制要求、复杂程度以及数学模型有关，需要对系统进行综合分析才
能确定。

　　常用的控制规律有比例（P）调节、积分（I）调节和微分（D）调节规律，简称 PID
控制。由于控制效果好，不需要被控对象的数学模型，PID 控制在计算机控制系统中得到
了广泛的应用。

（一）基本 PID 控制

　　模拟 PID 调节器如图 9-10 所示。K_P、K_I/S、K_DS 分别为比例、积分和微分模块，S 为
拉普拉斯算子。在调节器中，将被
测信号与给定值比较，然后把比较
出的差值经 P、PI 或 PID 电路运算
后送到执行机构，改变给定量，达
到调节的目的。

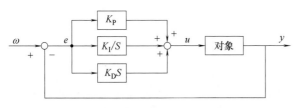

图 9-10　模拟 PID 调节器结构

1. 比例调节器

　　比例（P）调节是最基本的控制
规律，特点是控制器的输出与输入的偏差成比例关系，调节规律如下：

$$u = K_P e + u_0$$

式中 u 为控制器的输出；K_P 为比例系数；e 为调节器输入偏差；u_0 为控制量的基准。在
调节器电路中，u、e、u_0 单位一般均为伏特（V）。

　　如图 9-11（a）所示为比例作用的控制过程和结果。从图中不难看出比例调节能迅速
反映误差，但不能消除稳态误差；比例度越大，残余误差越大。比例作用过大还会引起不
稳定。这种控制反应速度快、控制及时、克服干扰能力强、过渡时间短；但过程控制结束
时有余差，因此它适合于控制通道滞后较小、负荷变化不大、允许被控量在一定范围内变
化的场合。

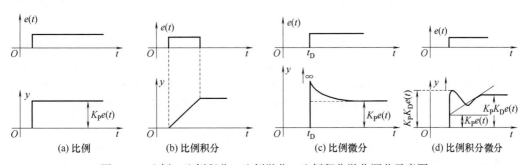

图 9-11　比例、比例积分、比例微分、比例积分微分调节示意图

2. 比例积分调节器

比例积分（PI）调节器系统由于存在积分作用，系统的输出与输入的偏差之间成比例加积分的关系，调节规律如下：

$$u = K_{\text{P}}\left(e + \frac{1}{T_{\text{I}}}\int_0^t edt\right) + u_0$$

式中　T_{I}——积分时间常数，s；

　　　t——时间变量，s。

如图 9-11（b）所示为比例积分作用的控制过程和结果。比例积分调节的主要特点是调节迅速，无余差；但是积分作用太强会导致系统振荡加强而不稳定。这种系统适合于通道滞后较小、负荷变化不大、被控变量不允许有余差的场合。比例积分调节器适用于液位、压力、温度、pH 浓度的调节。

3. 比例微分调节器

比例微分（PD）调节器的调节作用不但与偏差的大小成比例，而且与偏差的变化速度成比例，其调节规律为：

$$u = K_{\text{P}}\left(e + T_{\text{D}}\frac{de}{dt}\right) + u_0$$

式中　T_{D}——微分时间常数，s；

　　　t——时间变量，s。

比例微分作用控制过程和结果如图 9-11（c）所示。微分的主要作用是减小超调、克服系统的振荡、提高稳定性、改善系统动态特性。但微分作用太强会使系统振荡加强而不稳定。比例微分调节主要适用于温度的调节。

4. 比例积分微分调节器

按偏差的比例、积分和微分进行控制的控制器称为比例积分微分（PID，Proportional-Integral-Differential）调节器，其调节规律为：

$$u = K_{\text{P}}\left(e + \frac{1}{T_{\text{I}}}\int_0^t edt + T_{\text{D}}\frac{de}{dt}\right) + u_0$$

如图 9-11（d）所示为比例积分微分作用的控制过程和结果。微分作用使控制器的输出与偏差变化的速度成比例，它可以克服对象的滞后。在比例的基础上加入微分作用可以增加系统的稳定性，再加上积分作用可以消除余差。这种控制器适用于负荷变化大、容量滞后大、控制质量要求高的系统，如温度控制等。

PID 控制是连续系统中技术最成熟、应用最广泛的一种控制方式，其调节的实质是根据输入的偏差值，按比例、积分、微分的函数关系进行运算，其运算结果用于输出控制。在实际应用中，根据具体情况，可以灵活地改变 PID 的结构，取其一部分进行控制。

（二）数字 PID 控制

计算机控制系统的控制是通过编制的程序实现的，通常采用数字 PID 控制，即用计算机进行 PID 运算，将计算结果转换成模拟量，输出去控制执行机构。数字 PID 控制的实现方法有两种：一种是用数值逼近的方法实现 PID 控制规律；另一种是用求和代替积分、用后项差分代替微分，使模拟 PID 离散化为差分方程。后一种方法更常用，并且演化出两种具体形式，即：位置式和增量式。

1. 位置式 PID 控制算法

位置式控制算法提供执行机构的当前控制量 u_k，需要累计输出偏差 e，控制量表达式如下：

$$u_k = K_P \left[e_k + \frac{T}{T_I} \sum_{j=0}^{k} e_j + \frac{T_D}{T}(e_k - e_{k-1}) \right] + u_0$$

$$u_{k-1} = K_P \left[e_{k-1} + \frac{T}{T_I} \sum_{j=0}^{k-1} e_j + \frac{T_D}{T}(e_k - e_{k-2}) \right] + u_0$$

其中 k 表示当前时刻，$k-1$ 表示前一采样时刻，$k-2$ 表示当前时刻之前的第二个采样时刻；T 为采样周期。该方法主要应用在精确度要求较高的控制场合，如电机转速控制等；但计算量较大，而且会占用很大的内存，这给它的使用带来了许多不便。

2. 增量式 PID 控制算法

增量式控制算法提供执行机构的增量，只需要保持当前 3 个时刻的偏差值即可。控制增量为：

$$\Delta u_k = u_k - u_{k-1} = K_P \left[e_k - e_{k-1} + \frac{T}{T_I} e_k + \frac{T_D}{T}(e_k - 2e_{k-1} + e_{k-2}) \right]$$

可以看出增量式 PID 控制中将原先的积分环节的累积作用进行了替换，避免了积分环节占用大量计算性能和存储空间。目前这种控制算法得到了比较广泛的应用。

如图 9-12（a）为位置式 PID 控制算法，图 9-12（b）为增量式 PID 控制算法。

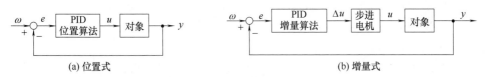

(a) 位置式　　　　　　　　　　　　　(b) 增量式

图 9-12　位置式与增量式 PID 控制算法

位置式与增量式 PID 控制算法有一个共同的特点，就是比例、积分和微分作用彼此独立，互不相关。这有利于操作人员直接检查各个参数对控制效果的影响。增量式算法不需做累加，计算误差和计算精度问题对控制量的计算影响较小；位置式算法要用到过去偏差的累加值，容易产生较大的累计误差。当从手动控制切换到自动控制时，位置式算法必须先将计算机的输出值设置为原始值，才能保证无冲击切换；而增量式算法与原始值无关，易于实现手动到自动的无冲击切换。在实际应用中，应根据被控对象的实际情况加以选择。另外，为了适应不同的被控对象和系统的要求，改善系统控制品质，可以在标准 PID 控制算式的基础上进行某些改进，形成非标准的 PID 控制算式，如抗积分饱和 PID 控制等。

扩展学习：

了解各种其他控制规律，如自适应控制、预测控制、模糊控制等。

第三节　常用电气元器件

用于印刷机械的低压电器品种较多，在自动化程度较高的印刷设备中，低压电器作为自动控制工具起着很大的作用，通常用于电机的启动、调节、保护，也用于实现自动进纸、检测、压印控制等过程。

一、常用低压电器的分类与命名

电器是一种根据外界的信号和要求，手动或自动地接通或断开电路、断续或连续地改变电路参数，以实现电路或非电对象的切换、控制、保护、检测、变换和调节的电气设备。低压电器通常指工作在交流额定电压 1000V、直流额定电压 1500V 以下的电路中的电气设备。

(一) 低压电器的分类

1. 按动作原理分类

(1) 手动电器　通过人的操作发出动作指令的电器，如刀开关、按钮等。

(2) 自动电器　产生电磁吸力而自动完成动作指令的电器，如接触器、继电器、电磁阀等。

2. 按用途分类

(1) 控制电器　用于各种控制电路和控制系统的电器，如继电器、接触器、行程开关、变阻器等。

(2) 配电电器　用于电能的输送和分配的电器，如高压断路器、低压断路器等。

(3) 主令电器　用于自动控制系统中发送动作指令的电器，如按钮、转换开关等。

(4) 保护电器　用于保护电路及用电设备的电器，如熔断器、热继电器等。

(5) 执行电器　用于完成某种动作或传送功能的电器，如电磁铁、电磁离合器等。

3. 按动作性质分类

(1) 自动切换电器　用于完成接通、分断、启动、反向和停止等动作，依赖自身参数的变化或外来的电信号自动进行或完成，而不是由人工直接操作，例如自动开关、接触器等。

(2) 非自动切换电器　又称手动电器，主要是用手直接操作来进行切换的电器，例如刀开关、转换开关、主令电器等。

(二) 低压电器型号命名编制说明

低压电器产品型号的编制适用于下列 12 类产品：刀开关、转换开关、熔断器、自动开关、控制器、接触器、控制继电路、主令电器、电阻器、变阻器、调整器、电磁铁。具体型号编制法有以下要点：

① 产品型号一律采用汉语拼音字母及阿拉伯数字编制。

② 每一产品型号系指一种类型的产品，但可以包括该产品的若干派生系列。产品全型号是在产品型号之后，附加其规格（如电流、电压或容量数值等）以及其他数字或字母，以确定某一产品的主要规格及其派生特征。

③ 类组代号与设计序号的组合表示产品的系列。

型号编制中通用派生字母代号如表 9-1 所示，低压电器全型号表示方法如表 9-2 所示。

低压电器型号编制举例说明：

(1) HD13-600/31　HD 表示单刀开关；13 表示设计代号，说明是侧方正面操作机构式；600 表示额定电流为 600A；31 中 3 表示为 3 极，1 表示为带灭弧罩。

(2) CZ0-100/20　CZ 表示直流接触器，0 表示设计代号；100 表示额定电流为 100A；20 中的 2 表示带有两个常开主触头，0 表示没有常闭主触头。全型号代表名称为：100A 直流接触器，带有两个常开主触头。

表 9-1　通用派生代号表

派生字母	代表意义	派生字母	代表意义
A、B、C、D……	结构设计稍有改进或变化	K	开启式
J	交流、防溅式	H	保护式、带缓冲装置
Z	直流、自动复位、防震、重任务	M	密封式、灭磁
W	无灭弧装置	Q	防尘式、手车式
N	可逆	L	电流式
S	有锁住机构、手动复位、防水式、三相、三个电源、双线圈	P	电磁复位、防滴式、单机、两个电源、电压
F	高返、带分励脱扣		

表 9-2　低压电器全型号表示法

代号	名称	A	B	C	D	G	H	J	K	L	M	P	Q	R	S	T	U	W	X	Y	Z
H	刀开关和转换开关				刀开关	封闭式负载开关			开启式负载开关					熔断器式刀开关	刀形转换开关					其他	组合开关
R	熔断器			插入式		汇流排式				螺旋式	封闭管式				快速	有填料管式			限流	其他	
D	自动开关								照明	灭磁					快速		万能式		限流	其他	装置式
K	控制器				鼓形							平面			凸轮					其他	
C	接触器				高压			交流				中频			时间					其他	直流
Q	启动器	按钮式		磁力式					减压					手动			油浸		星三角	其他	综合
J	控制继电器									电流				热	时间	通用	温度			其他	中间
L	主令电器	按钮							主令控制器					主令开关	足踏开关	旋钮	万能转换开关	行程开关		其他	
Z	电阻器		板形元件	冲片元件	管形元件									烧结元件	铸铁元件				电阻器	其他	
B	变阻器			旋臂式						励磁		频敏	启动	石墨	启动调速	油浸启动	液体启动	滑线式		其他	
T	调整器				电压																
M	电磁铁												牵引				起重				制动
A	其他		保护器	插销	钉	接线盒				铃											

（3）CJ12B-150　CJ 表示交流接触器；12 表示设计代号，B 表示灭弧方式采用栅片（CJ12 原灭弧方式采用磁吹，现在灭弧方式改用栅片，说明结构设计稍有变化，为了与 CJ12 有所区别就加用派生代号 B）；150 表示额定电流为 150A。全型号代表名称为：150A 交流接触器，采用栅片灭弧。

（4）JZ3-44JS/1　JZ 表示中间继电器，3 表示设计代号；44 表示触头组合形式为 4 常开与 4 常闭；JS 为派生代号，J 表示交流线圈，S 表示带有保持线圈；1 表示敞开式板前安装。

二、常用自动控制电器结构与原理

自动控制电器按照信号或某个物理量的变化自动动作，种类很多，这里仅介绍几类印刷设备中常用的自动控制电器。

（一）无触点开关

刀开关、按钮开关是开关，继电器、接触器等电器实际上也是一种开关，它们可按照生产过程的要求接通或断开电路，达到自动控制和自动保护的目的。带触点开关电器的优点是动作可靠、机械强度好、开关特性稳定。但是，它们也存在一系列缺点，如动作速度慢、消耗功率多、灵敏度较低、体积较大和机械部分容易磨损等。晶体管不仅有放大的作用，也具有开关特性，可以利用晶体管做成无触点开关。无触点开关有许多突出的优点：动作速度快、消耗功率少、灵敏度高、体积小、重量轻，而且没有机械磨损。晶体管无触点开关利用开关电路来产生、变换、传递、放大和测量各种信号，广泛应用于自动控制和遥测遥控等。

1. 各种晶体管的开关特性

二极管具有单向导电性，即当二极管加正向电压时，二极管导通；加反向电压时，二极管截止，所以二极管是一种无触点开关。

三极管有三种工作状态：饱和、截止和放大。三极管应用于脉冲电路时，若三极管在饱和状态下工作，管压降很小，相当于开关接通；若三极管处于截止状态时，电源电压基本上降到集射极之间，阻抗很高，相当于开关断开；在由通到断的转换过程中管子工作于放大状态。三极管开关由通到断（或由断到通）的转换异常迅速，因此利用三极管作开关可以获得边沿很陡直的脉冲信号。

光敏二极管、光敏三极管是利用半导体材料的光电效应制成的。光敏二极管的结构与一般二极管相似，装在透明玻璃外壳中，如图 9-13（a）所示，它的 PN 结装在管顶，可直接接受光照射。光敏二极管在电路中一般处于反向工作状态，如图 9-13（b）所示。光敏二极管工作时通常处于反向偏压状态，当无光照射时，二极管截止，电路中仅有 PN 结的反向漏电流，常称为暗

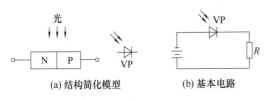

(a) 结构简化模型　(b) 基本电路

图 9-13　光敏二极管简化模型和基本电路

电流；有光入射时，PN 结附近受光子冲击，吸收光子的能量产生电子-空穴对，使载流子能量增加，形成光电流。它的导电能力完全取决于光照，如果入射光照度变化，通过外电路的电流也随之变动。

光敏三极管的内部结构与普通三极管接近，也分成三个区：即发射区、基区和集电区。如图 9-14 所示为 NPN 型三极管的结构简化模型和基本电路。当基极开路时，集电结反偏，当光照射到集电结附近的基区时，在 PN 结附近产生电子-空穴对，它们在内电场作用下定向运动形成光电流。一般光敏三极管具有比光敏二极管

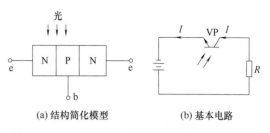

(a) 结构简化模型　　(b) 基本电路

图 9-14　NPN 型光敏三极管简化模型和基本电路

更高的灵敏度，但光敏三极管的暗电流也较大。光敏二极管、光敏三极管主要用于光电检测和光电控制方面。

2. 晶体管反相器

晶体管反相器是一种简单的无触点开关，工作原理如图 9-15 所示。当无输入信号（即输入端为零电位）时，晶体管截止，输出端电位接近 U_{cc}，这时相当于开关断开的情况。当输入端加上信号（例如为 +6V）时，晶体管处于饱和状态，输出端电位近似为零，电源电压机几乎全部在 R_C 上。这时相当于开关接通的情况。由此可见，晶体管输入端状态和输出端状态刚好相反：输入为高电位时，输出为低电位；输入为低电位时，输出为高电位，所以可称之为反相器。又因为它相当于一个

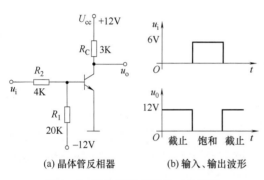

(a) 晶体管反相器　　(b) 输入、输出波形

图 9-15　晶体管反相器的工作原理

没有机械触点的开关，所以属于无触点开关。

如图 9-15（a）中的 R_C 是集电极负载电阻，若直接以继电器代替，就构成了晶体管继电器［图 9-16（a）］。简单的光电继电器如图 9-16（b）所示，图中所示电路以光电三极管接收光信号，继电器的动作完全由光信号控制，因此称为光电继电器。印刷设备中光电继电器应用很多，比如用于前规空张检测。

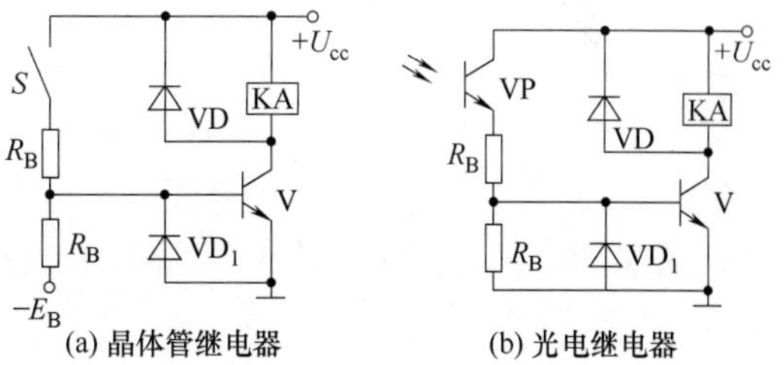

3. 接近开关

机械设备上经常使用一种以晶体管振荡器为核心组成的无触点开关，称为接近开关。当铁磁靠近（无须接触）它的晶体管振荡器的空间磁场时，在铁磁体内部产生涡流，消耗振荡能量，使振荡减弱，直至最后停止振荡；而当铁磁体离开后，晶体管振荡器重新恢复振荡，即由振荡器是否振荡反推铁磁挡块是否接近。如图 9-17 所示为该接近开关的电路，它由 LC 振荡电路、开关电路及射极输出器三部分组成。

(a) 晶体管继电器　　(b) 光电继电器

图 9-16　继电器原理图

接近开关具有反应迅速、定位精确、寿命长以及没有机械碰撞等优点。目前已被广泛应用于行程控制、定位控制以及各种安全保护控制等方面。

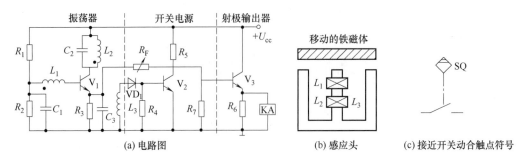

(a) 电路图　　　　　　　　(b) 感应头　　　(c) 接近开关动合触点符号

图 9-17　接近开关

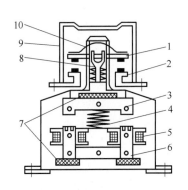

1—动触点；2—静触点；3—动铁芯；
4—反力弹簧；5—线圈；6—静铁芯；
7—垫毡；8—接触弹簧；9—灭弧罩；
10—触点压力弹簧。

图 9-18　接触器结构示意图

（二）接触器

接触器可用来频繁地接通和分断交直流主电路和大容量控制电路，其主要控制对象是电动机，能实现远距离自动控制，并具有欠（零）电压等多种自动保护功能。接触器主要由电磁机构、触点系统和灭弧装置组成，其结构如图 9-18 所示。

电磁机构是接触器的主要组成部分之一，它将电磁能转换成机械能，带动触点使之闭合或断开。电磁机构包括动铁芯（衔铁）、静铁芯和电磁线圈三部分。

触点（触头）是接触器的执行元件，用来接通或断开被控制的电路。触点按其原始状态可分为常开触点和常闭触点；原始状态时（即线圈未通电）断开，线圈通电后闭合的触点叫常开触点；原始状态时闭合，线圈通电后断开的触点叫常闭触点。

接触器中设计有灭弧装置。在触点断开瞬间，触点间的距离极小，电场强度极大，触点间产生大量的带电粒子，形成炽热的电子流，产生弧光放电现象，称为电弧。电弧的存在既妨碍了电路及时可靠的分断，又会使触点受到磨损。因此，必须采取适当且有效的措施，以保护触点系统，减少它的磨损，提高它的分断能力，从而保证整个电器工作安全可靠。欲使电弧熄灭，应设法降低电弧区温度和电场强度，加强消电离作用。当电离速度低于消电离速度时，电弧逐渐熄灭。简单的灭弧装置是一个用陶土和石棉水泥做的耐高温的灭弧罩，用以降温和隔电。

如图 9-19 所示为接触器触点结构示意图，如图 9-20 所示为接触器的图形、文字符号。

接触器按其主触点所控制主电路电流的种类可分为交流接触器和直流接触器两种。

（三）继电器

继电器是一种根据电量或非电量（如转速、时间、温度等）的变化，开闭控制电路（小电流电路）、自动

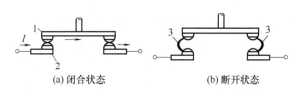

(a) 闭合状态　　　　　　(b) 断开状态

1—动触点；2—静触点；3—电弧。

图 9-19　接触器触点结构示意图

图 9-20　接触器的图形、文字符号

控制和保护电力拖动装置的电器。继电器的种类很多，按输入量的物理性质分为电压继电器、电流继电器、时间继电器和温度继电器等；按动作原理分为电磁式继电器、感应式继电器、电动式继电器、热继电器和电子式继电器等；按动作时间分为快速继电器、延时继电器、一般继电器等；按用途分为电器控制系统用继电器、电力系统用继电器。这里主要介绍电器控制系统用的电磁式（电压、电流、中间）继电器、时间继电器、热继电器和速度继电器等。

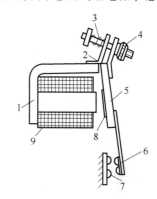

1—铁芯；2—旋转棱角；3—释放弹簧；
4—调节螺母；5—衔铁；6—动触点；
7—静触点；8—非磁性垫片；9—线圈。

图 9-21　电磁式继电器

1. 电压、电流继电器

电磁式电压、电流继电器的结构和工作原理与接触器类似，是由铁芯、衔铁、线圈、释放弹簧和触点等部分组成的，如图 9-21 所示。当发生过流、欠流，或者过压、欠压时，继电器相应的触点发生动作，接通或断开电路。由于继电器仅用于控制电路，流过触点的电流较小，无需灭弧装置。电磁式继电器的图形、文字符号如图 9-22 所示。

图 9-22　电磁式继电器的图形、文字符号

中间继电器实际上也是一种电压继电器，只是它具有数量较多、容量较大的触点，起到中间放大作用（触点数量及容量）。

2. 时间继电器

从敏感元件得到输入信号到产生相应的输出信号（如触点的通断等），有一个符合一定准确度的延时过程的继电器，称为时间继电器。时间继电器的延时方式有两种：一种是通电延时，即接受输入信号后要延迟一段时间，输出信号才发生变化，输入信号消失后，输出瞬时复原；另一种是断电延时，当接受输入信号时，立即产生相应的输出信号，输入信号消失后，继电器需经过一定的延时，输出才复原。

时间继电器是如何实现延时的？现以通电延时型空气阻尼式时间继电器为例说明其工作原理。如图 9-23 所示，当线圈 1 得电后，衔铁 3 吸合，活塞杆 6 在塔形弹簧 8 的作用下带动活塞 12 及橡皮膜 10 向上移动，橡皮膜下方空气室的空气变稀薄，形成负压，活塞杆

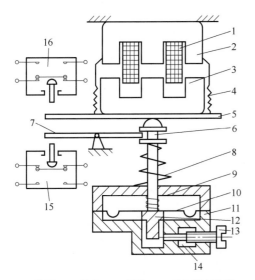

1—线圈；2—铁芯；3—衔铁；4—反作用力弹簧；
5—推板；6—活塞杆；7—杠杆；8—塔形弹簧；
9—弱弹簧；10—橡皮膜；11—空气室壁；12—活塞；
13—调节螺钉；14—进气孔；15、16—微动开关。

图 9-23　通电延时型空气阻尼式
时间继电器的结构原理

只能缓慢移动，其移动速度由进气孔气隙大小决定。经一段延时后，活塞杆通过杠杆 7 压动微动开关 15，使其触点动作，起到通电延时作用。当线圈断电时，衔铁释放，橡皮膜下方空气室内的空气通过活塞肩部所形成的单向阀迅速地排出，使活塞杆、杠杆和微动开关迅速复位。由线圈得电到触点动作的一段时间即为时间继电器的延时时间，其大小可以通过调节螺钉 13 调节进气孔的气隙大小来改变。

3. 速度继电器

速度继电器主要用于笼型异步电动机的反接制动控制，也称反接制动继电器。速度继电器是依靠电磁感应原理实现触点动作的，其结构主要由定子、转子和触点三部分组成，如图 9-25 所示，图形与文字符号如图 9-26 所示。

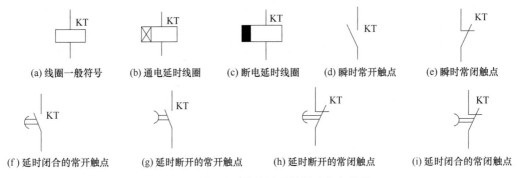

(a) 线圈一般符号　　(b) 通电延时线圈　　(c) 断电延时线圈　　(d) 瞬时常开触点　　(e) 瞬时常闭触点

(f) 延时闭合的常开触点　　(g) 延时断开的常开触点　　(h) 延时断开的常闭触点　　(i) 延时闭合的常闭触点

图 9-24　时间继电器的图形符号及文字符号

转子由永久磁铁制成，定子由硅钢片叠制而成，并装有笼型绕组。继电器转轴 2 与电动机轴相连接，当电动机转动时，继电器的转子 1 随着一起转动，这样，永久磁铁的静止磁场就成了旋转磁场。当定子 3 内的笼型绕组 4 因切割磁场而感生电动势和产生电流时，绕组与旋转磁场相互作用产生电磁转矩，于是定子跟着转子相应偏转。转子转速越高，定子绕组内产生的电流越大，电磁转矩也就越大。当定子偏转到一定角度时，通过定子柄 5 拨动触点，使常闭触点断开、常开触点闭合，当电动机转速下降到接近零点时复原。

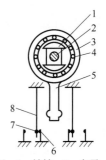

1—转子；2—转轴；3—定子；4—绕组；5—定子柄；6—静触点；
7—动触点；8—簧片。

图 9-25　速度继电器结构图

4. 温度继电器

（1）热继电器　热继电器是一种保护电器，主要用于电动机的长期过载保护。它利用电流流过发热元件产生热量来使检测元件受热弯曲，从而推动机构动作。由于发热元件具有热惯性，所以在电路中不能用于瞬时过载保护，更不能用于短路保护。

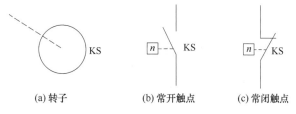

(a) 转子　　(b) 常开触点　　(c) 常闭触点

图 9-26　速度继电器的图形与文字符号

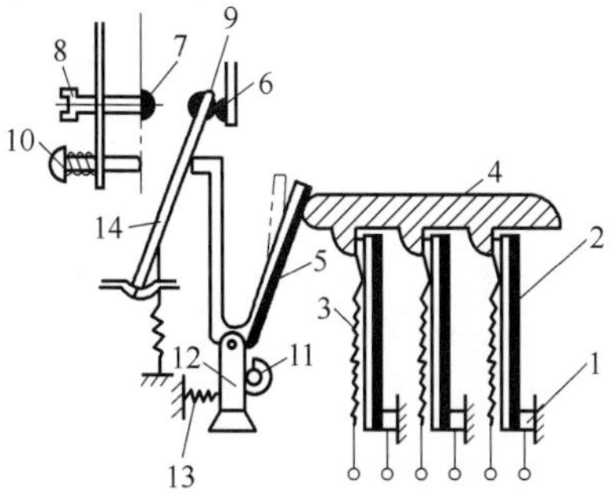

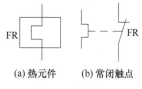

1—推杆；2—主双金属片；3—加热元件；4—导板；
5—补偿双金属片；6—静触点；7—常开静触点；
8—复位螺钉；9—动触点；10—按钮；11—调节
旋钮；12—支撑件；13—压簧；14—推杆。

图 9-27　热继电器的结构

热继电器主要由加热元件、双金属片和触点等组成，其结构如图 9-27 所示。使用时，加热元件 3 串接在电动机定子绕组中，电动机绕组电流即为流过加热元件的电流。当电动机正常运行时，加热元件产生的热量虽能使双金属片 2 弯曲，但还不足以使继电器动作；当电动机过载时，加热元件产生的热量增大，使双金属片变形弯曲位移增大，经过一定时间后，双金属片弯曲到推动导板 4，并经过补偿双金属片 5 与推杆 14 将触点 9 和 6 分开。触点 6 和 9 为热继电器串于接触器线圈电路的常闭触点，断开后使接触器失电，接触器的常开触点将电动机与电源断开，起到保护电动机的作用。

热继电器动作后，一般不能自动复位，要等双金属片冷却后，按下复位按钮 10 才能复位。

热继电器的图形与文字符号如图 9-28 所示。

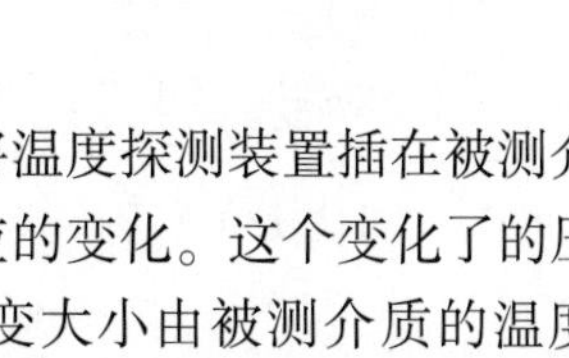

（2）压力式温度继电器　压力式温度继电器利用等体积内气体受热膨胀，气体压力亦相应增加的原理，通过控制温度实现自动地接通或断开电路。

(a) 热元件　　(b) 常闭触点

图 9-28　热继电器的
图形与文字符号

如图 9-29 所示为一种电触点压力式温度继电器。它适用于对液体和气体的温度控制。图中 1 是温度探测装置，它由铜或不锈钢制成，2 是毛细管，连通至单圈管弹簧 3，共同组成一个密封的测温系统，在其中充有氮气。使用时，将温度探测装置插在被测介质中，当介质温度发生变化时，测温系统内气体的压力发生相应的变化。这个变化了的压力通过毛细管 2 传递给单圈管弹簧 3，并且使它产生形变，形变大小由被测介质的温度决定。然后借助与单圈管弹簧非固定端相连接的拉杆 4，带动齿轮传动机构 5，使装在转轴 7 上的指针 6 偏转一定的角度，这时在标度盘 8 上就会指出被测介质的温度值。温度计的上下限可根据需要去调节与上下限接触点相连接的指针 9 和 10 的位置，以控制测量范围。动触点则随着指针 6 一起移动。当被测介质的温度上升到上限（或下降到下限）给定值的时候，动触点的指针 6 就会与上限触点指针 9（或下限触点指针 10）接触，发出电信号，使控制电路断开（或接通），温度被控制在一定的范围内。

（四）其他常用低压电器

1. 主令电器

主令电器是主要用来接通或断开控制电路，以发布命令或信号、改变控制系统工作状态的电器。常用的主令电器有控制按钮、万能转换开关和主令控制器等。如图 9-30 所示为控制按钮的结构与外形图，如图 9-31 所示为控制按钮的图形与文字符号。

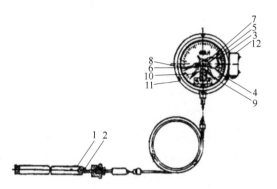

1—温包；2—毛细管；3—单圈管弹簧；4—拉杆；
5—齿轮传动机构；6—示值指示针；7—转轴；
8—标度盘；9—上限触点指针；10—下限触
点指针；11—表壳；12—接线盒。

图 9-29　WTQ-228 型压力式温度继电器

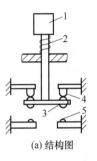

(a) 结构图　　(b) 外形图

1—按钮帽；2—复位弹簧；3—动触点；
4—常闭静触点；5—常开静触点。

图 9-30　控制按钮的结构与外形

2. 行程开关

行程开关也称位置开关，它是利用运动部件的行程位置实现控制的电器。若将行程开关安装于机械行程的终点处，用以限制其行程，则称为限位开关或终端开关。如图 9-32 所示为行程开关的外形、图形与文字符号。

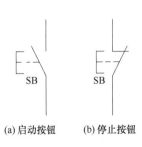

(a) 启动按钮　　(b) 停止按钮

图 9-31　控制按钮的图形与文字符号

常开触点　常闭触点

(a) 外形　　(b) 图形与文字符号

图 9-32　行程开关的外形、图形与文字符号

3. 熔断器

熔断器是一种保护器件，在电路中主要起短路保护作用。当电路发生短路或过载故障时，通过熔体的电流使其发热，当达到熔化温度时熔体自行熔断，从而分断故障电路。如图 9-33 所示为熔断器的图形与文字符号。

图 9-33　熔断器的图形与文字符号

4. 低压断路器

低压断路器俗称自动开关、空气开关，是一种既有手动开关作用，又能对欠电压、过流和短路等故障进行自动保护的开关电器，它是低压配电网中一种重要的保护电器。如图 9-34 所示为断路器的结构原理图，如图 9-35 所示为低压断路器的图形与文字符号。

5. 编码器

编码器是一种光学位置检测装置，它是将信号或数据转换为可用以通信、传输和存储的信号形式的设备。编码器主要将角位移或直线位移转换成电信号，前者称为码盘，后者称为码尺。

按照工作原理，编码器可分为增量式和绝对式两类。增量式编码器是将位移转换成周期性的电信号，再将电信号转变成计数脉冲，用脉冲的个数表示位移的大小。绝对式编码器的每一个位置对应一个确定的数字码，因此它的示值只与测量的起始和终止位置有关，而与测量的过程无关。

如图 9-36 所示为一种旋转增量式编码器，其工作原理如图 9-37 所示。在一个码盘的边缘上开有相等角度的缝隙（分为透明和不透明部分），在开缝码盘两边分别安装光源及光敏元件。当码盘随工作轴一起转动时，每转过一个缝隙就产生一次光线的明暗变化，再经整形放大，可以得到一定幅值和功率的电脉冲输出信号，脉冲数就等于转过的缝隙数。将该脉冲信号送到计数器中去进行计数，从测得的数字值就能知道码盘转过的角度。

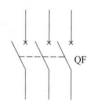

图 9-35　低压断路器的
图形与文字符号

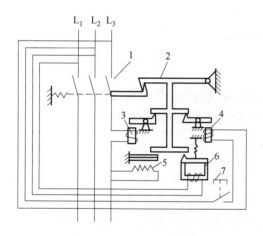

1—主触点；2—自由脱扣机构；3—过电流
脱扣器；4—分励脱扣器；5—热脱扣器；
6—欠电压脱扣器；7—按钮。

图 9-34　断路器的结构原理图

图 9-36　编码器

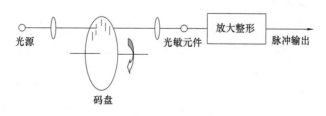

图 9-37　增量式角度数字编码器

（五）新型智能低压电器

近年来，各种新型低压电器得到广泛应用，以下举例说明。

1. 固态继电器

固态继电器是一种采用固体电子元器件组装而成的一种新颖的无触点开关。当控制端无信号时，其主电路呈阻断状态；当施加控制信号时，主电路呈导通状态。如图 9-38 所示为一种光耦合式交流固态继电器，它利用光电耦合方式使控制电路与负载电路之间没有任何电磁关系，实现了电的隔离。

固态继电器的接通和断开没有机械接触部件，因而具有控制功率小、开关速度快、工作频率高、使用寿命长、抗干扰能力强和动作可靠等一系列特点。

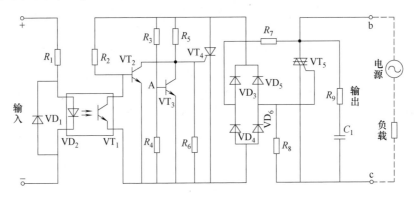

图 9-38 光耦合式交流固态继电器原理图

2. 智能继电器

智能继电器以微处理器为中央控制元件，用于完成物理信号的输入、转换、输出，按预定规律算法进行计算、控制、处理，实现对电动机的保护。同时，能实现与上级控制计算机通信，完成信息交换。

3. 智能接触器

接触器可用来频繁地接通和分断交直流电路，对交流接触器实施智能控制的目的主要是延长寿命、降低运行能耗和提高工作稳定性，并节约铜、铁等原材料。采用集成电路芯片方式完成交流接触器的智能控制，主要用于控制要求较高并且比较复杂的电动机驱动电控系统，以及机、液、电等组合装置的控制系统。

4. 软启动器

三相异步电动机传统的启动方法启动电流冲击大，启动转矩较小且固定不可调，仅能用于启动特性要求不高的场合。此外，电动机停车时多采用控制接触器直接切断电动机电源实现，这样会造成剧烈的电网波动和机械冲击。在一些对启动要求较高的场合，可选用软启动装置。软启动器是一种集电动机软启动、软停车、轻载节能和多种保护功能于一体的新颖电动机控制装置。它主要由串接于电源与被控电动机之间的三相反并联晶闸管及其电子控制电路构成。

如图 9-39 所示为一种软启动器的原理示意图。它主要由三相交流调压电路和控制电路构成，其基本原理是利用晶闸管的移相控制原理，通过控制晶闸管的导通角，改变其输出电压，达到通过调压方式来控制启动电流和启动转矩的目的。

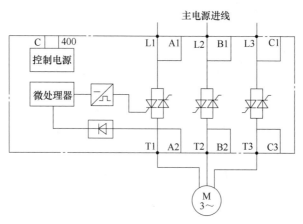

图 9-39　软启动器的原理示意图

本章习题：

1. 列举几个生活中的开环控制和闭环控制系统，并说明其工作原理。

2. 闭环自动控制系统是由哪些环节组成的？各环节在系统中起什么作用？

3. 对一个自动控制系统有哪些基本要求？它们之间有何关系？

4. 简述计算机控制系统的组成及各部分的作用。

5. 什么是 PID 控制？利用计算机控制系统如何实现 PID 控制？如何整定 PID 控制器参数？

6. 常用低压电器有哪些类型？各种低压电器各有何作用？

7. 简述时间继电器工作原理。如何调节时间继电器延时时间？

8. 什么是编码器？编码器有何作用？

第十章　电动机及控制——提供动力

印刷设备中常用的电机主要分两类，一类是驱动电机，一类是控制电机。驱动电机为印刷设备提供动力，包括各种类型的交、直流电动机。控制电机也叫特种电动机，常见的有步进电动机、伺服电动机、测速发电机等，这些电机不是作为动力来使用，它们的主要任务是转换和传递控制信号。本章主要介绍两种驱动电动机（直流电动机、电磁调速异步电动机）和三种控制电机（步进电动机、伺服电动机、测速发电机）。

第一节　直流电动机

直流电动机是将直流电能转换为机械能的装置。它与交流电动机（如三相异步电动机）相比，虽结构较复杂、生产成本较高，但由于具备优良的调速性能和较大的启动转矩，在印刷设备中得到了广泛应用。

一、直流电动机的结构与工作原理

（一）直流电动机的结构

直流电动机主要由磁极、电枢、换向器三部分组成，其结构如图10-1所示。

磁极是电动机中产生磁场的装置，它分成极芯1和极掌2两部分，如图10-2所示。极芯上放置励磁绕组3。极掌的作用是使电动机空气隙中磁感应强度的分布更合适，并用来挡住励磁绕组。磁极是用钢片叠成的，固定在机座4（即电机外壳）上。机座也是磁路的一部分，常用铸钢制成。

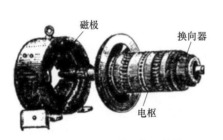

图 10-1　直流电动机主要结构

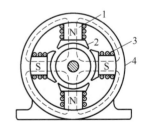

1—极芯；2—极掌；3—励磁绕组；4—极座。

图 10-2　直流电动机的磁极及磁路

电枢是电动机中产生感应电动势的部分，直流电动机的电枢是旋转的。电枢铁芯呈圆柱状，由硅钢片叠成，表面冲有槽，槽中放有电枢绕组，如图10-3（a）所示。

换向器（整流子）是直流电动机的一种特殊装置，其外形如图10-3（b）所示，主要由许多换向片组成，每两个相邻的换向片中间是绝缘片。在换向器的表面用弹簧压着固定的电刷，使转动的电枢绕组得以同外电路连接。

（二）直流电动机的工作原理

如图 10-4 所示为直流电动机的工作原理示意图。若在 A、B 之间外加一个直流电压，A 接电源正极，B 接负极，则线圈中有电流流过。当线圈处于图中所示位置时，有效边 ab 在 N 极下，cd 在 S 极上，两边中的电流方向为 a→b，c→d。由安培定律可知，ab 边和 cd 边所受的电磁力为：

$$F = BLI$$

式中　F——电磁力，N；

　　　I——导线中的电流值，A；

　　　B——磁场强度，T；

　　　L——ab 段导线长度，m。

(a) 电枢　　　　(b) 换向器

图 10-3　直流电动机的电枢与换向器

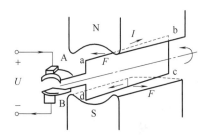

图 10-4　直流电动机工作原理

根据左手定则知，两个电磁力 F 的方向相反，形成电磁转矩，驱使线圈逆时针方向旋转。当线圈转过 180°时，cd 边处于 N 极下，ab 边处于 S 极上。由于换向器的作用，使两有效边中电流的方向与原来相反，变为 d→c、b→a，这就使得两极面下的有效边中电流的方向保持不变，因而其受力方向、电磁转矩方向都不变。这样，在电磁转矩作用下，电枢继续按逆时针方向旋转。这时电动机可作为原动机带动生产机械旋转，即由电动机向机械负载输出机械功率。

（三）直流电动机的分类及其特性

在直流电动机中，除了必须给电枢绕组外接直流电源外，还要给励磁绕组通入直流电流用以建立磁场。电枢绕组和励磁绕组可以用两个电源单独供电，也可以由一个公共电源供电。按励磁方式的不同，直流电动机可以分为他励、并励、串励和复励等形式。励磁方式不同，它们的特性也不同。

1. 他励电动机

他励电动机的励磁绕组和电枢绕组分别由单独电源供电，如图 10-5（a）所示。他励电动机由于采用单独的励磁电源，设备较复杂。但这种电动机调速范围很宽，在印刷设备中多用于主机拖动。

2. 并励电动机

并励电动机的励磁绕组是和电枢绕组并联后由同一个直流电源供电，如图 10-5（b）所示。这时电源提供的电流 I 等于电枢电流 I_a 和励磁电流 I_f 之和，即 $I=I_a+I_f$。并励电动机励磁绕组的特点是导线细、匝数多、电阻大、电流小。这是因为励磁绕组的电压就是电枢绕组的端电压，这个电压通常较高。励磁绕组电阻大，可使 I_f 减小，从而减小损耗。

由于 I_f 较小，为了产生足够的主磁通 Φ，就应增加绕组的匝数。由于 I_f 较小，可近似认为 $I = I_a$。并励直流电动机的机械特性较好，在负载改变时，转速变化很小，并且转速调节方便，调节范围大，启动转矩较大。

3. 串励电动机

串励电动机的励磁绕组与电枢绕组串联之后接直流电源，如图 10-5（c）所示。串励电动机励磁绕组的特点是其励磁电流 I_f 就是电枢电流 I_a，这个电流一般比较大，所以励磁绕组导线粗、匝数少，电阻也较小。串励电动机多于负载在较大范围内变化的和要求有较大启动转矩的印刷设备中。

4. 复励电动机

这种直流电动机的主磁极上装有两个励磁绕组，一个与电枢绕组串联，另一个与电枢绕组并联，如图 10-5（d）所示。复励电动机的特性兼有串励电动机和并励电动机的特点，所以也被广泛应用。

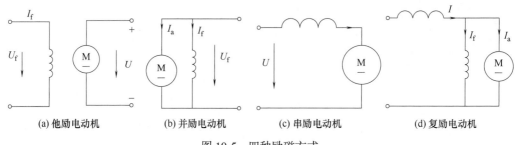

(a) 他励电动机　　　(b) 并励电动机　　　(c) 串励电动机　　　(d) 复励电动机

图 10-5　四种励磁方式

二、直流电动机的启动与调速

1. 直流电动机的电磁特性

直流电动机的电枢绕组电流 I_a 与磁通 Φ 相互作用，产生电磁力和电磁转矩。电磁转矩 T 的大小为：

$$T = K_T \Phi I_a$$

式中　K_T——与电机结构有关的常数；

　　　Φ——磁极磁通量，W_b；

　　　I_a——电枢电流，A；

　　　T——电磁转矩，N·m。

在这个电磁转矩 T 作用下电枢转动，这时电枢因切割磁力线而产生电动势：

$$E = K_E \Phi n$$

式中　Φ——磁极磁通量，W_b；

　　　n——电枢转速，r/min；

　　　K_E——与电机结构有关的常数；

　　　E——感生电动势，V。

显然这个电动势 E 是反电动势，故加在电枢绕组的端电压分为两部分：其一是用来平衡反电动势；其

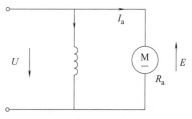

图 10-6　直流电动机的电枢

二为电枢绕组的电压降，如图10-6所示。因此直流电动机电枢的电压平衡方程式为：

$$U = E + I_a R_a$$

式中　U——电枢外加电源电压，V；

　　　R_a——电枢绕组的电阻，Ω；

　　　I_a——电枢绕组的电流，A。

电动机的电磁转矩是驱动转矩。因此，电动机的电磁转矩 T 必须与机械负载转矩及空载损耗转矩相平衡。当轴上的机械负载转矩发生变化时，则电动机的转速、反电动势、电流及电磁转矩将自动进行调整，以适应负载的变化，保持新的平衡。例如，当负载增加时，电动机的电磁转矩便暂时小于阻转矩，所以转速下降。当磁通量 Φ 不变时，反电动势 E 必将减小，而电枢电流 I_a 将增加，于是电磁转矩也随着增加。直到电磁转矩达到新的平衡后转速不再下降，而电动机则以比原先更低的转速运行。

在电源电压 U 和励磁电路的电阻 R_f 不变的情况下，电动机的转速 n 与转矩 T 的关系 $n = f(T)$ 称为电动机的机械特性。由上面讨论的电磁关系可知：

$$n = \frac{E}{K_E \Phi} = \frac{U - I_a R_a}{K_E \Phi} = \frac{U}{K_E \Phi} - \frac{R_a}{K_T K_E \Phi^2} T = n_0 - \Delta n$$

在上式中，$n_0 = \dfrac{E}{K_E \Phi}$ 是 $T = 0$ 时的转速，实际上它是不存在的。因为即使电动机轴上没有加机械负载，电动机的输出转矩也不可能为零，它还要平衡空载损耗转矩。所以 n_0 称为理想空载转速。式中的 $\Delta n = \dfrac{R_a}{K_T K_E \Phi^2} T$ 是转速降，它表示当负载增加时，电动机的转速下降。转速降是电枢电阻 R_a 引起的。当负载增加时，I_a 增大，$I_a R_a$ 增大，由于电源电压 U 是一定的，这就使反电动势 E 减小，也就是转速 n 降低了。

并励电动机的机械特性曲线如图10-7所示。由于 R_a 很小，在负载变化时，转速的变化不大。因此并励电动机具有硬的机械特性。图中 T_N、n_N 分别表示额定转矩、额定转速。

2. 并励电动机的启动

电动机接通电源，转子从静止状态开始转动起来，最后达到稳定运行。由静止状态到稳定状态这段过程称为启动过程。

并励电动机在稳定运行时，其电枢电流为 $I_a = \dfrac{U - E}{R_a}$，因为电枢电阻 R_a 很小，在电枢电阻上的电压降很小，所以电源电压 U 和反电动势 E 极为接近。在电动机启动的初始瞬间，$n = 0$，$E = K_E \Phi n = 0$，这时的电枢电流为

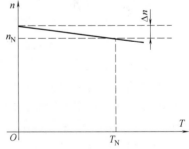

图10-7　并励电动机的机械特性曲线

$$I_{ast} = \frac{U}{R_a}$$

由于 R_a 很小，启动电流将达到额定电流的 10～20 倍，这是不允许的。因为并励电动机的转矩正比于电枢电流，所以它的启动转矩也太大，会产生机械冲击，使传动机械（例如齿轮）遭受损坏，因此，必须限制启动电流。限制启动电流的方法是启动时在电枢

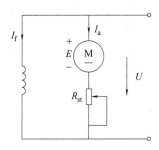

图 10-8　电枢电路串入电阻启动

电路中串接启动电阻 R_{st}（图 10-8）。一般规定启动电流不应超过额定电流的 1.5~2.5 倍。启动时，应将启动电阻放在最大值处，待启动后，随着电动机转速的上升，将它逐段切除。

3. 直流电动机的调速

由直流电动机的转速公式可知，R_a、Φ 和 U 中的任意一个值变动，都可使转速改变。现常用调磁法和调压法。

（1）调磁法　即改变磁通量 Φ，当保持电源电压 U 为额定值时，调节 R_f，改变励磁电流 I_f 以改变磁通量 Φ，如图 10-9 所示。

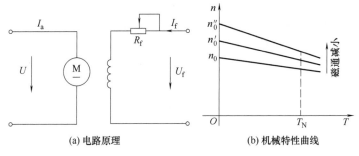

(a) 电路原理　　　　　　　(b) 机械特性曲线

图 10-9　调磁法

这种调速方法有 3 个优点：调速平滑，可无级调速；调速经济，控制方便；机械特性较硬，稳定性较好。这种调速方法的局限是转速只能升高，即调速后的转速要超过额定转速。因为电机不允许超速太多，所以限制了它的调速范围。在实际工作中，这种方法常作为电压调速的一种补充手段。

（2）调压法　即改变电压 U，当保持他励电动机的励磁电流 I_f 为额定值时，改变 U 可得出一组平行的机械特性曲线，如图 10-10 所示。在一定负载下，U 愈低，则 n 愈低。由于改变电枢电压只能向小于电动机额定电压的方向改变，所以转速将下调。

这种调速方法有下列优点：机械特性较硬，并且电压降低后硬度不变，稳定性较好；调速幅度大；可均匀调节电枢电压，得到平滑的无级调速。这种调速方法的缺点是调压需用专门的设备。近年来由于采用了可控硅整流电源对电动机进行调压和调速，这种方法得到了广泛应用。印刷设备中直流电动机的调速多采用这种方法。

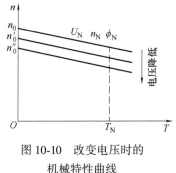

图 10-10　改变电压时的
机械特性曲线

第二节　电磁调速异步电动机

电磁调速异步电动机又称滑差电机，它是一种恒转矩交流无级变速电动机。由于它具有调速范围广、启动转矩大、控制功率小、有速度负反馈时机械特性硬度高等优点，在印刷机中得到广泛应用。

带有速度负反馈的电磁调速异步电动机的主要缺点是：在空载或轻载（小于10%额定转矩）时，由于反馈不足，会造成失控现象；在调速时，随着转速降低，离合器的输出功率和效率也相应地下降。所以此电机适合长期高速运转。为适应印刷机低速运转的需要，在采用该种电机作主驱动的印刷机中，往往再配装一台三相异步电动机作为低速电机使用。

一、电磁调速异步电动机结构与工作原理

1. 结构

电磁调速异步电动机由普通鼠笼式异步电动机、电磁滑差离合器和电气控制装置三部分组成。

① 异步电机作为原动机使用，当它旋转时带动离合器的电枢一起旋转。

② 电气控制装置是提供滑差离合器励磁线圈励磁电流的装置。

③ 电磁滑差离合器输出动力。它包括电枢、磁极和励磁线圈三部分，如图10-11所示是其结构示意图。电枢为铸钢制成的圆筒形结构，它与鼠笼式异步电动机的转轴相连接，称为主动部分；磁极做成爪形结构，装在负载轴上，称为从动部分。主动部分和从动部分在机械上无任何联系。

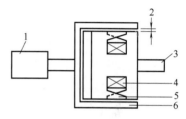

1—原动机；2—工作气隙；3—输出轴；
4—励磁线圈；5—磁极；6—电枢。

图10-11　电磁滑差离合器
基本结构示意图

2. 工作原理

如图10-11所示，当励磁线圈通过电流时产生磁场，爪形结构便形成很多对磁极。此时若电枢被鼠笼式异步电动机驱动旋转，那么它便切割磁场相互作用，产生转矩。于是从动部分的磁极便跟随主动部分电枢一起旋转，前者的转速低于后者。因为只有当电枢与磁场存在着相对运动时，电枢才能切割磁力线。

电磁滑差离合器的机械特性可近似地用下列经验公式表示：

$$n = n_0 - \frac{KT^2}{I_f^4}$$

式中　n_0——离合器主动部分（鼠笼式异步电动机）的转速，r/min；

n——离合器从动部分（磁极）的转速，r/min；

I_f——励磁电流，A；

K——与离合器结构有关的系数；

T——离合器的电磁转矩，N·m。

当稳定运行时，负载转矩与离合器的电磁转矩相等。由上述公式可知：

① 当负载一定时，励磁电流I_f的大小决定从动部分转速的高低。励磁电流愈大，转速愈高；反之，励磁电流愈小，转速就愈低。根据这一特性，可以利用电气控制电路非常方便地调节从动部分的转速。

② 当励磁电流一定时，从动部分转速将随着负载转矩增加而急剧降低，并且这种下降在弱励磁电流的情况下更加严重，如图10-12（a）所示。此时电机具有较软的机械特

性，这种软的机械特性在许多情况下不能满足生产机械的要求。为了获得范围较广、平滑而稳定的调速特性，通常采用速度负反馈的措施，使电磁滑差离合器具有如图 10-12（b）所示的硬机械特性。

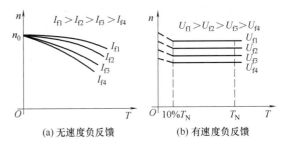

图 10-12　电磁调速异步电动机机械特性曲线

思考：

异步电动机与电磁滑差离合器中的磁场各是如何产生的？起什么作用？

二、电磁调速异步电动机的启动与调速

1. 电磁调速异步电动机的启动

该电动机与转动惯量较大的工作机械之间装有滑差离合器，启动时可以逐渐增加电流，能很平滑地启动。在阻力较大的拖动系统中，电动机往往不能带负载直接启动。这时可在启动前先断开离合器的励磁电源，使鼠笼式异步电动机先空载启动，然后再接上励磁电源，就可启动了。

2. 电磁调速异步电动机的调速

由电磁调速异步电动机的工作原理知，该电机的速度可通过调节滑差离合器的励磁电流来实现。下面介绍两种调节滑差离合器励磁电流的电路。

（1）使用调压器调速　如图 10-13 所示，TC 是调压变压器，初级电压为 220V，次级电压为 0~250V，整流元件是硅二极管。从图中可看出，只要改变调压变压器的次级电压，就能改变整流输出直流电压，即改变滑差离合器励磁电流，这样就能调节电机的转速。在此系统中，没有速度负反馈，电机的机械特性较软，一般可用于要求不高的调速系统中。

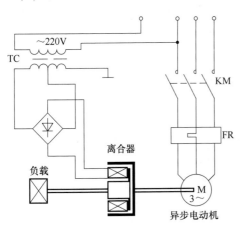

图 10-13　用调压器控制的调速电路

（2）使用速度负反馈控制电路　目前广泛采用具有速度负反馈的滑差离合器控制装置来实现异步电动机的宽范围无级调速。这种调速方式机械特性硬度较高，结构简单、工作可靠、维护方便。用在像印刷机这样的恒转矩负载时，调速范围一般可达 10：1，有特殊要求（如轮转机）时亦可达 50：1。

下面以 ZLK-10 型调速装置为例，说明电磁调速异步电动机的调速电路工作原理。如图 10-14 所示为该系统的方框图，如图 10-15 所示是对应的系统电路图，下面对它的基本环节进行分析。

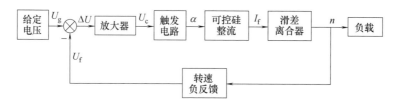

图 10-14　ZLK-10 自动调速系统基本组成

① 给定电压环节。给定电压环节起始于变压器 TC 副边 5 端、6 端间的绕组。24V 的交流电压经 VD_2 整流并经 C_2、R_2、C_3 滤波和 VZ 稳压，得到 16V 的直流电压。最后由 R_5 和 RP_4 设定"定速"档的转速。"运转""定速"由中间继电器 KA_3 控制。

② 转速负反馈环节。采用三相交流测速发电机 BR 对转速进行采样。所得交流电经 $VD_8 \sim VD_{13}$ 整流和 C_8、R_{13}、RP_2、RP_3 滤波后，得到反馈电压，经过 R_8 传至放大器的输入端。由于不同测速发电机灵敏度之间存在差异，采用 RP_2 对反馈电压进行调节。转速表 PV 的刻度值依靠 RP_3 调节。电容器 C_7 用于减轻反馈电压的脉动，有利于调速系统动态稳定性的提高。

③ 放大器。放大器是以晶体管 V_2 为核心组成。二极管 VD_4、VD_5、VD_6 用作双向限幅保护，以避免 V_2 的发射结承受过高的电压。给定电压与转速反馈电压通过电阻 R_6、R_7 和 R_8 进行组合，形成输入信号，其值正比于上述两个电压之差。这个差值经 V_2 放大后可影响 V_2 的集电极电位，对单结晶体管触发脉冲形成电路进行控制。

④ 触发电路。单结晶体管触发电路的电源是由 V_1、VD_3、R_4 与变压器 TC 的 6、7 绕组组成。TC 的 7、6 端输出 3V 交流电压，当为负半周期时，V_1 截止，V_1 集射极间电压 U_1 为 16V；当 7、6 端输出为正半周期时，经 VD_3 整流后加到 V_1 的集射极上使 V_1 饱和导通，$U_1 = 0$，放大器与触发电路不能工作，如图 10-16（b）所示。

由 V_3 和 R_{11} 组成的恒流源，再加上电容器 C_6，能产生锯齿波用作移相，如图 10-16（c）所示。其原理是这样的：设 V_3 和 R_{11} 恒流源的恒定电流是 I_0，恒定电流向 C_6 充电，$U_{C_6} = \frac{1}{C_6} \int_0^t I_0 \mathrm{d}t$，使 C_6 上的电压上升，当上升到单结晶体管 VU 的峰值时 VU 导通，C_6 开始放电。放电到 VU 的谷值时又重新充电。而恒定电流 I_0 的大小又受放大器 V_2 输出电压的控制。如当 V_2 的输入电压增大，V_3 的基极电压就降低，V_3 更加导通，V_3 集电极电流 I_0 增大，这样充放电速度加快，可控硅触发提前，如图 10-16（d）所示，导通角增大，导致励磁电压增大，如图 10-16（e）所示；同理 V_2 的输入电压减小时，I_0 减小，导致导通角减小，励磁电压减小。可见输入电压的大小可以控制可控硅的触发时刻。

触发器最终在 VU 的第一基极通过脉冲变压器 TV 输出信号给晶闸管的控制极。二极管 VD_7 用以短路负脉冲，防止可控硅因控制极出现负脉冲而击穿。

⑤ 可控硅整流电路。该系统采用可控硅单相半波整流电路，波形如图 10-16（e）所示。整流电路的输出控制转差离合器的励磁线圈来产生励磁电流并最终影响电机的转速。图中 R_1、C_1 和热敏电阻 RV 均对可控硅有过压保护作用。VD_1 为续流二极管，其作用是：正半周时由于可控硅导通而使离合器工作；负半周时可控硅不导通，励磁线圈产生的反向电动势可经过 VD_1 形成放电回路，使线圈中的电流连续，从而使离合器工作稳定。

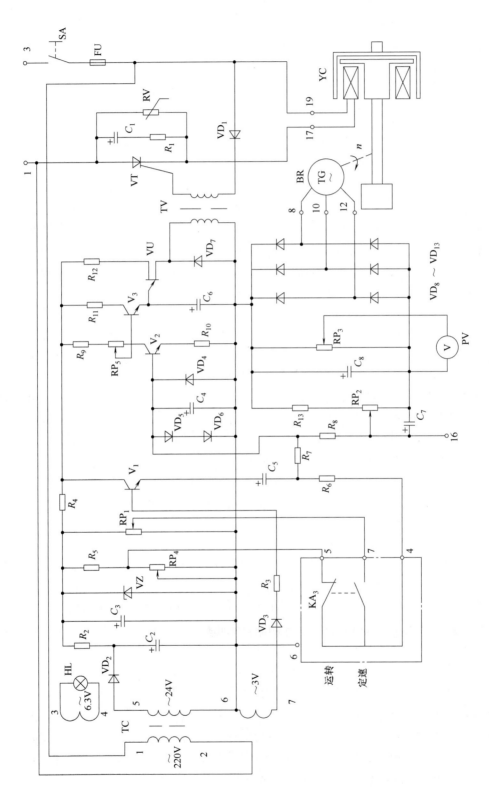

图 10-15　ZLK-10 型调速系统电路

综合上述分析，当 ZLK-10 自动调速系统处于"运转"状态，也就是调速状态时，通过调节电位器 RP_4 改变电压给定环节的电压，来改变电动机的转速。例如调节 RP_4 使给定电压 U_g 增大，这时转速负反馈系统给出的电压 U_f 保持不变，输入到 V_2 的电压 ΔU 增加，滑差离合器的励磁电流增大，最终电动机转速变快。调速过程如下：

$$U_g\uparrow\to\Delta U\uparrow\to电容\ C_6\ 充电加快\to U_C\ 触发提前\to I_f\uparrow\to n\uparrow$$

当 ZLK-10 调速系统置于"定速"状态，也就是稳速状态时，通过调速系统可以稳定由于负载 R_L 变化而引起的转速变化。例如当负载变小时，电机转速将变快，转速负反馈电路给出的电压 U_f 将增大，经过 R_6、R_7、R_8 给出的比较电压 ΔU 将减小，这样 C_6 充电速度变慢，使电动机转速变慢。这样的反馈过程将使电机的转速基本不变。稳速过程如下：

$$R_L\downarrow\to n\uparrow\to U_f\uparrow\to\Delta U\downarrow\to电容\ C_6\ 充电变慢\to U_C\ 触发滞后\to I_f\downarrow\to n\downarrow$$

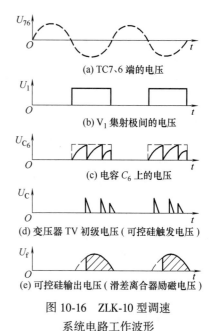

(a) TC7、6 端的电压

(b) V_1 集射极间的电压

(c) 电容 C_6 上的电压

(d) 变压器 TV 初级电压（可控硅触发电压）

(e) 可控硅输出电压（滑差离合器励磁电流）

图 10-16　ZLK-10 型调速系统电路工作波形

扩展学习：

体会负反馈原理所起的作用。当电动机受到外部扰动（如负载增加）时，该调速系统能自动实现电机稳速吗？

第三节　常用的特种电动机

本节介绍印刷设备中应用较广的步进电动机、伺服电动机和测速发电机。这些电动机的工作原理与普通的异步电动机或直流电动机近似，但在性能、结构上各有特殊性。它们的功率一般不大，小的只有几分之一瓦，大的也不过几十瓦或几百瓦，多用于自动控制过程中。

扩展学习：

查找资料，了解这三种电动机各用在印刷机哪些装置上？各有何特点？

一、步进电动机

1. 工作原理

步进电动机不是连续旋转的，而是一步一步转动的。每输入一个脉冲信号，该电动机就转过一定的角度（有的步进电动机可以直接输出线位移，称为直线电动机）。因此步进电动机是一种把脉冲变为角度位移（或直线位移）的执行元件。某些胶印机墨量调节装置中，使用了步进电动机来代替原有的墨斗调墨螺钉。

步进电动机的种类很多，按结构可分为反应式和激励式两种；按相数分则可分为单

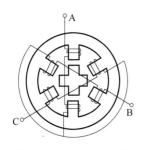

图 10-17　反应式步进
电机结构示意图

相、两相和多相三种。如图 10-17 所示为反应式步进电动机结构示意图，它的定子具有均匀分布的六个磁极，磁极上绕有绕组，两个相对的磁极组成一组。

反应式步进电动机常有三种通电方式：单三拍、六拍、双三拍，以下简单介绍单三拍通电方式的基本原理。如图 10-18 所示，设 A 相首先通电（B、C 两相不通电），产生 A-A′ 轴线方向的磁通，并通过转子形成闭合回路。这时 A、A′ 极就成为电磁铁的 N、S 极。在磁场的作用下，转子总是力图转到磁阻最小的位置，也就是要转到转子的齿对齐 A、A′ 极的位置［图 10-18（a）］；接着 B 相通电（A、C 两相不通电），转子便顺时针方向转过 30°，它的齿和 B、B′ 极对齐［图 10-18（b）］；随后 C 相通电（A、B 两相不通电），转子继续顺时针转过 30°，它的齿和 C、C′ 极对齐［图 10-18（c）］。不难理解，当脉冲信号一个一个发来时，如果按 A→B→C→A→… 的顺序通电，则电机转子便顺时针方向转动；如果按 A→C→B→A→… 的顺序通电，则电机转子便逆时针方向转动。这种通电方式称为单三拍方式。

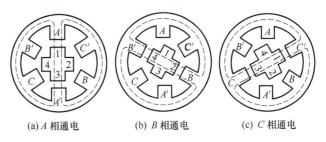

(a) A 相通电　　(b) B 相通电　　(c) C 相通电

图 10-18　单三拍通电方式时转子的位置

步进电动机具有结构简单、维护方便、精确度高、启动灵敏、停车准确等性能。此外，步进电动机的转速决定于电脉冲频率，并与频率同步。

2. 步进电动机的驱动电源

步进电动机需配置一个专用的驱动电源供电，电源的作用是让电动机的控制绕组按照特定的顺序通电，即让电动机受输入的电脉冲控制而动作。步进电动机的运行性能是由电动机和驱动电源两者配合所形成的综合效果确定。

步进电动机的驱动电源一般由脉冲发生器、脉冲分配器和脉冲放大器（也称功率放大器）三部分组成，如图 10-19 所示。

图 10-19　步进电动机驱动电源

（1）脉冲发生器　脉冲发生器能产生几赫到几十千赫可连续变化的脉冲信号。脉冲发生器可以采用多种电路，最常见的有多谐振荡器和单结晶体管构成的张弛振荡器两种，它们都是通过调节电阻和电容的大小来改变电容器充放电的时间常数，以达到改变脉冲信号频率的目的。

（2）脉冲分配器　脉冲分配器中有由门电路和双稳态触发器组成的逻辑电路，它根据指令把脉冲信号按一定的逻辑关系加在脉冲放大器上，使步进电动机按确定的运行方式工作。

（3）脉冲放大器　由于脉冲分配器输出端的输出电流很小，而步进电动机的驱动电流较大，为了满足驱动要求，脉冲分配器输出的脉冲需经脉冲放大器（即功率放大器）后才能驱动步进电机。

二、伺服电动机

伺服电动机又叫执行电动机。在自动控制系统中，伺服电动机是一个执行元件，它的作用是把信号（控制电压或相位）变换成机械位移，也就是把接收到的电信号变为电机的一定转速或角位移。伺服电动机有直流和交流之分，目前在印刷机中交直流伺服电动机都有应用。

1. 交流伺服电动机

如图 10-20 所示，交流伺服电动机定子上装有两个位置互差 90°的绕组，一个是励磁绕组，它始终接在交流电压 U_f 上；另一个是控制绕组，连接控制信号电压 U_c。

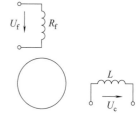

图 10-20　交流伺服电动机原理

交流伺服电动机的转子通常做成鼠笼式，它与普通电动机相比，具有转子电阻大和转动惯量小这两个特点。目前应用较多的转子结构有两种形式：一种是采用高电阻率的导电材料做成的高电阻率导条的鼠笼转子，为了减小转子的转动惯量，转子做得细长；另一种是采用铝合金制成的空心杯形转子，杯壁很薄，仅 0.2 ~ 0.3mm。为了减小磁路的磁阻，要在空心杯形转子内放置固定的内定子，如图 10-21 所示。空心杯形转子的转动惯量很小，反应迅速，而且运转平稳，因此被广泛采用。

交流伺服电动机在没有控制电压时，定子内只有励磁绕组产生的脉动磁场，转子静止不动。当有控制电压时，定子内便产生一个旋转磁场，转子沿旋转磁场的方向旋转。在负载恒定的情况下，电动机的转速随控制电压的大小而变化；当控制电压的相位相反时，伺服电动机将反转。

如图 10-22 所示是伺服电动机单相运行时的机械特性曲线。负载一定时，控制电压 U_c 愈高，转速也愈高；在控制电压一定时，负载增加，转速下降。

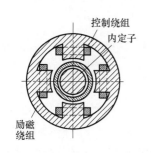

图 10-21　空心杯形转子伺服电动机结构

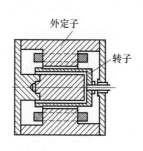

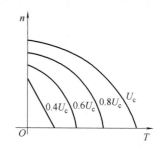

图 10-22　交流伺服电动机的机械特性

交流伺服电动机的输出功率一般是 0.1 ~ 100W，运行平稳、噪声小。但控制特性是非线性，并且由于转子电阻大，损耗大，效率低，与同容量直流伺服电动机相比，体积大、重量重，所以只适用于 0.5 ~ 100W 的小功率控制系统。

2. 直流伺服电动机

直流伺服电动机的结构和一般直流电动机一样，只是为了减小转动惯量而做得细长一些。它的励磁绕组和电枢分别由两个独立电源供电。也有永磁式的，即磁极是永久磁铁。通常采用电枢控制，就是使励磁电压 U_f 一定（建立的磁通量 Φ 也是定值），而将控制电压 U_c 加在电枢上，其接线如图 10-23 所示。

直流伺服电动机的机械特性和他励直流电动机一样，如图 10-24 所示是直流伺服电动机在不同控制电压下（U_c 为额定控制电压）的机械特性曲线。由图可见，在一定负载转矩下，当磁通不变时，如果升高电枢电压，电机的转速就升高；反之，降低电枢电压，转速就下降；当 $U_c = 0$ 时，电动机立即停转。要电动机反转，可改变电枢电压的极性。

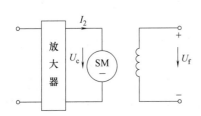

图 10-23　直流伺服电动机接线图

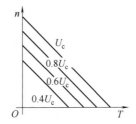

图 10-24　直流伺服电动机的机械特性曲线

直流伺服电动机和交流伺服电动机相比，具有机械特性较硬、输出功率较大、不自转、启动转矩大等优点，在印刷机械中应用较多。

三、测速发电机

在自动控制系统中，测速发电机一般用来测量和调节转速，或将它的输出电压反馈到放大器的输入端以稳定转速。测速发电机按电流种类可分为直流和交流两种。

1. 交流测速发电机

交流测速发电机分同步式和异步式两种。以异步式发电机为例，它的定子上装有两个绕组，一个作励磁用，称为励磁绕组；另一个输出电压，称为输出绕组。两个绕组的轴线互相垂直，在空间上相隔 90°，如图 10-25 所示。它的转子一般为杯形转子，通常是由铝合金制成的空心薄壁圆筒。此外，为了减少磁路的磁阻，在空心杯形转子内放置有固定的内定子。

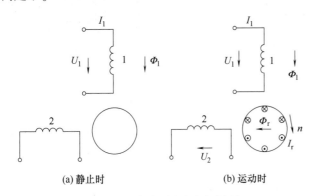

(a) 静止时　　　(b) 运动时

图 10-25　交流测速发电机原理

在测速发电机静止时，将励磁绕组接到交流电源上，励磁电压为 U_1，其值一定。这时在励磁绕组的轴线方向产生一个交变脉动磁通，其幅值设为 Φ_1。由于磁通与输出绕组的轴线垂直，故输出绕组中并无感应电动势，输出电压为零。当测速发电机由被测转动轴驱动而旋转时，则有电压 U_2 输出，且输出电压 U_2 和励磁电压 U_1 的频率相同，U_2 的大小和发电机的转速 n 成正比。通常测速发电机和伺服电动机同轴相连，通过发电机的输出电压就可测量或调节电动机的转速。

测速发电机的主要特性是输出电压是其转速的线性函数，其原理如下所述：

如图 10-25 所示，当发电机旋转时，在励磁绕组轴线方向的脉动磁场 Φ_1 正比于 U_1。杯形转子在旋转时切割磁力线，而在转子中感应出电动势 E_r 和相应的转子电流 I_r。E_r 和 I_r 与磁通 Φ_1 及转速 n 成正比，即

$$I_r \propto E_r \propto \Phi_1 n$$

同样转子电流 I_r 产生磁通 Φ_r，两者也成正比，即

$$\Phi_r \propto E_r$$

磁通 Φ_r 与输出绕组的轴线一致，因此在其中感应出电动势，两端就有一个输出电压 U_2，U_2 正比于 Φ_r。根据上述关系即得出

$$U_2 \propto \Phi_1 n \propto U_1 n$$

上式表明，当励磁绕组加上电源电压 U_1，测速发电机以转速 n 转动时，它的输出绕组就产生输出电压 U_2，U_2 的大小与转速 n 成正比。当转动方向改变时，U_2 的相位也改变 $180°$。如果转子不动，输出电压为零，这样就把转速信号转换成电压信号。

2. 直流测速发电机

这里主要介绍他励式直流测速发电机，其结构和直流伺服电动机一样，它的接线如图 10-26 所示。

直流测速发电机中电动势 E 是正比于磁通 Φ 与转速 n 的乘积的，基本公式是：

$$E = K_E \Phi n$$

式中 K_E 是电机常数。在他励测速发电机中，如果保持励磁电压 U_1 为定值，即磁通 Φ 是常数，则 E 正比于 n。

直流测速发电机的输出电压 U_2（即电枢电压）为

$$U_2 = E - I_2 R_a = K_E \Phi n - I_2 R_a$$

而电枢电流 $I_2 = U_2 / (R_L + R_a)$，其中 R_L 为负载，于是

$$U_2 = \frac{K_E \Phi}{1 + R_a / (R_L + R_a)} n$$

上式表明直流测速发电机有负载时，如果 Φ、R_a 及 R_L 保持为常数，则输出电压 U_2 与转速 n 呈线性关系。如图 10-27 所示是直流测速发电机的输出特性曲线 $U_2 = f(n)$。可从图中看出，直流测速发电机的特性并不是理想化的，存在一定的线性误差。线性误差主要由电枢反应引起。所谓电枢反应就是电枢电流 I_2 产生的磁场对磁极磁场的影响，使电机内的合成磁通小于磁极磁通。电流 I_2 越大，磁通 Φ 就越小，线性误差就越大。

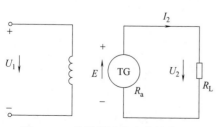

图 10-26　他励测速发电机接线图

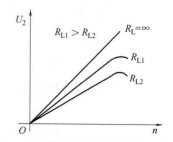

图 10-27　直流测速发电机的输出特性

第四节　电机及传动系统先进控制技术

一、电机变频调速技术

变频调速的基本原理是根据电机转速与电源频率成正比的关系，通过改变电源频率可以调节电机的转速。将频率、电压都固定的交流电变成频率、电压都连续可调的三相交流电，以实现电动机变速运行的电气设备是变频器。目前，变频器已发展成为标准的控制电器，其产品规格繁多，应用广泛。

扩展学习：

电力电子器件是变频器发展的基础，计算机技术和自动控制理论是变频器发展的支柱。电力电子器件由最初的半控型器件 SCR（晶闸管），发展为全控型器件 GTO（门极关断晶闸管）、GTR（电力晶体管）、MOSFET（金属氧化物场效应晶体管）、IGBT（绝缘栅双极型晶体管）。近年来又研制出智能功率模块（IPM），单个器件的电压和电流的定额越来越大，工作速度越来越高，驱动功率和管耗越来越小。变频器内部的核心控制由 CPU 完成，最初是 8 位机，后来发展为 16 位机甚至 32 位机和 DSP 控制，这些新技术和自动控制新理论使变频器的容量越来越大，功能越来越强。

按照变换环节有无直流环节，变频器可以分为交-交变频器和交-直-交变频器。

1. 变频器的主电路

以交-直-交变频器为例，变频器先将工频交流电源通过整流器变换成直流电源，再通过逆变器变换成可控频率和电压的交流电源。由于这类变频器在恒压交流电源和变频交流输出之间有一个"中间直流环节"，所以又称间接式变频器。如图 10-28 所示为一种交-直-交变频器的主电路，其可以分为以下几部分：

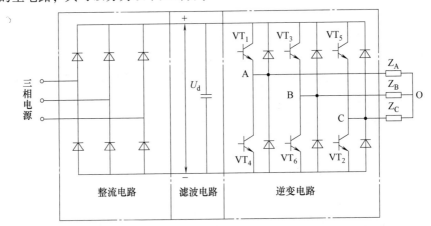

图 10-28　交-直-交变频器的主电路

（1）整流电路（交-直部分）　整流电路通常由二极管或晶闸管构成的桥式电路组成。根据输入电源的不同，分为单相桥式整流电路和三相桥式整流电路。我国常用的小功率的变频器多数为单相 220V 输入，较大功率的变频器多数为三相 380V（线电压）输入。

（2）滤波电路（中间环节）　根据储能元件不同，可分为电容滤波和电感滤波两种。由于电容两端的电压不能突变，流过电感的电流不能突变，所以用电容滤波就构成电压源型变频器，用电感滤波就构成电流源型变频器。

（3）逆变电路（直-交部分）　逆变电路是交-直-交变频器的核心部分，其中 6 个晶体管按其导通顺序分别用 $VT_1 \sim VT_6$ 表示，与晶体管反向并联的二极管起续流作用。具体的整流和逆变电路种类很多，当前应用最广的是由二极管组成的可控整流电路和由功率开关器件（P-MOSFET、IGBT 等）组成的脉宽调制（PWM）逆变电路。

2. 变频器的控制方式

变频器控制方式经历了以下几代：正弦波脉宽调制（SPWM）控制、电压空间矢量（SVPWM）控制、矢量控制（VC）、直接转矩控制（DTC）、矩阵式交-交控制。

SPWM 变频特点是控制电路结构简单、成本较低，机械特性硬度也较好，能够满足一般传动的平滑调速要求，已在各个领域得到广泛应用。但是，这种控制方式在低频时，由于输出电压较低，转矩受定子电阻电压降的影响比较显著，使输出最大转矩减小。SVP-WM 变频、VC 变频、DTC 变频都是交-直-交变频中的一种，其共同缺点是输入功率因数低，谐波电流大，直流电路需要大的储能电容，再生能量又不能反馈回电网，即不能进行四象限运行。为此，矩阵式交-交变频控制方式应运而生。由于矩阵式交-交变频省去了中间直流环节，从而省去了体积大、价格贵的电解电容。它能实现功率因数为 1、输入电流为正弦，且能四象限运行，系统的功率密度大。

3. 变频器的分类与选型

变频器按其供电电压可分为低压变频器（220V 和 380V）、中压变频器（660V 和 1140V）和高压变频器（3kV、6kV、6.6kV、10kV）；按其功能可分为恒功率变频器、平方转矩变频器、简易型变频器、通用型变频器和电梯专用变频器等；按直流电源的性质可分为电流型变频器和电压型变频器；按输出电压调节方式可分为 PAM 输出电压调节方式变频器和 PWM 输出电压调节方式变频器。实际应用中可根据具体应用条件和要求进行选型使用。

二、无轴传动技术

印刷机无轴传动技术的发展，是以 1992 年力士乐研究的第一套用于印刷机驱动的无轴传动系统 SYNAX 为起点发展起来的一种传动控制技术。无轴传动为印刷机设计和制造带来了升级和突破。

1. 无轴传动技术的原理

在传统的机组式凹版印刷机中，各色组版辊的传动是连接在同一个电动机上的，由该电动机带动一个机械主轴来传动。各色组版辊都通过机械的连接机构与主轴连接在一起，能够同步运动，且运动步调严格一致。印刷图案的套准控制是通过控制浮动辊的运动和控制承印物的拉伸张力而完成的。这种传统的机组式印刷传动方式称为有轴印刷。

而所谓的无轴传动系统，实际上是一种伺服系统（伺服系统是使物体的位置、方位、状态等输出被控量能够跟随输入目标值或给定值的变化而变化的自动控制系统）。采用这种传动系统，印刷机中每个机组、甚至每个滚筒或辊子的动力都是相互独立的。单独的伺服电动机按照运动控制器发出的程序指令，分别对每个机组、甚至是每个滚筒或辊子进行驱动，保证各部件同步运转。由于各机组间单独驱动，省却了传递动力的机械长轴，故称该技术为无轴传动技术。

如图10-29所示为一种卷筒纸印刷机无轴传动系统的示意图。该系统无复杂的机械传动结构，系统的关键组成是运动控制器、通信总线、电机驱动器、伺服电动机等控制组件。无轴传动系统利用这些控制组件组成的"电子长轴"代替了传统的机械长轴，由伺服电动机直接驱动各印刷滚筒，不同单元单独驱动。系统利用串行通信总

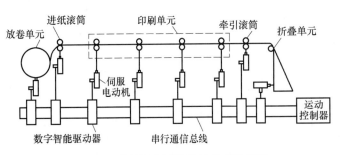

图 10-29　卷筒纸印刷机无轴传动示意图

线连接不同驱动器，实现驱动器和控制器之间的实时通信，确保各运动轴之间的严格耦合，达成同步控制。通常情况下，无轴传动系统采用电子凸轮代替机械凸轮，电子凸轮能够克服机械装置的诸多不足，进一步提升无轴传动系统的性能。

印刷机无轴传动同步依靠数字编码闭环反馈系统控制，在1s内可对电动机的位置完成数百次的定位校正，经过高速传输的网络连接，数字智能驱动器对电动机进行数万个单位的步进驱动，充分满足印刷品分辨力和套印精度要求。

无轴传动的关键问题是怎样保证多个伺服电机高精度同步运动。目前国内外针对多电机的同步运动控制做了许多研究，其中控制策略主要有主从式、交叉耦合、同步主参考（SMR）、电子长轴（ELS）和相对耦合控制等。其中SMR和ELS能够扩展到多轴系统，并且前者简单直接、应用广泛，后者能真实地模拟机械长轴的传动。

2. 印刷机无轴传动的特点

无轴传动技术采用分散式智能控制技术，基于国际标准设计通信系统，通过光纤实时传输控制信息。每组电动机的控制采用一种可以控制多达40个位置的分散式智能控制器。控制器发出的控制信息能灵活控制电动机的运行位置。分散式智能控制器通过光纤通信连接在一起，可组成控制群，控制数百个电机同步运转。

无轴传动可以完全取代精密机械齿轮，省去了许多机械部件，如驱动装置、变速装置、轴和齿轮、蜗轮蜗杆机构、额外的牵引机构等，使设备的制造成本和使用费用大大降低，避免了传动中的机械共振，降低了维修成本。无轴传动技术与传统长轴传动技术相比，具有明显的优势，如表10-1所示。

表 10-1　　　　　　　　　无轴传动技术与传统长轴传动技术比较

特点	机械长轴传动技术	无轴传动技术
速度	200m/min	可达 450m/min
精度	±0.1mm（一般±0.15mm）	±0.1mm
噪声	较大	较低
误差	机械磨损造成误差较大	可理解为无机械误差的传动

续表

特点	机械长轴传动技术	无轴传动技术
二次印刷	无法实现	可实现
预套准	无此功能	可实现
次品率	较高	低
机械复杂度	高	简化了机械结构
维护	机械维护复杂	简化结构，降低维护复杂度
能耗	高	低
机械结构	复杂	简单
远程控制	无此功能	可实现

无轴传动对于电气控制与传动、网络通信等各个方面均提出了更高的要求，为印刷机带来了全新的技术变革，使得印刷速度、精度得到显著提升。目前，无轴传动技术在印刷机械领域，包括凹版、卫星式柔版、标签印刷、新闻纸塔式轮转等设备上均得到了广泛应用。

本章习题：

1. 简述直流电动机的工作原理，并说明其调速原理。
2. ZLK-10 型调速电路由哪些环节组成？各环节在系统中起什么作用？
3. 简述步进电机和伺服电机的工作原理。
4. 什么是变频调速？
5. 什么是无轴传动？

第十一章　可编程控制器——在印刷自动化中使用"芯片"

可编程控制器一般指可编程逻辑控制器（Programmable Logic Controller，PLC），它是在继电器控制和计算机控制的基础上发展起来的以微处理器为核心、将自动化、计算机和通信技术等融入一体的新一代工业自动化控制装置。PLC 在近年来迅速发展并得到了广泛的应用。

扩展学习：

查阅资料，了解 PLC 的发展历史、应用现状。

第一节　PLC 的基本结构与工作原理

一、PLC 的基本结构

PLC 的基本结构由输入/输出（I/O）模块、中央处理单元（CPU）、电源部件和编程器等组成，如图 11-1 所示。由图可见，PLC 与计算机的组成相似，因为 PLC 本质上就是一种工业控制计算机。

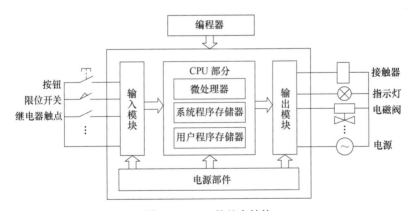

图 11-1　PLC 的基本结构

（一）输入/输出模块

在 PLC 中，CPU 是通过输入/输出部件与外围设备连接的。输入模块用于将控制现场输入信号变换成 CPU 能接受的信号，并对其进行滤波、电平转换、隔离和放大等；输出模块用于将 CPU 的决策输出信号变换成驱动控制对象执行机构的控制信号，并对输出信号进行功率放大、隔离 PLC 内部电路和外部执行元件等。

1. 输入接口电路

PLC 输入方式按输入电路电流来分，有直流输入和交流输入两种，有的 PLC 还有交/直流输入方式。直流输入电路如图 11-2 所示，直流电源一般由 PLC 内部提供。交流输入电路如图 11-3 所示，交流电源一般由 PLC 外部提供。当有信号输入时，发光二极管亮。由于输入信号经过光耦合器的隔离，提高了 PLC 的抗干扰能力。

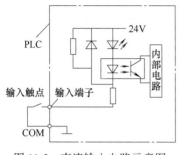

图 11-2 直流输入电路示意图

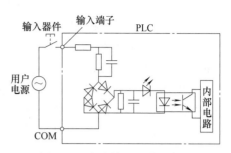

图 11-3 交流输入电路示意图

按 PLC 的输入模块与外部用户设备的接线形式来分，有汇点式、分隔式两种基本形式。汇点式输入就是输入电路有一个公共端 COM，可以是全部输入点为一组共用一个公共端和一个电源，也可以将全部输入点分为多个组，每组各有一个公共端和一个单独电源，如图 11-4 所示。分隔式输入就是每一个输入电路有两个接线端，由单独的电源供电，这一交流电源由用户提供。控制信号是通过用户输入设备（如开关、按钮、位置开关、继电器、传感器等）的触点输入的，如图 11-5 所示。

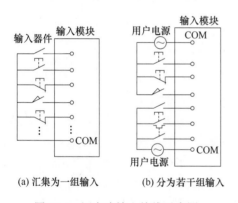

(a) 汇集为一组输入 (b) 分为若干组输入

图 11-4 汇点式输入接线示意图

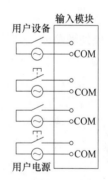

图 11-5 分隔式输入接线示意图

2. 输出接口电路

PLC 开关量输出接口有继电器、晶体管和晶闸管三种输出方式，其输出接口电路如图 11-6 所示。

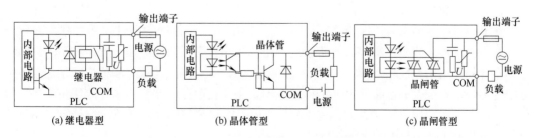

(a) 继电器型 (b) 晶体管型 (c) 晶闸管型

图 11-6 PLC 开关量输出电路示意图

如图 11-6（a）所示的继电器输出接口采用接通或断开继电器线圈，带动继电器的触点闭合或断开来控制外部电路的通断，因此外接负载既可以是交流型又可以是直流型。继电器能起隔离和功率放大的作用，用于输出动作不是很频繁的场合。如图 11-6（b）所示的晶体管输出电路采用射极输出驱动电路，其输出动作响应快，用于驱动直流型负载。如图 11-6（c）所示的晶闸管输出接口驱动电路采用光触发型双向晶闸管进行隔离和驱动放大，并联在双向晶闸管两端的 RC 吸收电路和压敏电阻用来抑制晶闸管的关断过电压和外部的浪涌电压，这种接口电路只能接交流负载。

按接线形式分，输出模块与外部用户输出设备的接线也有汇点式输出和分隔式输出两种基本形式，如图 11-7、图 11-8 所示。

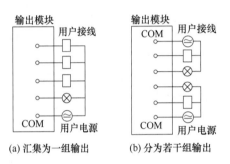

图 11-7　汇点式输出接线形式示意图

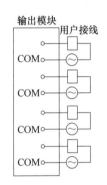

图 11-8　分隔式输出接线

（二）中央处理单元（CPU）

整个 PLC 的工作过程都是在 CPU 的统一指挥和协调下进行的。CPU 包括微处理器、系统程序存储器和用户程序存储器，其中微处理器是 PLC 的核心部件。

微处理器的主要功能包括：在系统程序的控制下，诊断电源、PLC 内部电路工作状态；接收、诊断并存储从编程器输入的用户程序和数据；用扫描方式接收现场输入装置的状态或数据，并存入输入映像寄存器或数据寄存器；在 PLC 进入运行状态后，从存储器中逐条读取用户程序，经过命令解释后，按指令规定的任务，产生相应的控制信号，去启/闭有关控制门电路，分时分渠道地去执行数据的存取、传送、组合、比较和变换等动作，完成用户程序中规定的逻辑或算术运算等任务；根据运算结果，更新有关标志位的状态和输出映像寄存器的内容，再由输出映像寄存器的位状态或数据寄存器的有关内容，实现输出控制、制表、打印或数据通信等。

PLC 的档次越高，CPU 的位数也越多，运算速度也越快，其功能也就越强。

（三）存储器

在 PLC 中，存储器是保存系统程序、用户程序和工作数据的器件。系统程序存储器用来存放系统程序或监控程序、管理程序、指令解释程序、功能应用子程序和系统诊断程序等，此外还用来存放输入/输出电路、内部继电器、定时器/计数器和移位寄存器等各部分固定参数。系统存储器常用 ROM 和 EPROM。用户程序存储器是用来存放用户程序即应用程序的。常用的用户程序存储器有 RAM、EPROM 和 EEPROM。数据存储器主要用来存放控制现场的工作数据和 PLC 决策运算的结果。

PLC 的用户存储器每一个存储单元可等效成一个继电器（线圈或触点），这个继电器称为软继电器（不是真正的硬继电器，而是与继电器等效）。如某存贮单元状态为"1"时，相当于继电器常开触点闭合（常闭触点断开）或相当于线圈通电；其状态为"0"时，相当于常开触点断开（常闭触点复位）或相当于线圈失电。

为了增大 PLC 输出信号的功率以适用于驱动 PLC 外部的负载，PLC 一般采用软继电器输出，这些软继电器称为输出继电器，也称为输出点。相应地，PLC 也有专门用于存放输入装置状态的软继电器，称为输入继电器，也称为输入点。例如，在 OMRON C60P 型 PLC 中有 80 个输入点和 80 个输出点。

（四）电源部件

电源部件用于把交流电转换成 PLC 内部的 CPU、存储器单元等电子电路工作所需的直流电源（一般为 5V）和外部输入设备所需的直流电源（一般为 24V）。此外，电源部件还包括 PLC 断电后为掉电保护电路供电的后备电源（一般为锂离子电池）。

（五）编程器

编程器是 PLC 必不可少的外围设备，它通过通信端口与 CPU 相联系，以完成人机对话的功能。编程器上提供了各种按键、指示灯和用于编程、监控和运行的转换开关。一般编程器既可以用梯形图语言编辑用户程序，也可以用语句语言或更高级的图形语言来编程，同时还可调用和显示 PLC 的一些内部状态和参数。

二、PLC 的工作原理

（一）循环扫描工作原理

PLC 的运行过程与普通计算机采用的按优先级中断运行方式不同，它采用了一种对整个用户程序循环执行的工作方式，即循环扫描方式。执行用户程序不是只执行一遍，而是一遍一遍不停地循环执行。每执行一遍称为扫描一次，将全部用户程序扫描一遍的时间叫扫描周期。扫描周期的长短与程序中指令的数量以及每条指令执行时间的长短有关。只要扫描周期足够短，就可确保在前一次扫描中未捕捉到的变化状态，在下一次扫描过程中被捕捉到。

PLC 的循环扫描工作方式提高了系统抗干扰能力。对于大型系统，当 I/O 点数很多时，响应的及时性可能难以满足。此时，可以采用分时分批扫描执行的方法，以缩短扫描周期、提高系统实时响应性。

（二）PLC 扫描周期的执行过程

PLC 是在系统软件的支持下进行循环扫描过程的，每一个扫描周期均分为自诊断、输入采样、用户程序执行、输出刷新和通信 5 个阶段，如图 11-9 所示。

1. 自诊断

PLC 在上电后和进行每一次扫描之前都要执行自诊断程序以保证设备的可靠性。自诊断包括系统软件校验、CPU 测试、存储器测试、I/O 接口测试和总线动态测试等。如果自诊断发现异常情况，PLC 将全部输出置为 OFF 状态，保留当前相关状态，然后停止 PLC 运行。

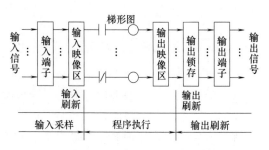

图 11-9　PLC 的工作原理

PLC 除了上述自诊断功能外，往往还使用一个硬件时钟，也称时间监视器（Watchdog Timer，WDT），来辅助自诊断，即在每一次扫描之前均复位 WDT。如果 CPU 出现故障，或用户程序执行时间太长，使扫描周期时间超过 WDT 的设定时间，WDT 将使 PLC 停止运行，复位输入/输出，并给出报警信号。WDT 的主要功能是防止 CPU 工作过程中受外界干扰而程序跑飞、导致以后始终不能再进行正常扫描循环这种严重情况的出现。

2. 输入采样

在采样阶段，PLC 以顺序扫描的方式采样所有输入的状态，并存入存储器输入映像区中，然后转入程序扫描执行阶段。在程序扫描执行期间，用户程序中所有的输入值是输入映像区的值，即使外部输入状态发生变化，输入映像区的内容也不会随之改变，这种变化只能在下一扫描周期输入采样时才能再读入。

3. 用户程序执行

PLC 处于运行状态时，一个扫描周期中包含了用户程序执行过程。在程序扫描执行阶段，先从存储器输入映像区中读入程序中所需的输入状态，从存储器输出映像区中读入程序中所需的输出状态，以及程序中规定要读入的内部辅助继电器、定时器和计数器的状态。然后，按照程序的安排进行逻辑运算，并将运算结果存入存储器输出映像区。

4. 输出刷新

在程序扫描执行阶段完成以后，存储器输出映像区中已存储了所有输出继电器的状态。在输出刷新阶段，将存储器输出映像区中所有输出继电器的状态转存到输出锁存电路，并驱动所有外部输出电路，至此，才真正完成了驱动外部负载的功能。为了便于现场调试，PLC 一般提供有输入/输出控制功能，即用户可以通过编程器关闭或打开输入/输出服务扫描过程，或强制向外部负载输出开或关的驱动信号。

5. 通信

配有网络的 PLC，可在扫描周期的通信阶段，进行 PLC 之间以及 PLC 与计算机之间的信息交换。PLC 的用户程序是通过编程器写入的，在调试过程中，用户也是通过编程器进行在线监视和在线修改相应参数的。在扫描周期的通信阶段中，用户可以通过编程器修改内存程序、启动或停止 CPU、读 CPU 状态、清内存、封锁或开放输入/输出。PLC 也将欲显示的状态、数据、逻辑变量和数字变量、误码等发送给编程器。当 PLC 配有数字模块时，数字模块与 CPU 间的数据交换在扫描周期中通信阶段进行。

思考：

PLC 在结构组成和运行方式上与普通计算机有何相同和不同之处？

第二节　PLC 控制系统设计

随着 PLC 的推广和普及，其应用领域越来越广泛。特别是在许多新建项目和设备的技术改造中，常常采用 PLC 作为控制装置。

一、设 计 过 程

（一）控制系统需求分析

在控制系统需求分析过程中，需要了解系统的整体情况，包括全部控制功能、性能要求及指标、控制方式、控制规模、控制范围、输入/输出信号种类、信号用途、对信号的要求（如对模拟输入量的精度要求、采样速率等）、检测设备和控制设备的物理位置、是否有特殊功能接口、与其他设备的关系、对其他设备驱动的要求，以及通信内容与方式等。此外，还需进行控制动作过程的时序分析（控制动作发生的顺序和相应的动作时间等）。

在系统需求详尽分析的基础上，详细明确控制系统功能、性能以及影响系统功能、性能的各种有关因素，仔细推敲和制定控制参数，明确各个实施细节，然后做出最佳系统设计方案。

（二）设计的基本原则

任何一种电气控制系统都是为了实现生产设备或生产过程的控制要求和工艺要求从而提高产品质量和生产效率而设计的。因此，在设计 PLC 控制系统时，应遵循一些基本原则：

① 充分发挥 PLC 的功能，最大限度地满足被控对象的控制要求。

② 在满足控制要求的前提下，力求使整个系统简单、经济、使用及维修方便。

③ 保证控制系统的安全、可靠。

④ 考虑到生产的发展和工艺的改进，在选择 PLC 的型号、I/O 点数和存储器容量等内容时，应留有适当的余量，以利于系统的调整和扩充。

（三）设计的一般步骤

1. 系统设计

（1）分析工艺要求　首先对被控对象的工艺过程、工作特点、环节条件、用户要求及其他相关情况进行全面分析，然后绘制供设计所用的必要图表。

（2）控制方案的确定　在分析被控对象及其控制要求的基础上，根据 PLC 的技术特点，在与继电接触控制系统、计算机控制系统及电子控制系统等进行综合比较后，优选控制方案。如果被控制系统具有以下特点，则宜优选 PLC 控制：输入输出以开关量为主；输入/输出点数较多，一般有 20 点左右就可以选用 PLC 控制；控制系统使用环境条件较差，对控制系统可靠性要求较高；系统工艺流程复杂，用常规的继电接触控制系统难以实现；系统工艺有可能改进或系统的控制要求有可能扩充。

2. 硬件设计

（1）PLC 的选择　包括 PLC 的机型、处理器速度、I/O 模块类型及点数、存储器容量、编程方式、电源等的选择。

（2）外围设备的选择　包括对外围输入设备和外围输出设备两部分的选择。选定从现场向 PLC 输入控制信号的外围设备，例如按钮、开关、传感器等，以及由 PLC 输出信号直接驱动的接触器或电磁阀的线圈、指示灯等。对这些外围设备应按控制要求，从实际出发，选定合适的类别、型号和规格。

（3）其他硬件的设计或选择　包括设计或选定控制柜（台），选定有关的仪表、熔断器、导线等元器件和材料，选定电源模块等。

3. 软件设计

① 对于较复杂的控制系统，应绘制工艺流程图或控制功能图；对于简单的控制系统可省去这一步。

② 设计梯形图程序。

③ 根据梯形图编写程序清单。

④ 程序模拟调试及修改。对复杂的程序首先进行分段调试，然后进行总调试，同时进行修改，直到满足控制要求为止。

4. 施工设计

① 画出完整的电路图，必要时还应画出控制环节（单元）电气原理图。

② 画出 PLC 的输入/输出端子接线图。

③ 画出 PLC 的电源进线接线图和输出执行电器的供电接线图。

④ 画出电气柜内元器件布置图、相互间接线图。

⑤ 画出控制柜（台）面板元器件布置图。

⑥ 如果大的系统有多个电气柜时，应画出各个电气柜间的接线图。

⑦ 画出其他必需的施工图。

5. 系统调试及程序固化

PLC 控制系统设计和安装好后，便可进行系统调试。在检查接线等无差错后，先对各单元环节和各电气柜分别进行调试，然后再按系统动作顺序，模拟输入控制信号，逐步进行调试，并通过各种指示灯和显示器，观察程序执行和系统运行是否满足控制要求。如果有问题，先修改软件，必要时再调整硬件，直到符合要求为止。接着进行模拟负载，或空载/轻载调试，若没有问题，最后进行额定负载调试，并投入运行考验。

在程序调试好并投入运行考验成功后，将程序固化在有永久性记忆功能的 EPROM 中。

6. 整理技术文件

系统调试和运行考验成功后，整理技术资料，编写技术文件，包括设计说明书、电气安装图、电气元器件明细表及使用与维护说明书等。

二、PLC 程序的编制

一般情况下，PLC 程序的编制需要使用一种由继电器控制电路演变而来的梯形图。具体的程序编制过程一般要经过两个步骤：梯形图设计和指令编程。

（一）梯形图的设计

如图 11-10（a）所示实例是一种继电器接触控制电路图（也称为电气梯形图），实际中需要使用真正的继电器，通过硬接线来实现。如图 11-10（b）所示是 PLC 的梯形图，对应使用 PLC 内部继电器（软继电器），由软件程序实现，修改和使用更方便、更灵活。两种梯形图执行顺序都是自上而下，自左至右；在每个逻辑行中，控制触点在左边，线圈在右边。

PLC 梯形图的格式如下：

① 每个梯形图网络由多个梯级组成，每个输出元素（输出线圈）可构成一个梯级，每个梯级可由多个支路组成。通常每个支路可容纳多个编程元素，输出元素置于最右边。

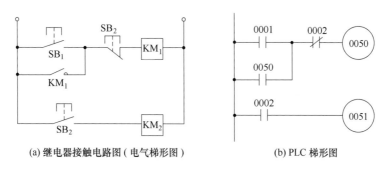

(a) 继电器接触电路图（电气梯形图）　　　　(b) PLC 梯形图

图 11-10　电气控制梯形图及 PLC 梯形图

每个网络允许多条支路。

② PLC 的梯形图从上至下按行绘制，两侧的竖线类似电气控制图的电源线，称作母线。每行从左至右，左侧总是安排输入接点，并且把并联接点多的支路靠近最左端，不允许输出线圈单独成行。

③ 输入接点不论是外部的按钮、行程开关还是继电器触点，在图形符号上一律用⊣⊢表示常开，用⊣/⊢表示常闭，而不计其物理属性，输出线圈用圆形或椭圆形表示，如图 11-10（b）所示。

④ 在梯形图中每个编程元素应按一定的规则加标字母数字串或数字串，不同的编程元素常用不同的字母符号和一定的数字串表示。

（二）指令与编程

不同的 PLC 机种其指令系统也不相同。下面以 OMRON C60P 系列 PLC 为例，介绍其指令系统及其编程实现。

1. 继电器

C60P 的软继电器区有 5 个通道（00-04），每个通道有 16 个点，共 80 个点，专门用于存放输入装置的状态。这些点称为输入继电器，也称为输入点，作用是供 PLC 接收外部传感器或开关的信号，如图 11-11（a）所示。输入继电器只能由外部信号驱动，不能用程序中的指令驱动，但输入继电器关联的常开、常闭触点状态，可供编程时获取使用。

C60P 的软继电器区也有 5 个通道（05-09），每个通道有 16 个接线点，共 80 个点，专门用于存放输出装置的控制信号。这些点称为输出继电器，也称为输出点，作用是将PLC 的信号传给外部负载，如图 11-11（b）所示。根据程序的执行情况，输出继电器的触点状态与锁存器输出一致。图中 COM 为公共端。

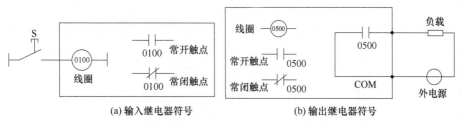

(a) 输入继电器符号　　　　　　　　(b) 输出继电器符号

图 11-11　输入、输出继电器电路符号

181

除了输入、输出继电器外，C60P 的用户数据存储器还有 8 个半通道（接点编号 1000-1807）的内部辅助继电器。这些继电器不能直接控制负载，只能作中间继电器使用。另外，还有一些专用的内部辅助继电器（接点编号 1807-1907），它们可用于监视 PLC 的操作。

2. 编程指令

（1）基本指令　表 11-1 列出了 C60P 的部分梯形图符号、指令及功能。以正、反向互锁电路控制为例，其梯形图与编程如图 11-12 所示。梯形图中的每个逻辑元件都对应一条程序语句，程序语句的结构为：地址+指令+数据。指令编码按从左至右、从上至下的顺序进行。

表 11-1　　　　　　　　　　　　　　　　基本指令

指令	梯形图符号	语句	功　能
LD	X0 ⊣├	LD X0	逻辑行或逻辑块开始,串联常开触点
LD NOT	X0 ⊣/├	LD NOT X0	逻辑行或逻辑块开始,串联常闭触点
AND	X0 X1 ⊣├⊣├	AND X1	"与"运算,串联常开触点
AND NOT	X0 X1 ⊣├⊣/├	AND NOT X1	"与"运算,串联常闭触点
OR	X0 ⊣├ X1 ⊣├	OR X1	"或"运算,并联常开触点
OR NOT	X0 ⊣├ X1 ⊣/├	OR NOT X1	"或"运算,并联常闭触点
OUT	─(X)	OUT X	I/O 输出,内部继电器输出
END	⊣ END	END	表示程序结束

（2）复合指令　AND LD 指令用于若干并联触点组之间的串联，称块"与"指令。OR LD 指令用于若干串联触点组之间的并联，称块"或"指令，如图 11-13 所示为复合指令的编程示例。

（3）闩锁指令　如图 11-14 所示，在梯形图中，有时在某个触点的后面会出现多个逻辑支行，各支行的交汇处是一个结点。当该触点（例如 0001 号点）OFF 时，结点后各支行终端的线圈全部失电，也即全部锁定在"0"状态。而一旦该触点 ON，则上述各线圈的状态由所在支行上的触点状态决定。在这种情况下，结点处需用联锁指令（IL 指令）。联锁解除时要用联锁解除指令（ILC 指令），即两条指令配合使用，编程如图 11-14 所示。

跳转 JMP 和跳转结束 JME 用于控制程序分支和跳转。当 JMP 条件（JMP 前的输入状

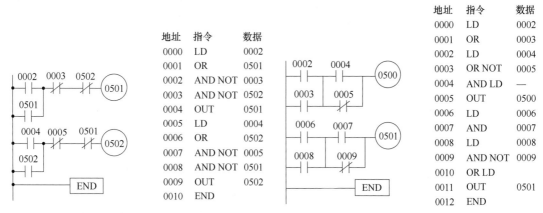

图 11-12　正、反向互锁电路的梯形图及程序

图 11-13　复合指令编程

态）为 ON 时，执行 JMP 与 JME 之间的程序。若 JMP 条件为 OFF 时，程序转去执行 JME 后面的指令。此时 JMP 与 JME 之间的输出线圈保持现值，编程如图 11-15 所示。

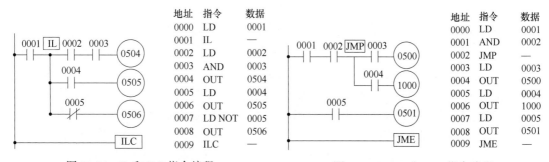

图 11-14　IL 和 ILC 指令编程

图 11-15　JMP 和 JME 指令编程

　　闩锁继电器 KEEP 指令用于锁存数据，它有两个输入端：置"1"输入端 S（称置位输入端）和置"0"输入端 R（称复位输入端）。每个输入端均接有控制触点。当置"1"输入端的控制触点接通时，继电器得电，即使以后断开该触点，继电器状态仍然不变，以完成记忆功能（即锁定）；只有当置"0"输入端的控制触点接通时，线圈才复位到失电状态。若置"1"端与置"0"端的触点同时接通时，则置"0"端的触点作用优先。闩锁继电器编程示例如图 11-16 所示。

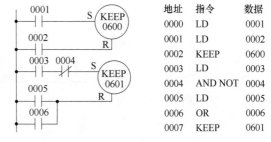

图 11-16　KEEP 指令编程

　　（4）定时器和计数器指令　定时器为递减型。定时器的操作数包括定时器号和设定值（SV）两个数据。当输入条件满足时开始计时；设定时间到时，定时器输出为 ON。计数器的操作数包括计数器号和设定值两个数据。定时器和计数器号分别对应于定时器/计数器号区的实际地址。

　　C60P 中 TIM 的最小定时单位为 0.1s，定时范围为 0~999.9s，设定值取值范围为 0~9999，定时精度为 0.1s。定时器的设定值可以用通道号表示，此时设定值等于通道中的内容（如 SV 为 HR0，即设定值为通道 HR0 的内容）；也可以是直接数（#）。定时器操作为：当定时器的输入为 ON 时开始计时，定时到，则定时器输出为 ON；否则为 OFF。无论何时只要定时器的输入为 OFF，定时器输出就为 OFF。

定时指令和计数指令都只能使用专门的继电器组，这种继电器组共有 48 个，编号为

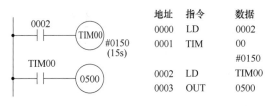

图 11-17　TIM 指令编程

0-47（即 $N = 0 \sim 47$），任何一组不得同时作定时和计数使用。当程序中包含高速计数指令时，47 号继电器组就要用作高速继电器，不能再作他用。定时器梯形图及编程如图 11-17 所示。

TIMH 指令称快速定时器指令。它与一般定时器指令 TIM 的不同之处在于：TIMH 的最小定时单位为 0.01s，定时范围为 0.00 ~ 99.99s，定时精度为 ±0.01s，如果扫描时间大于 10ms，TIMH 指令不能执行。TIMH 指令的使用方法与 TIM 相同。

计数器指令包括 CNT 指令和 CNTR 指令。CNT 是一个减 1 计数器，其梯形图符号如图 11-18（a）所示，其中 CP 为计数输入脉冲，R 为复位输入信号，N 为计数器编号，SV 为设定值。该设定值可以是直接数（#），也可以是某个通道的内容。计数器设定值范围为 0000 ~ 9999。CP 端每输入一个脉冲，计数器 CNT 就从当前值减 1（在输入脉冲 CP 的上升沿到来时计数）。若当前值减至 0 值，计数器线圈得电，当 R 端为 ON 时，计数器才复位为设定值。在计数器设定后，任何超过设定值的计数都无效。当计数器输入和复位输入同时到来时，复位输入优先。此后复位输入消失，计数器进入计数状态，从设定值开始计数。CNT 指令编程举例如图 11-19 所示。

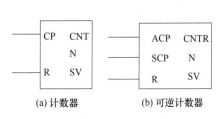

图 11-18　CNT 与 CNTR 梯形图符号

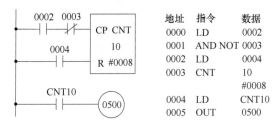

图 11-19　CNT 指令编程

CNTR 指令是一个可逆计数器指令，也称环形计数器指令。它有两个计数输入端：即递增输入 ACP 和递减输入端 SCP，如图 11-18（b）所示。当 ACP 端每出现一个计数脉冲，计数器加 1；当 SCP 端每出现一个计数脉冲，计数器减 1；当 ACP 和 SCP 两个输入端同时出现计数脉冲时，则不计数。作加法计数时，若当前值达到设定值后，再来一个计数脉冲，当前值就回到 0，且计数器线圈得电。若在作减法计数时，当前值达到 0（从设定值递减至 0）后，再来一个计数脉冲，当前值就回到设定值，且计数器线圈得电。如果复位端 R 接通，则 CNTR 计数器也复位到 0，此时，只要 R 端状态不变，ACP 端或 SCP 端的计数脉冲均无效。

（5）微分指令　前沿微分指令 DIFU 用以在一定条件下产生一个短脉冲，脉冲的宽度等于一个扫描周期，如图 11-20 所示。图中 0002 号点为控制触点，为微分指令提供条件。

当 0002 号点由 OFF 变 ON 时，DIFU 指令的条件满足，0500 号线圈将得电，并维持一个扫描周期 T_s 的时间。

图 11-20　微分指令及时序

DIFD 指令为后沿微分指令，即在输入端检测到一个从 ON→OFF 的跳变信号时，DIFD 输出为 ON，且 ON 时间也是一个扫描周期。如图 11-21 所示，图中 0002 号点为控制触点，当 0002 号点由 OFF 变为 ON 时，DIFU 指令条件满足，0500 号线圈得电，且持续时间为一个扫描周期。当 0002 号点为 ON 变为 OFF 时，DIFD 指令条件满足，于是 0501 号线圈得电，持续时间也是一个扫描周期。

微分指令用于那些在输入变化时只需执行一次的操作。在一个程序中，DIFU 和 DIFD 指令最多只能使用 48 个。

（6）数据比较指令　比较指令 CMP 用来比较两个通道中的数据，比较的结果（>、=、<）分别使 1905、1906、1907 号特殊辅助继电器为 ON，其梯形图符号如图 11-22 所示。其中 C1 为比较数 1，C2 为比较数 2，C1、C2 可为通道内容或直接数，但 C1、C2 不能同时为直接数，必须有一个是通道内容；无论是通道内容还是直接数，都必须是四位十六进制数。但与定时器或计数器的当前值比较时，直接数应采用 BCD 码（二进码十进数）。

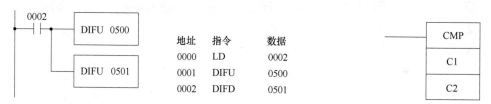

地址	指令	数据
0000	LD	0002
0001	DIFU	0500
0002	DIFD	0501

图 11-21　微分指令编程

图 11-22　CMP 梯形图符号

如图 11-23 所示是一个将 CMP 指令与 TIM 指令配合使用以实现分段时间控制的梯形图及其程序。定时器设定值为 300（相当于 30s 时间），CMP 指令的一个数据用定时器的当前值，另一个数据采用直接数#0100（相当于 10s）。

当输入触点 0002 接通时，定时器 TIM_{00} 开始计时（从设定值开始递减 1），若计时 10s，与直接数相比较，二者相等时，则 1906 号继电器变为 ON，于是，输出继电器 1001 得电，使 0500

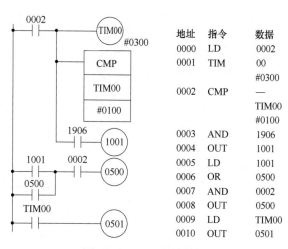

地址	指令	数据
0000	LD	0002
0001	TIM	00
		#0300
0002	CMP	—
		TIM00
		#0100
0003	AND	1906
0004	OUT	1001
0005	LD	1001
0006	OR	0500
0007	AND	0002
0008	OUT	0500
0009	LD	TIM00
0010	OUT	0501

图 11-23　CMP 指令编程

185

号输出线圈得电并自锁；若计时少于 10s，则 1907 号继电器为 ON；若计时多于 10s，1905 号继电器为 ON（1905、1907 图中未用）；若定时器计时 30s（当前值为 0）时，定时器线圈得电，则常开触点 TIM_{00} 为 ON，使输出继电器线圈 0501 通电。CMP 指令一般用于越限报警等处理程序中。

（7）数据移位指令　数据串行移位指令 SFT 将指定通道中的数据根据需要左移一位或若干位（向高位移一位或若干位），也可以把几个通道连起来一起移位。该指令使用的是一个移位寄存器，它有 3 个输入端，其中 IN 为数据的最低位输入端，CP 为位移时钟脉冲，R 为复位（或置"0"）输入端，B 为移位开始通道号，E 为移位结束通道号。B≤E，并且 B 和 E 必须在同一个数据区。当 CP 端每接收一个移位时钟脉冲上升沿时，数据输入 IN 端的状态将被移入 B 通道的最低位，B 至 E 的所有通道中的数据依次左移一位。当复位输入端 R 为 ON 时，将使 B 至 E 通道的所有位均置"0"。

如图 11-24 所示的梯形图中，移位开始通道号和结束通道号都是 9，表示移位限于 9号通道中进行。若 0004 触点 ON 一次，即向 CP 端输入一个脉冲信号，此时将读入 0003 触点的状态。若 0003 触点为 ON，则 SFT 进行一次数据的移位寄存（从第一位 0900 开始寄存）。当置"0"端输入信号时（即 0005 触点为 ON 时），上述移位寄存的数据全被置"0"。

数据并行移位指令 WSFT 指令与 SFT 指令不同。它进行的是以通道为单位的并行移位，开始通道的每位数据向结束通道依次移动一个字（16 位），即将开始通道的每位数据一齐移到相邻通道的对应数位中去，而相邻通道的原数据又一齐移向下一个相邻通道的对应数位上，直到最后一个通道（与结束通道相邻的通道）的原数据一齐移到结束通道的对应位上。开始通道中以 0 补充，结束通道中的数据将丢失。可见，WSFT 指令又称为字移位指令，其梯形图符号如图 11-25 所示，其中 B、E 与 SFT 指令中的一致。

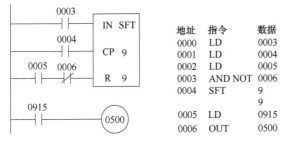

地址	指令	数据
0000	LD	0003
0001	LD	0004
0002	LD	0005
0003	AND NOT	0006
0004	SFT	9
		9
0005	LD	0915
0006	OUT	0500

图 11-24　SFT 指令编程

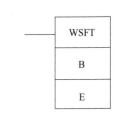

图 11-25　WSFT 梯形图符号

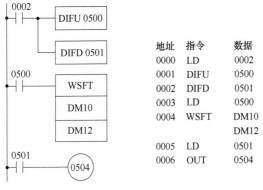

地址	指令	数据
0000	LD	0002
0001	DIFU	0500
0002	DIFD	0501
0003	LD	0500
0004	WSFT	DM10
		DM12
0005	LD	0501
0006	OUT	0504

图 11-26　WSFT 指令编程

如图 11-26 所示的梯形图中开始通道 B 为 DM10，结束通道 E 为 DM12。当触点 0002 为 ON 时，DIFU 0500 为 ON，触点 0500 为 ON，DM10 中的 16 位数据移到 DM11 中的相应位上，而 DM11 中原有的数据则移到 DM12 中的相应位上。当 0002 触点变为 OFF 时，DIFD 0501 为 ON，使输出 0504 为 ON。

（8）置进位标志指令 STC 和清进位标志指令 CLC　STC 指令是向进位标志位

输出"1"，即进位标志继电器 1904 变 ON；CLC 指令是向进位标志位输出"0"，即使进位标志继电器 1904 变 OFF。在任何加、减或移位操作之前应先执行 CLC 指令，用作运算前的清零，以确保运算结果准确。

三、PLC 控制设计实例

1. 电动机正反转运行控制

如图 11-27 是一种电动机可逆运行继电器接触控制电路，按动 SB_1，KM_1 得电，电动机正转；按动 SB_2，KM_2 得电，电动机反转。按动 SB_3，电动机停转。

采用 PLC 控制时，保持电动机主电路不变，PLC 外部输入信号连接正转启动按钮 SB_1、反转启动按钮 SB_2、停车按钮 SB_3。同时把电动机过载

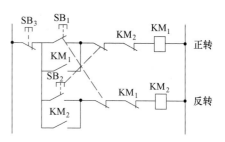

图 11-27　电动机正反转控制电路

保护的热继电器 FR 的常闭触点接入作为输入信号。PLC 的输出接电动机正转接触器 KM_1 的线圈和反转接触器 KM_2 的线圈。输入、输出接线图及 PLC 梯形图如图 11-28 所示。

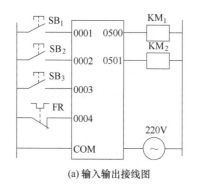

(a) 输入输出接线图

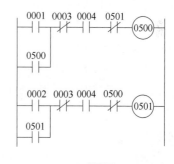

(b) 梯形图

图 11-28　电动机正反转 PLC 控制

依据 C60P 指令系统，编写程序如下：

地址	指令	数据
0000	LD	0001
0001	OR	0500
0002	AND NOT	0003
0003	AND	0004
0004	AND NOT	0501
0005	OUT	0500
0006	LD	0002
0007	OR	0501
0008	AND NOT	0003
0009	AND	0004
0010	AND NOT	0500
0011	OUT	0501
0012	END	

2. 凹版印刷机 PLC 控制系统

如图 11-29 所示为一种凹版印刷机，由收放卷、牵引、印刷、干燥、给墨、传动、辅助装置等部分组成。该凹版印刷机的控制涉及高精度的色标检测、实时通信、套色控制、电子凸轮/电子齿轮同步控制、温度控制、张力控制等。

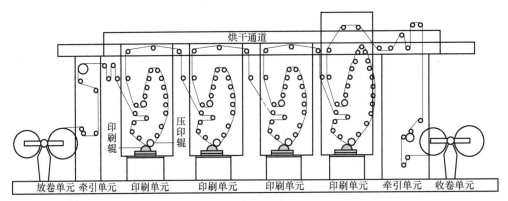

图 11-29　机组式凹版印刷机整机结构

按照 PLC 控制的工程设计方法，需要进行该系统的控制需求分析，明确控制要求。考虑到高速印刷机对于响应速度的需求，需要选择高性能的主控制器和高速位置响应的驱动系统，进行硬件配置，包括 PLC、电动机、减速器、编码器及驱动器的选型等。在此基础上完成系统设计、编程开发、安装调试等。

所设计的控制系统硬件结构如图 11-30 所示，由 PLC、人机界面、伺服驱动器和驱动电动机组成。

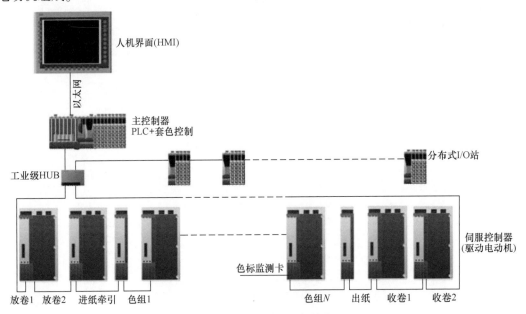

图 11-30　控制系统硬件结构

以该系统中基于 PLC 的集成套色为例，系统能高速准确地进行采样和运算，版辊每转动一圈就及时修正一次，能够适应套色偏差的快速变化，从而确保消除套色偏差的积累，高速、准确地套色，确保凹版印刷机中每个色组精确印刷、多个色组印刷的颜色精确重叠。当套色偏差小于±0.2mm时就超出了人的肉眼可分辨界限，因此，凹版印刷行业通行的印刷标准为套色偏差小于或等于±0.1mm。为了便于传感器检测，每一个色组都会印刷一个色标，通过光电传感器检测色标，得到套色偏差，通过反馈进行调整，修正套色偏差。套色偏差控制原理如图11-31所示。

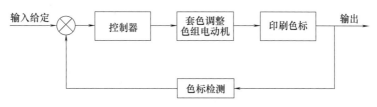

图11-31　套色偏差控制原理

套色系统硬件由光电传感器、套色模块和主PLC组成。如图11-32所示，光电传感器由一个平行光源、两个透镜和两个光电管组成，因此，在反射面上聚焦有两个焦点（两个焦点相距为各色标中心距），两个光电管分别接收两个焦点的反射光。在印刷过程中，各色色标线通过焦点面时，强度发生变化的反射光照射在光电管上，光电管将反射光光强度的变化转换成电流的变化，再将这种电流变化信号转换成电平信号送入套色模块进行处理。

套色模块类似于一个比较器，当模拟量值低于所设的门槛值（threshold）时输出为1。对于双眼的光电管来说，它的两个光电管信号分别相应地输入到色标检测模块的两个模拟量输入通道，为了使两个通道不同峰值的信号都能最好地数字化，在设置色标检测模块的两个通道的门槛值时，要随着信号峰值的变化而变化。色标检测模块两个通道的门槛值如图11-33

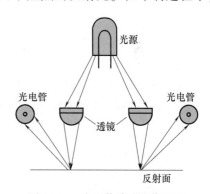

图11-32　光电传感器工作原理

所示。图中两条虚线是色标检测模块的两个模拟量输入通道的门槛值，门槛值的计算公式为：

$$门槛值 = 基值 + \lambda（基值 - 峰值）$$

式中，λ取值是根据现场条件和光电管的质量来调整的。

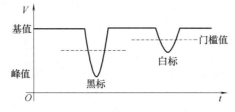

图11-33　色标检测模块两个通道的门槛值

色标检测脉冲信号波形如图11-34所示，图中信号是从第三色组采集而来，故有三个色标信号，它们分别是第一色组到第三色组的色标脉冲信号。

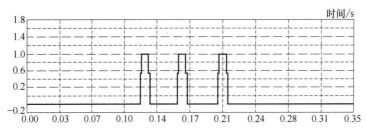

图 11-34　色标检测脉冲信号波形

　　主 PLC 接受套色偏差信号，套色控制系统采用 PID 控制策略得到一个控制量，该控制量再经过解耦功能块产生实际输出控制信号，使伺服电机实现实时高精度套准控制。

扩展学习：

　　PLC 不仅可以实现开关量的顺序控制，也可以实现复杂连续量的过程控制。查阅资料，了解 PLC 在印刷设备上的其他应用。

本章习题：

　　1. PLC 主要由哪几部分组成？各部分起什么作用？
　　2. 简述 PLC 扫描工作的主要过程。
　　3. PLC 的输入/输出电路分别有哪几种接线形式？有何不同？
　　4. PLC 控制与继电器接触控制系统相比较，有什么优点？

第十二章　印刷过程检测与控制——检测与控制是如何实现的

第一节　单张纸印刷机典型控制电路

一、基本控制电路

本小节中基本控制电路主要是指时间控制、速度控制、行程控制以及电流控制等电路。下面将结合具体电路进行介绍。

1. 时间控制电路

时间继电器的应用范围很广，在一些电路（如电动机的启动、制动）中起着控制某些器件延时发生动作的作用。这种由时间继电器来控制电器的动作顺序以完成操作任务的控制电路称为时间控制电路。

如图 12-1 所示为用时间继电器控制的三相鼠笼式异步电动机反接制动的控制电路。反接制动是利用改变电动机电源的相序，使定子绕组产生的旋转磁场与转子惯性旋转方向相反，因而产生制动作用的一种制动方法。

如图 12-1 所示，图中使用了断电延时式的时间继电器 KT 的一个延时断开式常开触点。反接制动时，主电路中串接电阻 R（称为反接制动电阻），以限制反接制动电流。电路的工作过程如下：

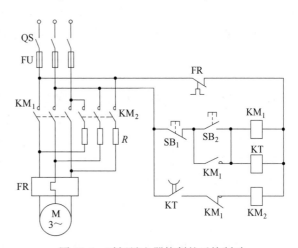

图 12-1　时间继电器控制的反接制动

（1）电动机运行　按 SB_2 —— → KM_2 通电 → 电动机运行；
　　　　　　　　　　　　　→ KT 通电；
　　　　　　　　　　　　　→ KM_2 断电。

（2）电动机制动　按 SB_1 —— → KM_1 断电 → KM_2 通电 → 制动开始；
　　　　　　　　　　　　　→ KT 断电 → 延时 → KM_2 断电 → 制动结束。

2. 速度控制电路

根据转速的变化，由速度继电器来自动换接控制线路的控制电路称为速度控制电路。速度继电器的套有永久磁铁的轴与被控制的电动机轴相连，直接接受电动机轴的速度信号，使速度继电器的外环（定子）旋转，带动触点动作来换接电路。当电动机转速在 $120 \sim 3000 \text{r/min}$ 时，速度继电器触点动作；当转速低于 100r/min 时，触点恢复原位。

如图 12-2 所示是电动机可逆运行的反接制动控制电路。速度继电器触点 KA_Z 用于正转制动，触点 KA_F 用于反转制动，交流接触器触点 KM_Z 用于电动机正转时失压或欠压保护，KM_F 用于反转时失压或欠压保护。控制电路的动作次序如下：

（1）正转和制动　按 $SB_Z \rightarrow KM_Z$ 通电 → 电动机正转 → KA_Z 动作；

按 $SB \rightarrow KM_Z$ 断电 → KM_F 通电 → 制动开始 → 转子转速接近零时，KA_Z 复位 → KM_F 断电 → 制动结束。

（2）反转和制动　按 $SB_F \rightarrow KM_F$ 通电 → 电动机反转 → KA_F 动作；

按 $SB \rightarrow KM_F$ 断电 → KM_Z 通电 → 制动开始 → 转子转速接近零时，KA_F 复位 → KM_Z 断电 → 制动结束。

3. 行程控制电路

由行程开关根据部件的行程位置自动换接线路，这种电路称为行程控制电路。行程开关又称限位开关，其开关动作是由装在运动部件上的挡块来撞动的。

如图 12-3 所示为 J2108A 型对开单色胶印机的主收纸台的升降电路。该电路中，SQ_1、SQ_2、SQ_3 和 SQ_4 是行程开关，主收纸台升降电动机 6M 为三相异步电动机，正转时带动主收纸台上升，反转时带动主收纸台下降。交流接触器 $6KM_Z$ 得电，串接在 6M 电机主回路的常开触点 $6KM_Z$ 吸合，电动机 6M 正转，主收纸台上升。当主台上到一定高度时，将行程开关 SQ_3 触压（SQ_3 安装在一定高度处），线圈 $6KM_Z$ 断电，6M 停止正转，主纸台便停止上升。

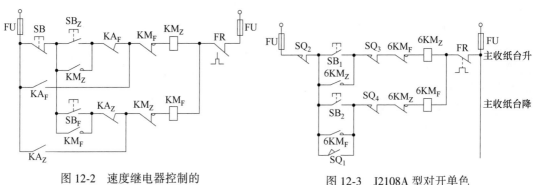

图 12-2　速度继电器控制的
可逆运行的反接制动控制电路

图 12-3　J2108A 型对开单色
胶印机的主收纸台的升降电路

控制方法如下：降按钮 SB_2，交流接触器 $6KM_F$ 通电，电动机 6M 反转，收纸台下降。当主台下降到限定位置时，将行程开关 SQ_4 触压时，主台可自动停止下降。在齐纸板上装有微动的行程开关 SQ_1，当主收纸台上的纸堆增高到一定程度时，纸堆侧垂面将 SQ_1 触压，SQ_1 的常开触点复位，$6KM_F$ 失电，电动机 6M 停止反转，此时主收纸台便完成了一次自动的微量下降。若纸堆再次增高，电路将重复进行上述动作。对主收纸台进行手动升降时，可打开电机 6M 尾端的小盖，这时，行程开关 SQ_2 被触压，将常闭触头断开，切断电动升降电路，以保证手动升降操作的安全。此时，插入手柄摇动即可使主收纸台上升或下降。

4. 电流控制电路

使用电流继电器、根据电流的大小来自动换接线路，称为电流控制，相应的电路称为电流控制电路。如图 12-4 所示为一种直流电动机的过流保护控制电路。过电流继电器 KA 的线圈串在电动机的电枢绕组回路，其常闭触点串入启动电路中。当电动机电流超过 KA 的电流额定值时，过流继电器 KA 的触点释放，使接触器 KM_1 失电，KM_1 常开触点复位，电动机断电而得到保护。电流控制电路常用于过流保护或欠流保护，一般印刷设备都采用了这种控制方式。

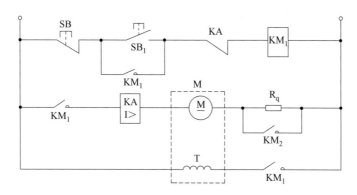

图 12-4　直流电动机的过流保护控制电路

二、输纸控制电路

如图 12-5 所示为 SZ206 型对开连续重叠式输纸器的主电路，其控制电路如图 12-6 所示。下面对其部分电路结构与控制原理进行分析介绍。

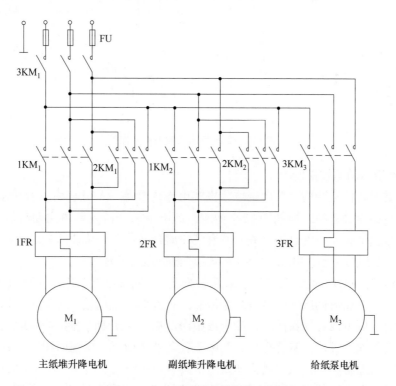

图 12-5　SZ206 型对开输纸器主电路

193

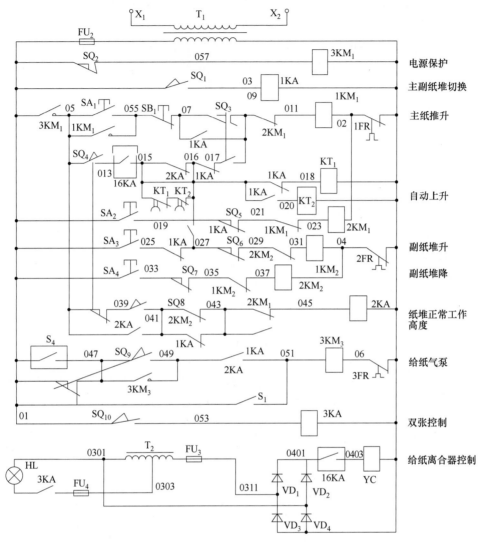

图 12-6　SZ206 型输纸器控制电路图

（一）输纸器的运转控制

输纸器的离合传动结构主要由定位牙嵌式电磁离合器（YC）、齿轮及传动链条构成。定位牙嵌式电磁离合器的结构如图 12-7 所示，此电磁离合器主要由主动与从动两部分构成。主动部分由链轮 4 及吸盘等组成，并套装在离合器轴上。从动部分由从动离合体内的励磁线圈 1、外圆的滑环 2 组成，它们与离合器轴固装为一体。

输纸器运转控制过程时，按下"给纸开"按钮，中间继电器 16KA 得电吸合（图 12-6），其常开触点闭合。交流低压电源经桥式整流后，直流 24V 电压输入电磁离合器 YC 的励磁线圈。在励磁线圈电磁力的作用下，吸盘沿轴向左移，与从动离合体端面接触，吸盘与从动离合体吸合端面上都加工有梯形齿，当吸盘转动到从动离合体端面相应的齿间时，彼此齿间啮合即离合器合上，将主机动力通过电磁离合器、齿轮及链条机构，使输纸器运转起来。停止输纸，可按下"给纸停"按钮。当产生双张，前规故障时，会因继电路 16KA 释放，切断 YC 的直流工作电源。在压力弹簧作用下，吸盘与从动体端面脱离啮合，即电磁离合器离开，输纸器停止运转。

（二）主、副纸堆台的电动升降

SZ206 型对开输纸器的主、副纸堆台升降由锥形转子制动电机 M_1、M_2 驱动。该电机具有启动力矩大、制动可靠、结构紧凑、体积小及可频繁启动的特点，并可对纸堆台的自动上升量进行微量调节，同时，还具有不停机连续输纸的功能。

1. 主纸堆台升降控制

如图 12-6 所示，主纸堆台的升降由交流接触器 $1KM_1$、$2KM_1$ 向电机 M_1 提供三相交流电源。热继电器 1FR 作过载保护。按下主纸堆升按钮"SA_1"时，$1KM_1$ 吸合并自锁，电机 M_1 运转并驱动纸堆台

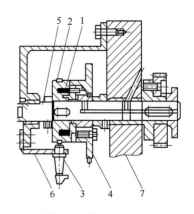

1—励磁线圈；2—滑环；3—电刷；4—链轮；5—机轴；6—电刷架；7—机板。

图 12-7　定位牙嵌式电磁离合器装置

上升。在挡纸板上部中间位置，安装有最高限位微动开关 SQ_3。当纸堆不断上升而使其上平面触压 SQ_3 时，其常闭触头断开（07 与 09），$1KM_1$ 释放，M_1 停止旋转并迅速制动，主纸堆台则停止上升动作。

当按下主纸堆下降按钮"SA_2"后，接触器 $2KM_1$ 吸合电机 M_1 反转并驱动纸堆下降。机板下部装有台架最低限位开关 SQ_5，当纸堆台下降到最低位置时触压到 SQ_5，其常闭触头（019 与 021）断开，使 $2KM_1$ 释放，M_1 停转，主纸堆台停止下降。

2. 副纸堆台升降控制

如图 12-6 所示，按下副纸堆上升按钮"SA_3"，交流接触器 $1KM_2$ 得电吸合，电机 M_2 驱动纸堆上升。当使上升限位开关 SQ_6 被触压时，使 $1KM_2$ 释放，M_2 停转，副纸堆台停止上升。当按副纸堆下降按钮"SA_4"时，交流接触器 $2KM_2$ 将吸合，电机 M_2 反转并驱动纸堆下降。当纸堆下降触压到下限位开关 SQ_7 时，$2KM_2$ 释放，M_2 停转，副纸堆便停止下降。

3. 纸堆自动上升

纸堆自动上升时，由压纸脚进行纸堆高度检测，限位开关 SQ_4 产生自动上升信号。电机 M_1、M_2 分别驱动主、副纸堆产生上升动作。

（1）自动上升信号的产生　纸堆自动上升信号的产生装置如图 12-8 所示。凸轮 1 装在纸张分离头的凸轮轴上，拉簧 4 使滚子 2 始终紧靠凸轮 1。凸轮 1 通过滚子 2 推动摆杆 5 摆动。再通过横向连杆 6 带动四连杆动作，四连杆机构带动压纸脚 14 不断进行纸堆检测工作。与连杆 6 相铰接的摆臂 10 上有一凸面顶住顶杆。纸张分离头每分离和向输纸板输送一张纸，压纸脚 14 就下压检测一次。当纸堆高度下降到一定高度时，压纸脚下压，使摆臂 10 上的凸面向上运动，推动

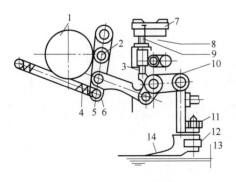

1—凸轮；2—滚子；3—顶杆；4—拉簧；5—摆杆；6—横向连杆；7—限位开关 SQ_4；8—自动上升量；9—顶丝；10—摆臂；11—锁紧螺母；12—调节螺母；13—自动上升距离；14—压纸脚。

图 12-8　纸堆自动上升信号的产生

了顶杆 3 和顶丝 9，最后触压 SQ_4，其常开触头接通 05 与 013 号控制线路（图 12-6），产生纸堆自动上升信号。

（2）自动上升动作过程　纸堆的自动上升包括主纸堆的自动上升和副纸堆的自动上升。主纸堆的自动上升是在电动上升至上限位开关 SQ_3 并使电机 M_1 停止后进行的。副纸堆的自动上升是将主、副纸堆切换限位开关 SQ_1 触压后进行。现以工作时的操作顺序进行讲述。

如图 12-6 所示，将主纸堆台上纸后，纸堆经电动（快速）上升至上限限位开关 SQ_3 处自动停止，此时将输纸器启动运转。由于纸堆还没到达印刷工作的正常高度，经压纸脚检测使 SQ_4 接通 05 与 013 号线路，产生自动上升信号。又由于 SQ_3 的常开触头已经闭合（接通 09 与 017 号线路），因而使交流接触器 $1KM_1$ 得电吸合，M_1 正方向运转，主纸堆则完成一次自动上升。因其上升量相对较大，所以也叫快速自动上升。随着输纸器的运转，压纸脚一次次下压检测产生信号，主纸堆就一次次地向上抬升。当升至某一高度时，SQ_4 不被触压，自动上升信号消失，主纸堆即停止上升。与此同时，磁开关 SQ_8 接通，使中间继电器 2KA 吸合并自锁，其常闭触点断开（015 与 016），切断主纸堆快速自动上升回路，此时纸堆已到达正常工作高度。另外，2KA 的常开触点（049 与 051）闭合，在磁开关 SQ_9 接通时，给纸气泵电机的交流接触器 $3KM_3$ 吸合并自锁，气泵启动使输纸器开始输纸。

随着印刷的进行，当纸堆的高度降低到一定程度时，压纸脚下压检测又使 SQ_4 受到触压（05 与 013 又被接通）。此时，自动上升信号经时间继电器 KT_1 与 KT_2 的常闭触点构成回路，使接触器 $1KM_1$ 吸合，主纸堆上升。由于 KT_1 的控制作用，主纸堆的上升时间很短，即上升量很微小，所以称此上升为微量自动上升。当输纸器继续工作，纸堆再次下降时，主纸堆便重复进行上述微量自动上升过程。

（3）不停机上纸　当主纸堆的纸张减少到需重新上纸时，可采用副纸堆台辅助工作，如图 12-9 所示。将插辊 9 插入纸台槽，然后按副纸堆上升按钮"SA_3"，使副纸堆台前后台架 5 与 6 托起插棍 9 并承受主纸堆剩余纸张的重量。前台架 5 上限位开关 7（SQ_1）受到触压，其常开触点闭合（01 与 03 接触），中间继电器 1KA 吸合，主、副纸堆实现了切换。1KA 的常闭触点断开（016 与 017），常开触点闭合（016 与 027 接通），使微量上升

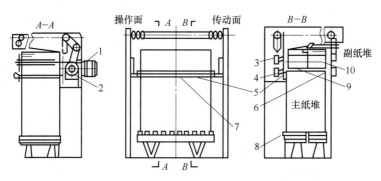

1—副纸堆升降电机 M_2；2—减速器；3—台架最高限位开关 SQ_6；4—台架最低限位开关 SQ_7；
5—前台架；6—后台架；7—自动上升转换开关 SQ_1；8—主纸堆；9—插棍；10—插棍架。

图 12-9　副纸堆台结构示意图

信号输入给接触器 1KM$_2$。由于 1KA 的常开触点接通了 KT$_2$ 的工作电路（015 与 020 接通），在 KT$_2$ 作用下，副纸堆将进行微量自动上升控制，以维持纸堆正常高度，保证输纸工作继续正常工作。此时，采用电动下降将主纸堆台降于地面进行上纸，上纸后再采用电动上升将主纸堆升起。当主纸堆上平面与插棍接触，即托起副纸堆剩余纸张时，副纸堆台架上的弹簧压力消失，切换开关 SQ$_1$ 恢复常开状态，继电器 1KA 释放，1KM$_2$ 释放，副纸堆微量自动上升停止。由于 1KA 的常闭触点（016 与 017）复位，微量自动上升信号将使 1KM$_1$ 吸合，使主纸堆又恢复微量自动上升，输纸工作得以不间断地进行。此时，要将副纸堆台架上的插棍自中间向两边依次抽出，使剩余纸张落在主纸堆上，至此完成主、副纸堆切换使用的过程。应当注意，副纸堆没有快速自动上升，只有微量自动上升。

（三）双张检测与控制电路

1. 双张检测

SZ-206 型输纸器的双张检测是机械式检测装置，如图 12-10 所示。图中检测滚轮 8 由杠杆支撑并压在输纸线带辊 13 上，并随线带和运动的纸张滚动。通常先在检测滚轮 8 下面塞入两张纸，调节滚轮压力，使纸张输送时能带动检测滚轮 8 转动。然后，通过调节螺丝，控制滚轮 6 与检测滚轮 8 的距离，使其小于一张所用纸张的厚度。当出现双张或多张时，检测滚轮 8 被抬高，将滚轮 6 顶起一定的角度并带动它一起转动。此时，滚轮 6 侧面的锁轴 3 将 SQ$_{10}$ 的金属长板 2 顶起，使 SQ$_{10}$ 动作（图 12-6），其常开触点闭合（01 与 053 接通）。中间继电器 3KA 吸合，双张指示灯 4（即 HL）发光指示。3KA 的常闭触点断开，使输纸继电器 16KA 释放，输纸电磁离合器 YC 失电切断，输纸器停止运转。待双张故障排除后，输纸器可重新启动工作。

2. 气泵控制

输纸气泵电机 M$_3$ 的启动有两种操作方式。在更换调试而需要单独启动时，可将按钮盒面板上的开关 S$_1$ 置"单动"位（01 与 051 接通），交流接触器 3KM$_3$ 吸合，输纸气泵电机 M$_3$ 运转。

另一种操作方式是在输纸器运转情况下进行，但必须满足两个条件：一是将按钮盒面板上的气泵开关 S$_4$ 置"通"位（图 12-6），01 与 047 接通；二是纸堆自动上升到正常高度使 2KA 吸合，2KA 的常开触点闭合（049 与 051 接通）。在以上两条件具备后，当吸纸嘴运动到一定位置时，旋转的金属铁板进入磁行程开关 SQ$_9$ 的缝隙中，SQ$_9$ 工作。其常开触点闭合（047 与 049 接通），3KM$_2$ 得电吸合，输纸气泵电机 M$_3$ 运转。当气泵需要停止工作时，可将开关 S$_4$ 置"断"位。由于 SQ$_9$ 常闭触点的自锁作用，3KM$_3$ 并没释放，即气泵仍在工作；待吸纸嘴将最后一张纸递出以后，SQ$_9$ 由于铁板旋

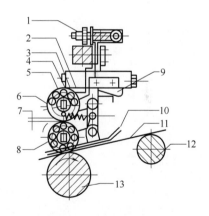

1—调节螺丝；2—开关长板；3—锁轴；
4—指示灯；5—下滚轮对纸张压力调节；
6—控制滚轮；7—调节间隙；8—检测
滚轮；9—微动开关 SQ$_{10}$；10—挡纸
板；11—纸张；12—接纸辊；13—线带辊。

图 12-10　双张控制器装置图

入缝隙而动作，其常闭触点断开（01 与 047）。于是接触器 3KM$_3$ 释放，气泵电机 M$_3$ 停止运转，输纸器停止输纸。

第二节　卷筒纸张力控制系统

卷筒纸印刷机在印刷过程中，纸带必须具有一定的张力才能向前运动。张力太小，会使纸带产生拥纸而产生横向皱褶、套印不准等问题；张力过大，会造成纸张拉伸变形，出现印迹不清、纸带断裂等现象；张力不稳，纸带会发生跳动，以致出现纵向皱褶、重影、套印不准等问题。

一、纸卷的制动形式

纸带张力大小取决于纸带牵引力及纸带所受的制动力。按照施加制动力的不同，纸卷的制动可分为圆周制动和轴向制动两类。

1. 圆周制动

制动力作用在纸卷外圆表面的制动称为圆周制动。如图 12-11 所示为两种形式的圆周制动工作示意图，其中图 12-11（a）为配重制动，依靠重力对纸卷施加一个力矩；图 12-11（b）为制动带制动，制动带一般由独立电机驱动，是利用制动带速度和纸卷速度之差来产生制动力。通常制动带的速度比纸带的速度慢 2%~5%，由于速差较小，不易损坏纸面和产生静电。这种制动方式可通过改变制动带的速度和制动带与纸卷之间的压力，以及改变制动带与纸卷的包角等途径来调整制动力的大

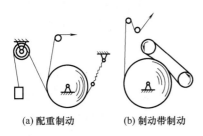

(a) 配重制动　　(b) 制动带制动

图 12-11　纸带圆周制动

小。如果制动带的速度高于纸卷表面速度，还可以驱动纸卷。因此这种制动带制动方式广泛应用于高速自动接纸系统中。

2. 轴向制动

轴向制动是指制动力施加在与纸卷芯部相固连的轴上。轴向制动的优点是制动件不与卷筒纸纸面直接接触，因而不会损坏纸面，也不会产生静电。但轴向制动不能有效地控制偏心纸卷产生的惯性力，特别在大纸卷时尤其明显。现代印刷机用得比较多的轴向制动装置是磁粉制动器。

二、纸带张力控制装置

（一）系统结构与控制原理

在印刷过程中，纸卷的拉力是不断变化的，为了使纸卷张力恒定，必须使纸卷制动力能够根据张力波动情况自动地进行调整，因此现在卷筒纸印刷机上都配置有张力自动控制系统。张力自动控制系统有开环控制和闭环控制两大类。开环控制中没有检测和反馈装置，闭环控制具有检测和反馈功能，控制精度高，是目前卷筒纸印刷机采用的形式。

如图 12-12 所示是一种用磁粉制动器控制的张力闭环系统。图中，纸卷 1 开卷后，纸带 2 经浮动辊 3、张力感应辊 4、调整辊 5，再由送纸辊 6 送入印刷部件。电压信号 U_g 是根据比较合适的印刷张力预先给定的。在印刷过程中，如果由于机器速度的变化、纸卷的偏心、纸卷直径的减小或其他原因，纸带张力发生变化，就会使张力感应辊产生位移离开

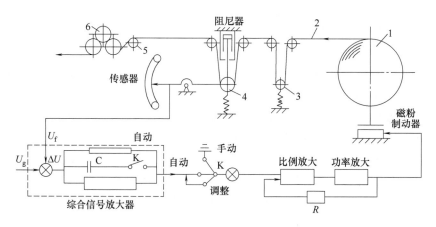

1—纸卷；2—纸带；3—浮动辊；4—张力感应辊；5—调整辊；6—送纸辊。

图 12-12 磁粉制动张力自动控制系统

平衡位置，绕其支点偏转一个角度，而传感器是一绕线滑动电阻，张力感应辊 4 位移时，滑动触点的电压发生变化，并发出改变后的电压信号 U_f（反馈信号）。将 U_f 送至综合信号放大器，与给定的电压信号 U_g 相对比，存在电压差 $\Delta U = U_g - U_f$，ΔU 经电压放大器、功率放大器后，引起通入磁粉制动器的励磁电流变化，从而使磁粉制动器作用在纸卷轴上的制动力矩发生相应的变化，纸带的张力恢复到给定值。这样，张力感应辊 4 也恢复到原来的平衡位置，从而保证走纸作用力的稳定。控制磁粉制动器的电流有一部分用来作反馈，这种反馈电流经电阻 R 的作用，变成电压信号进入比例放大器，可加强电路系统的稳定性和控制精度。

在图中，有"手动""调整""自动"三个位置，当开关 K 放在"手动"位置时，传感器和综合放大器不起作用，此时张力不能自动调节，仅靠手动调节 U_g 的大小来改变张力。调节时根据不同纸张，选定合适张力，通过电流表指示出来，作为磁粉制动器控制电流的标准值。当把 K 放在"调整"位置时，可以检查传感器是否起作用，自动调节系统是否正常。如果正常印刷时，随着纸卷直径减小，电流表指针向减小方向移动，说明自动调整系统工作正常。当把开关 K 放在"自动"位置时，张力自动控制系统起作用。

如图 12-13 所示为张力自动调节系统方框图，系统控制作用可表示为：

张力 $F\uparrow \rightarrow U_f\uparrow \rightarrow \Delta U(U_g - U_f)\downarrow \rightarrow$ 励磁电流 $I\downarrow \rightarrow$ 制动力矩 $M\downarrow \rightarrow F\downarrow \rightarrow F$ 回到预设给定值。

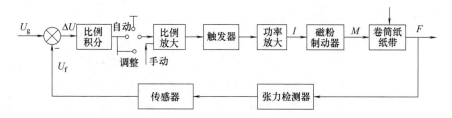

图 12-13 张力自动调节系统方框图

当纸张张力变小时，系统将发生与上述相反的控制作用。

（二）电气控制系统

1. 磁粉制动器

磁粉制动器是一种电磁离合器和制动器，在卷筒纸胶印机的纸张张力控制系统中用来对纸卷进行制动控制。磁粉制动器结构如图 12-14 所示，其主要由外定子 1、线圈 2、转子 3、内定子 5 和磁粉 13 等部分组成。磁粉填充在内定子和转子之间，为了减少制动器工作时的升温，在内定子中通过冷却水路系统 6 来降温，同时在转子上还设有风扇来进行冷却。当励磁线圈 2 通电时线圈周围产生磁力线 9，磁粉 13 磁化，在转子和内定子间有了磁力矩，从而使转子被制动，达到纸卷制动。可通过调节励磁电流的大小，改变制动力矩的大小。励磁电流越大，制动器转子力矩也越大。励磁电流 I 与制动力矩 M 的关系可以表示为如图 12-15 所示的力矩特性曲线。由图可知，当励磁电流控制在 I_1 与 I_2 之间时，曲线几乎为直线，M 与 I 近似为线性关系。因此，改变励磁电流的大小，可使磁粉制动器的制动力矩得到改变。在印刷中，随着纸卷半径的不断减小，纸卷阻力矩会变小，为了使纸带张力保持恒定，要求磁粉制动器的制动力矩 M 的大小作相应改变，即使励磁电流 I 实现自动跟踪控制。

2. 张力传感器

多数卷筒纸胶印机都采用电位器为传感器，将纸带张力转换为电信号。如图 12-16 所示为该传感器结构图。图中滑动臂由张力摆动辊、阻尼机构等驱动。正常印刷时，摆动辊所受张力与弹簧力平衡，张力发生变化与摆动辊位移相对应。于是，若使该机构中的扇形齿轮偏转一定角度，与扇形齿轮啮合的小齿轮也随之转动，并带动传感器的滑动臂转动。滑动臂带动电刷在电阻丝上滑动，在电阻丝上取得一电压数值，该电压值即为张力反馈信号。该信号与给定信号综合后，其差值将输入比例积分等控制电路。由于张力反馈信号为负反馈，从而能使磁粉制动器的励磁电流、制动力矩发生变化，以实现纸卷张力的闭环稳定调节。

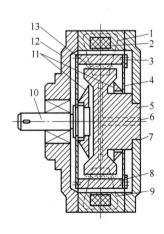

1—外定子；2—线圈；3—转子；4—密封环；
5—内定子；6—冷却水路；7—后端盖；
8—风扇叶片；9—磁力线；10—轴；
11—迷宫环；12—前端盖；13—磁粉。

图 12-14　磁粉制动器结构

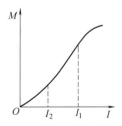

图 12-15　磁粉制动器力矩特性曲线

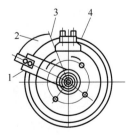

1—滑动臂；2—弹性金属片；3—电刷；4—电阻丝。

图 12-16　传感器结构图

（三）电路工作原理

1. 直流稳压电源

如图12-17所示，电源变压器T的副边有5组线圈，由3、4端输出交流60V，为触发电路提供直流电源；由5、6端输出交流30V电压，为功率放大器的可控整流电路提供电源；由7、8端输出交流6.3V电压，为电源指示灯供电；9、10端与11、12端输出两组交流20V电压，为两组串联型直流稳压电源提供交流电源。

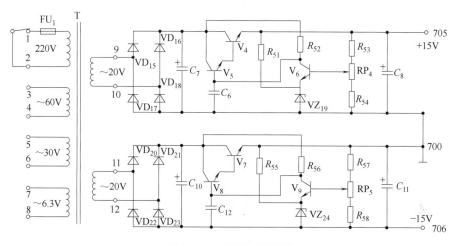

图12-17　直流稳压电源

串联型直流稳压电源的电路由两组完全相同的电路串联组成。现以一组为例分析其电路工作原理。其中二极管$VD_{15} \sim VD_{18}$作桥式整流，电容C_7进行滤波。三极管V_4与V_5组成复合调整管，以提高放大倍数与减小基极控制电流。V_6和VZ_{19}提供基准电压，R_{52}为V_6的集电极电阻。电阻R_{53}、R_{54}与电位器RP_4组成取样电路。当电网电压降低负载电流增加时，C_8两端的输出电压下降，经R_{53}、R_{54}与RP_4的分压后，V_6的基极电位下降。由于VZ_{19}的稳压作用，V_6的发射极电位保持不变，故U_{be6}下降，I_{c6}下降，U_{c6}上升，U_{b5}随之上升，V_4的集电极电流增加，使稳压电源输出电压恢复原值，即为15V直流稳定电压。另一组稳压电源以700端为公共点连接，由705与706端输出±15V直流稳定电压，向控制电路供电。

2. 给定、比例积分、比例放大与反馈电路

控制系统电路原理图如图12-18所示。此系统分开环与闭环两种工作状态。通常按钮在"手动"位置时电路处于开环状态，在"自动"位置上时电路处在闭环工作状态。根据不同纸张张力有不同的要求，调试时先用"手动"进行张力预选。具体过程是将琴键开关SA_1置于"手动"位置，开关触点将N_1的输出端9与711端断开，将711端接于公共点700（图12-17）。此时，运算放大器N_1与反馈回路不起作用，系统为开环状态。调整时一般可根据操作者的工作经验用手摸试纸张张力大小，同时，手动顺时针调整电位器RP_4，将负电压信号通过电阻R_{10}输入到运算放大器N_2的反向输入端1。经N_2的比例放大作用，其输出端9获得正极性电压U_{02}，U_{02}输入触发电路V_{11}的基极。晶闸管VT_1、VT_2被触发导通，磁粉制动器励磁线圈获得直流控制电流，并由电流表显示出来。调整到张力合适为止，记下此时制动器电流表数值，此值即预选张力值。

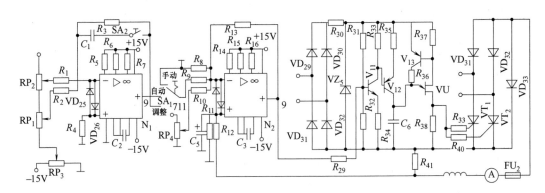

图 12-18　张力控制系统电路原理

张力预选后，将电位器 RP_4 旋回零位，将琴键开关选择按在"调整"位置。由于 709 与 711 端接通反馈回路，N_1 及 N_2 都投入工作（但积分电路并没起作用）。调整"给定"电位器 RP_2 正电压经 R_1 送至 N_1 反相输入端 1，由于 SA_2 开关断开，积分电容 C_1 此时不作用，N_1 只作比例放大而无积分作用。N_1 对"给定"电压信号作比例放大后输出负电压 U_{01}，U_{01} 经 R_9 输入 N_2，经 N_2 作比例放大后输出正电压 U_{02}，U_{02} 输入 V_{11} 基极，又经功放电路使磁粉制动器励磁线圈得到电流。调整 RP_2 使电流表指向预选值，"给定"信号就调整好了。调整工作状态虽是闭环系统，并具有自动调节作用，但由于 N_1 没有积分作用，系统控制精度较低，但已能对纸卷由大变小或其他原因所造成的张力不稳定做出自动调整。只有将选择开关置于"自动"挡时，积分电路通过开关 SA_2 闭合，将 C_1 接入 N_1 电路，使 N_1 成为比例积分调节器，系统将成为比例积分自动控制系统。其自动控制作用如

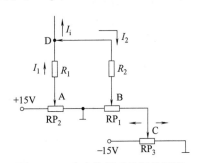

图 12-19　张力控制系统调节原理

下：机器运转输纸后，将选择开关置"自动"挡，调节"给定"与"放大"电位器 RP_2、RP_1 使张力为预选值。该电位器调好后，在整个印刷过程中不要再调动，调节原理如图 12-19 所示。

由图 12-19 可见，当"给定"电位器与"放大"电位器已调整好时，A、B 点将固定不动。因电位器 RP_3 的 C 点基本不动，反馈电压 U_f 不变，给定电压 U_g 一定，所以，差值电压 $\Delta U = U_g - U_f$ 也为定值。D 点电位将确定。但此状态是瞬时的，当各种干扰引起张

力发生变化时，将通过摆动辊、扇形齿轮及小齿轮作用，推动传感器上电刷移动，C 点产生位移，U_g 产生变化，导致 D 点电位改变，N_1 随即进行比例积分运算，经电路控制作用，励磁电流改变，即制动力矩变化，使张力稳定。例如，当干扰使张力减小时，传感器 RP_3 上的 C 向右移动，反馈电压 U_f 增加，ΔU 下降，D 点电位也随之下降，励磁电流 I 减小，制动力矩 M 减小，使张力恢复原值，并维持恒定。

3. 触发与功率放大电路

触发电路主要由晶体三极管 V_{11}、V_{12}、V_{13} 和单结晶体管 VU 及偏置电阻组成（图 12-18）。

当给定电压 U_g 与反馈电压 U_f 比较综合后的差值电压 ΔU 小于零时，N_1 的输出 U_{01} 为正值，N_2 的输出 U_{02} 为负值。U_{02} 输入触发电路 V_{11} 的基极，此时触发电路无触发脉冲产

生，功放电路不工作，磁粉制动器因无励磁电流而不能产生制动力矩。当 U_g 与 U_f 比较综合后的差值电压 ΔU 大于零时，U_{01} 为负值，U_{02} 为正值，V_{11} 获得正偏置电压而导通，其集电极电位 U_{c11} 下降变负，V_{12} 的基极电位 U_{b12} 也随之下降。由于 V_{12} 为 PNP 型三极管，V_{12} 的 U_{be} 为正偏置，于是 V_{12} 导通，其集电极电流 I_{c12} 向电容 C_6 充电。当 C_6 上的电压 U_{C6} 充至单结晶体管 VU 的峰点电压时，VU 导通，在 R_{38} 上产生脉冲电压。

在一般的单结晶体管触发电路中，导通后将会很快关断，因此，脉冲输出为窄脉冲。若在此触发电路中增加 PNP 三极管 V_{13}，当单结晶体管 VU 导通，其 e、b_1 之间的内阻及 b_1、b_2 之间的内阻都瞬间减小，流过 b_1、b_2 之间的电流增大，电阻 R_{37} 上产生的压降使 V_{13} 和 U_{be} 为正偏置，于是 V_{12} 偏置，V_{13} 由截止变为导通，从而使 VU 的发射极电流增大并大于谷点电流，以维持 VU 继续导通。这样，使 R_{38} 上产生的电压脉冲增宽，此宽脉冲输入功放电路对晶闸管进行触发。

功率放大级主要由二极管 VD_{31}、VD_{32} 和晶闸管 VT_1、VT_2 组成单相桥式半控晶闸管整流电路。VD_{33} 为续流二极管，电流表与磁粉制动器励磁线圈串联，用于控制电流指示，熔断器 FU_2 作短路保护。电阻 R_{38} 上的宽脉冲信号经电阻 R_{39}、R_{40} 分别触发晶闸管 VT_1、VT_2 并使其导通。整流输出电流经电阻 R_{41} 通入励磁线圈，使制动器产生制动力矩。

三、卷筒纸断纸自动检测

断纸自动检测装置安装在印刷机构和折页之间，以防止断裂的纸带卷入滚筒，损坏包衬或印版，在印刷过程中发生断纸的瞬间，由探测器进行检测，发出信号，立即停机，以确保机器安全。就其检测的原理可分为控制杆式、空气式、光电式断纸探测器等。

1. 控制杆式断纸探测器

如图 12-20 所示，正常输纸时触动微动开关摆杆 8，使微动开关 7 的触点闭合。当纸带突然断裂时，探测杆 1 失去纸带支持靠自重下落，带动摆臂 3 绕轴 2 顺时针摆动，锁销 9 脱开摆杆 8，在弹簧 6 的作用下，摆杆 8 逆时针方向转动，使微动开关 7 断开电路，机器停止运行。

2. 空气式断纸探测器

如图 12-21 所示为一种空气式断纸自动探测器。供气管 1 用托架 2 安装在运行纸带 4 的上面，在纸带下面的托架 7 上安装有微动开关 6，气管的喷气口 3 对准纸带下面的微动开关的控制板 5。当纸带正常印刷时，喷气口 3 喷出的气体被纸带 4 挡住，微动开关 6 的触点闭合通电。一旦纸带断裂，气流喷在控制板 5 上，此时压力使微动开关 6 断开停电，机器停止运行。

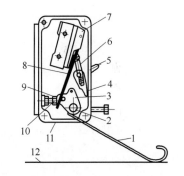

1—探测杆；2—轴；3—摆臂；4—限位块；5—锁紧手柄；6—弹簧；7—微动开关；8—摆杆；9—锁销；10—限位开关；11—安全盒；12—纸带。

图 12-20 控制杆式断纸探测器

3. 光电式断纸探测器

现代高速卷筒纸印刷机上多采用光电式检测器，与单张纸印刷机光电检测机构原理相同，如图 12-22 所示。

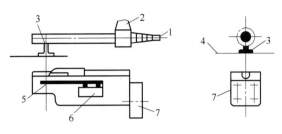

1—供气管；2—托架；3—喷气口；4—纸带；

5—控制板；6—微动开关；7—托架。

图 12-21　空气式断纸探测器

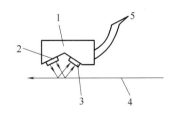

1—光电头；2—光源；3—光电接收器；

4—纸带；5—导线。

图 12-22　光电式断纸探测器

第三节　印刷质量检测与控制

目前，数字技术、网络技术、直接制版技术已日趋成熟，计算机技术、光纤传导、智能化控制已在印刷领域中得到成熟运用。随着各种自动监测控制技术的不断发展，现代印刷机普遍引入印品质量检测以及数字化调节控制系统，自动化程度不断提高。这类系统将印刷机控制、生产组织、生产管理结合在一起，使印品质量大大提高，控制性能更加完善，也给机器控制系统的维护保养增添了新的内容。

不同形式的印品质量检测控制系统都是综合考虑诸多印刷条件，通过控制印刷特性而控制色彩复制的稳定性，其基本控制原理大致可归为两类：基于密度测量的控制系统和基于色度测量的控制系统。

一、基于密度测量控制系统

1. 密度测控原理

采用基于密度的测控是由于印刷过程中的墨量与印品反射率之间存在定量关系。在印刷机上配置密度计，检测印品的光学密度值，经过处理运算后，这些密度值可转化为表示各色墨层厚度变化的数据。控制模块（或操作者）可据此进行自动（或人工）调节墨量，补偿印刷条件的改变，保持或重建印刷品跟标准样张的颜色匹配。

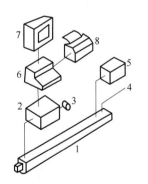

1—带测量头的测量杆；2—控制

单元；3—光电子脉冲发生器；

4—空气压缩机；5—集中光源；

6—微型计算机；7—监

控器；8—打印机。

图 12-23　联机密度测量原理

密度可在运转的胶印机上联机测量，每一印张在从最后一个印刷机组输向收纸堆的过程中各种密度由机上密度计记录下来。如图 12-23 所示为一种联机密度装置示意图，带测量头的测量杆装在最后一个印刷机组和收纸部分之间，测量杆放在胶印机的最后一个印刷机组的压印滚筒对面，测量杆的各个测量头正好与信号条的各测量表面相对应。测量信号条可放在印张的任何位置，如叼口、拖梢或中间某个地方。光源发出的光通过测量头投射到信号条表面，反射到测量头中的光学元件上。光学元件发出相应电信号给控制单元，由控制单元将信号传递给微型计算机，该信号将转化成密度用于后续的各种处理。

2. 密度测控装置

如图 12-24 所示为密度测控单元（测量杆）的具体结构，其带有 4 个测量头。每只测量头中的光电管接收到印张反射光后，产生一个细微电流给前置放大器 2。从前置放大器中输出放大的电压信号被送到取样保持放大器 3，直到发出"保持"指示。于是，放大器把瞬间信号保持一段时间。当测量信号条正好运动到测量头下时就发出"保持"信号。在"保持"指令期间，所有取样保持放大器 3 输出通过模拟开关 7 以极迅速的顺序连接到对数变换器 11 上，对数变换器把电流强度变换成密度信号，通过阻抗变换器 12 把这些密度信号 13 送到计算机的 A/D 变换器中。

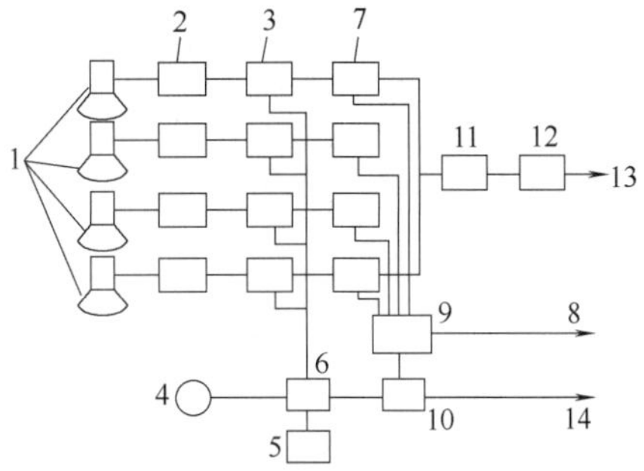

1—测量头；2—前置放大器；3—保持放大器；
4—脉冲发生器；5—标准值；6—计数器；
7—模拟开关；8、13、14—信号；9—调制器；
10—控制器；11—对数变换器；12—阻抗变换器。

图 12-24　四测量头联机密度检测与控制

光电脉冲发生器 4 受压印滚筒轴控制，给取样保持放大器确定测量信号条与测量头的对应位置关系。压印滚筒表面（纸张）每移动 1mm（弧长），就发生一个脉冲。这些脉冲由电子计数器 6 计数并同确定标准值 5 比较。当脉冲数与确定的值一致时，计数器 6 就发出一个信号，告诉整个系统，测量信号条现在正位于通过的区域（粗同步）。测量杆中的同步头开始活跃并密切注视同步表面的通过，同步表面被记录在测量杆中。一旦这些表面处于同步头下面，同步头就发出保持指令（细同步）。

除距离脉冲外，脉冲发生器 4 通过多路调制器 9 也产生一个一个与纸张边缘相应的起始脉冲 8。这既是计数器的起始信号，又是计算机的起始信号。通过多路调制的控制器 10，把表示各密度信号顺序的另一个信号 14 送给计算机，取样保持放大器平行（同时）进行测量，把它们的信号一个接一个送给计算机。当起始脉冲 8 通知计算机，在一定数目的脉冲信号 14 之后一系列新的密度值信号 13 将到达时，计算机就启动 A/D 变换器，并读出相应的测出值，这样就能依次读取一张信号条上的所有密度值。

接下来控制系统的处理流程是根据测量值进行处理，分析对比测量密度与样张标准值的关系，计算调控数据，或直接进行机器的自动调控。

二、基于色度的控制系统

实践证明，单单根据密度测量结果控制输墨往往是不够的。人们无法用密度测量值明确、有效地交换色彩信息。印刷图像复制重要的是色彩匹配，而不是油墨量匹配。这些是由密度测控向色度测控过渡的实际需求。

1. 色度测量控制原理

色度测控需首先确定调试范围内的光谱漫反射率，然后根据光谱漫反射率或据此推导出来的一些色度特征参数实现输墨控制。测色系统由测量头、光导纤维、分光光度计、计算机和专门的软件组成。扫描头扫描印在纸上的控制条，反射的光线经光导纤维直接进入分光光度计，分光光度计上的一行光电二极管接受射来的光波（波长间隔10nm），计算机据此计算被测色在CIE LAB空间的位置，然后跟参考值比较，再把出现的色差转换成恢复色彩平衡的校正值，计算的结果用图形表达并对印刷机进行直接控制。

具体应用时，首先根据印版扫描器的测量值对印刷机进行粗调；接着是调整阶段，包括色彩匹配、套准调节，在这个阶段，要根据打样细调输墨系统直到得到令人满意的印刷品；最后进行正式印刷。印刷过程中的调节集中于尽量保持调机时达到的结果不变。通常人们不再把打样作为参考，而是把认为"好"的印张作为参考，根据"好印张"的色密度测量值进行调节。在这样的密度调节阶段，把光谱反射率换算成滤光色密度（与密度测量相对应），然后把换算得到的结果跟由"好印张"算出的结果进行比较，色密度的差值就直接转化成控制数据，对输墨进行调节控制。对于分区控制输墨的印刷机来说，可以按区分别监控。

色度测控的主要优势包括：第一，足以使被复制色与样本色达到客观的匹配，跟照明条件的变化和人对色彩的主观感受无关；第二，这些系统在工业上的任何配色工艺中都是适用的，没有任何限制；第三，它们是确保印刷质量的有力工具。

2. 基于色度的油墨量测控系统

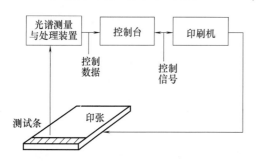

如图12-25是基于色度测量的印刷机输墨控制系统简图。对带有输墨遥控系统的印刷机产生的印刷品用光谱测量与处理装置进行光电测量，由此得到的测量数据被换算成控制数据。这些控制数据是跟各个墨区中参加印刷的油墨和印刷材料造成的色差相对应的，并作为输入数据供给控制台。控制台根据控制数据产生控制信号，控制信号按色差最小的原则调节印刷

图12-25　基于色度测量的印刷机输墨控制系统

机的输墨元件，使偏差等于零或在许可的误差范围内。

三、印刷质量在线检测

如图12-26所示为一种印刷图文缺陷在线检测系统原理示意图，其工作过程简单描述如下：

① 安装于印刷机上的"行照相机"扫描拍摄一行印刷图文，将其按浓淡程度转换为相应的电信号。

② 把行信号分割为约500个，依次保存于当前值存储器。印刷物每移动一定距离就摄入一行浓淡图像，从而把整个印刷物分割为网格状的检查单元，保存在"当前值存储器"。

③ 正式印刷开始时，把"当前值存储器"内容全部移至"基准值存储器"。

④ 印刷过程中，由"比较判定电路"依次比较当前值存储器和基准值存储器的同一地址（即印刷

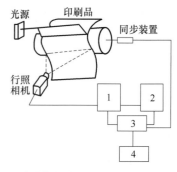

1—当前值存储器；2—基准值存储器；

3—比较判定电路；4—缺陷显示。

图12-26　印刷图文缺陷在线检测

品图样的同一位置）的内容。如产生缺陷，则缺陷位置的当前值数据与基准值数据就会不同。计算两者的差值即可判别有无缺陷。

⑤ 缺陷一旦被判定，指示灯、蜂鸣器、CRT 显示器将发出报警，同时使油墨喷射标志器工作，并使自动排出缺陷印刷物的检出机构工作。

扩展学习：

机器视觉检测系统利用高速相机实时获取印刷品表面图像，在线分析和检测印品表面的图文缺陷。请查阅资料，了解相关的原理和技术。

第四节 印刷机自动控制系统

印刷机的数字化技术使印刷机的印刷与印前、印后等全部生产过程结合起来，一起进入了基于网络通信技术和数字信息技术的时代。

一、印刷机自动控制系统的发展

经过几十年的发展，印刷机的自动控制技术由起初的仅仅对油墨及套准的控制发展到全数字化的对整个印刷机工作状态的全面控制，并通过网络技术的应用，实现了对印前、印刷和印后全部工作过程乃至印刷厂的全部工作，如物流、计价、印件跟踪、发票、采购等的整体控制。

印刷机采用自动控制系统具有如下主要优点：

① 缩短更换印件的印刷前准备时间。

② 减少废品，降低纸张、油墨等材料的损耗，降低了生产成本。

③ 减轻了操作人员的劳动强度，改善了劳动条件。

④ 最大限度降低了凭经验判断印品质量的人为主观因素，印件质量得到了保证，同时在重印时也可以保证印刷质量的一致性。

⑤ 因为墨色控制、套准控制等都是由机器来自动进行的，所以实现起来准确快捷，对操作者的经验要求大大降低。

目前印刷设备市场中，90%以上的多色平版印刷机都配备了自动控制系统，如海德堡公司的 CPC、CP-Tronic 系统，罗兰公司的 RCI、CCI 和 PECOM 系统，高宝公司的 Colortronic、Scantronic 和 Opera 系统，小森公司的 PAI 系统等。印刷机自动控制技术还在继续发展，各印刷机制造商不断提高印刷机自动化程度，其目的在于进一步缩短印刷机印前准备时间，提高印刷质量、提高印刷机的实际生产效率。

二、CPC 控制系统

海德堡公司的计算机印刷控制系统（Computer Printing Control，CPC）是海德堡应用于平版印刷机上，用来预调给墨量、遥控给墨、遥控套准以及监控印刷质量的一种可扩展式的系统。该系统由印刷墨量和套准控制装置（CPC1）、印刷质量控制装置（CPC2）、印版图像阅读装置（CPC3）、套准控制装置（CPC4）、数据管理系统（CPC5）和自动检测与控制系统（CP-Tronic，CP 窗）等组成，如图 12-27 所示。

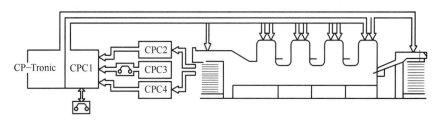

图 12-27　海德堡印刷机的 CPC 和 CP-Tronic

1. CPC1 印刷墨量和套准控制装置

海德堡 CPC1 印刷控制装置由遥控给墨装置和遥控套准装置组成，它具有 4 种不同的型号。

（1）CPC1-01　这是基本的给墨和套准遥控装置。该装置通过控制台上的按键对墨斗电机进行控制，实现墨量的调节，对套准电机进行控制，实现多色印刷的套准。

（2）CPC1-02　CPC1-02 除了具有 CPC1-01 的所有功能以外，还增加了盒式磁带装置、光笔、墨膜厚度分布存储器和处理机等。使用光笔在墨量显示器上划过，就可以把当前的墨膜厚度分布情况以数据形式记录并存储到存储器当中，需要时只需调出就可直接使用。

CPC1-02 的盒式磁带装置可以调用由 CPC3 印版阅读装置提供的预调数据，因此可以将给墨量迅速地调整到设定的数值，从而缩短了准备工作时间，提高了生产效率。

（3）CPC1-03　这是 CPC1 装置的又一扩展形式，它提供了手动控制、随动控制和自动随动控制等多种控制方式，可以通过数据线与 CPC2 印刷质量控制装置相连，将 CPC2 装置测得的印品上各墨区的墨层厚度转换成墨量调整值，并将其与设定的数值进行比较，再根据偏差值进行校正，从而更快、更准确地达到预定的数值。

（4）CPC1-04　CPC1-04 为海德堡印刷机的另一种新型墨量及套准遥控系统，可以完全取代原先 CPC1-02 和 CPC1-03 装置，并兼容了其所有功能。这种控制系统的信息显示采用与 CP-Tronic 相同触摸屏显示器，而且操作和显示方式也与 CP-Tronic 类似，因而使 CPC 与 CP-Tronic 的系统联动控制更加简便。

CPC1-04 系统中功能也进一步丰富多样，信息以图像表示，与 CP-Tronic 系统相似，使印刷控制与故障诊断等操作更趋简洁，提高了工作效率。CPC1-04 系统整机套准遥控由一组单控制键操作，程序更加合理。

CPC1-04 墨区遥控伺服电机和印版滚筒套准电机的控制比以前也有了重大改进。印刷墨量分布值一经设定，可以同时控制 120 个墨区电机进行墨量控制，使机器上墨和水墨平衡所需的时间比以前缩短 50% 以上。与此同时，CPC1-04 能实时控制更多的套准用伺服电机，从而更大地减少换版和印刷工作准备时间。与印版阅读器 CPC31 或印刷数据管理系统 CPC51 联用，CPC1-04 系统还可以对海德堡印刷机的上光单元进行精确的套准控制。

2. CPC2 印刷质量控制装置

CPC2 印刷质量控制装置是一种利用印刷质量控制条来确定印刷品质量的测量装置。印刷质量控制条可以放置在印刷品的前口或拖梢处，也可以放置在两侧。CPC2 可以和多台印刷机或 CPC1-03 相连，测量值可以用数据传输线输送到多达 7 台的 CPC1-03 控制台或 CPC 终端设备。若配备有打印终端，就可以将资料打印出来；若与 CPC1-03 联机，则可以直接将测量数据传输到 CPC1-03 上进行控制，从而缩短了更换印刷作业所需要的时间，并减少了调机时的废品。在印刷中通过计算机把实际的光密度值转换成控制给墨量的输入数据来保证高度稳定的印刷质量。

CPC2-S 是用色度测量代替原 CPC2 的密度测量。CPC2-S 能进行光谱测量和分光光度鉴定，而且能够根据 CPC 测量条的灰色、实地、网目和重叠区计算出 CPC1 装置的油墨控制值。印刷前可测量样张或原稿的测量条，在印刷过程中可测量印品的质量控制条，并可将从原稿所测量的 6 种颜色直接转为专色。它与 CPC1 结合使用能够最大限度与样张接近或指导印刷。它也可以测量油墨光学密度。

CPC2 系统的推出和使用，可使印刷机对印张进行实测比较，从而使随机在线印刷品色彩控制成为可能；同时也使得对印刷图像的瑕疵区域、墨皮蹭脏或套印误差等进行精确检测成为可能。

3. CPC3 印版图像阅读装置

CPC3 印版图像阅读装置是一种通过测量印版上网点区域所占的百分比从而确定给墨量的装置，如图 12-28 所示。与 CPC1 对应，CPC3 也将图像分为若干个区域，测量时单独计算每个墨区的墨量。CPC3 可逐个在给墨区上感测印版上亲墨层所占面积的百分率。感测孔宽度 32.5mm，相当于计量墨辊有效宽度或海德堡印刷机墨斗上墨斗螺钉之间的距离。对最大图像部分，采用 2 个前后排列成一行的传感器，同时测量一个给墨区，每组传感器的测量面积为 32.5mm×32.5mm，每组传感器安装在一根测量杆上。根据需要，测量杆上的传感器可以同时工作，也可以让其中一部分工作。

CPC3 是专为海德堡各种尺寸规格的印版设计的，能够阅读所有标准商品型的印版（包括多层金属平版）。印版表面质量好坏直接影响测量的结果，印版的基本材料、涂层材料的涂胶越均匀，测量结果就越准确。

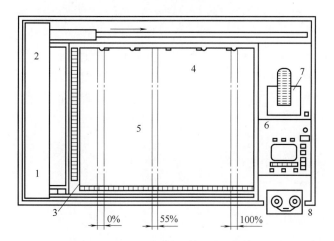 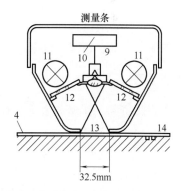

1—测量条；2—标准条；3—校准区；4—印版；5—图像区；6—操作台；7—打印记录；8—盒式磁带；
9—传感器；10—电子装置；11—光源；12—扩散的荧光屏；13—测量限制器（感测孔）；14—吸气槽。

图 12-28　CPC3 印版图像阅读装置

4. CPC4 套准控制装置

CPC4 是一个无电缆的红外遥控装置，是一个专门用来测量套准的控制器，可以用来测量纵、横两个方向的套准误差值，并能显示和存储测定结果。测量时把 CPC4 放在印品上，可以测出十字线套准误差并进行记录，然后再把 CPC4 装置置于 CPC1 控制台的控制板上方，按动按钮就可以通过红外传输方式将数据传送给 CPC1。再通过 CPC1 的遥控装置驱动步进电动机调整印版位置，完成必要的校正。

CPC42 是 CPC4 的升级和改进。在印刷准备工作期间或正式印刷过程中，CPC42 系统对每一印张的套准进行自动监测和控制，这样便大大地缩短了印刷准备工作时间，印刷操作人员则可以在生产过程中集中精力于质量管理。CPC42 能对海德堡平版印刷机进行全自动套准检测和修正，其套准控制精度达 ±0.01mm。

CPC4 除了可以对印张的纵向和横向套准进行检测之外，还可以对斜向即对角线方向的套准进行检测。当检测到对角线套准误差后，同样通过 CPC1-04 系统对印刷装置执行套准操作任务。

5. CPC5 数据管理系统

海德堡 CPC5 把数据控制与管理、印前、印刷和印后运作联系在一起。这个管理系统以数据网络为基础，它对生产计划、机器预置以及生产数据的获取等进行优化和自动化处理。CPC5 加快了作业准备时间和生产时间，同时加速了定单信息数据处理。

6. CP-Tronic 自动检测与控制系统

CP 窗（CP-Tronic）是海德堡印刷机在 CPC 控制系统的基础上配备的模块化、全数字化的集中控制、监测和诊断用的电子显示系统。

CP 窗使印刷机的所有功能全部数字化，例如水墨量预选值和实际值，并能重新存储或重新显示。CP 窗的核心是一组高容量的计算机，它运用密集的传感器和脉冲发生器网络提供信息和传输指令，在中央控制台等显示器上显示出与作业有关的全部信息，并在屏幕上显示错误，提示操作者进行修正。CP 窗使用数台高性能的计算机，全部集中在一个开关柜内，彼此之间以尽可能直接的方式相互通信，使控制系统与印刷机中传感器、制动器和电机网络密集地交互。

为了改进控制以及编入附加设定值的输墨、润版及涂布的顺序，CPC 和 CP 窗之间实现了在线连接。通过这种连接，操作人员可以通过 CP 窗控制台的操作完成由 CPC 和 CP 窗控制的涂布套准、各印刷机组油墨分布的自动传送、设定润湿液量、程控输入油墨量等功能。

扩展学习：

查阅资料，了解机器人技术在印刷生产中的应用。

本章习题：

1. 简述卷筒纸纸带张力控制的原理。
2. 采用 PLC 如何实现多色印刷机不同机组的压印？简述其原理。
3. 基于密度与色度的印品质量监控有何异同？为什么基于色度的测控更有效？
4. 简述海德堡 CPC 控制系统的组成及其作用。

第十三章 计算机集成印刷系统——数字化、集成化

随着信息技术的不断发展,印刷生产中图文信息和生产控制信息的数字化、集成化越发明显。

第一节 数字化工作流程

一、数字化工作流程的含义与特点

1. 数字化工作流程的含义

数字化工作流程是指通过计算机、网络技术,把印刷生产的各个工序与环节(包括印前、印刷、印后加工、过程控制等)集成在同一个系统中,把传统印刷流程中相互分离的模块利用数字信息技术连接在一起,形成一个相辅相成、不可分割的整体。

在数字化工作流程中,传统的作业单被数字工艺作业表取代,生产过程中的信息传递、过程控制、数码打样、直接制版、数字印刷等均是通过数字信息技术完成。这种方式不仅有效地提高了图文信息的完整性与准确性,还减少了工艺环节,缩短了处理时间,实现了高效、高质的印刷过程。

2. 数字化工作流程的特点

数字化工作流程是印刷制造业发展趋势的必然要求。一方面,现代印刷企业短版活件增多、活件复杂度提高、交货期变短、管理成本增加,这必然会使企业对设备进行优化,发挥最大的生产能力并缩短生产周期。另一方面,带有电子控制装置的印刷设备数量的不断增加,CTP、数字印刷、数码打样以及标准化文件格式的应用等,进一步促进了数字化工作流程的发展。

目前,数字化工作流程应用范围已由印前扩展到印刷和印后工作环节,应用逐渐普及。当前数字化印刷工作流程的应用及发展聚焦在三个方面:一是应用数字化工作流程来实现印刷产品的高品质,包括应用 CTP 技术确保印刷品质的提升;二是应用数字化工作流程实现印刷产品的高效率,提升"数据流、控制流、管理流、增值流"等四方面的效率;三是应用数字化工作流程实现印刷产品的高可靠性,即通过数字网络关联来优化与客户间的联系、依托色彩管理系统提升颜色复制的精确程度、应用数字化和标准化提升时间与成本的效益。

推广数字化工作流程的目的是将印前、印刷、印后工艺过程中的多种控制信息纳入计算机管理,用数字化控制信息流将整个印刷生产过程整合成一个紧密的系统,从而消除人为因素的影响,达到生产与管理的有机结合。

二、数字化工作流程的实现

1. 需要解决的关键问题

(1)网络化运行环境的搭建 网络化运行环境为数字化工作流程的实施提供了基础

平台。利用网络化运行环境实现各流程间、各设备间信息流的高速传递。

（2）设备间和流程间的数据交换格式的设计　数字化工作流程中用一个包含所有内容数据的数字文件来进行数据记录和交换，因此需要建立一种标准化业务数据交换格式。目前印刷企业常用的标准数据交换格式主要有 Adobe 公司开发的 PJTF（Portable Job Ticket Format）、CIP3/CIP4 分别推出的 PPF（Print Production Format）和 JDF（Job Definition Format）。其中 JDF 比 PJTF、PPF 等标准的覆盖范围更广，它涵盖了印刷作业从开始策划到最终成品交付之间的整个周期内所有过程使用的指令和参数。

（3）数字化生产环境的构建　数字化工作流程是一套系统工程，是和每个生产环节以及生产设备密切相关的，必须调整原来的生产工艺流程以适应和服从于数字化工作流程的要求。因此，企业应根据自身的技术基础、业务范围等综合因素来考虑，明确数字化实施的范围，合理购置设备和流程，构建合适的数字化生产环境。

（4）标准化规范的制定　要实施真正的数字化工作流程，就必须改变作业人员对经验的依赖，要用数据化的方式来进行生产控制和流程管理。因此，制定标准化的规范关系到整个印刷作业的过程控制，也关系到最后产品的质量。通常标准化规范数据应该包括各种设备、工艺流程的测试、校正、补偿、控制等信息。

2. 实现方法

从技术角度以及整个印刷生产过程来讲，印刷工业中的信息主要包括图文信息和生产控制信息。

图文信息流是印刷所要复制传播的对象，其质量的好坏直接关系到印刷复制的效果。图文信息的数字化包括文字、图形、图像的数字化。印刷时，图文信息大多以页面、版面的形式组织起来，所以数字化的页面描述是印前处理不可缺少的内容。页面描述语言的作用是对图文信息进行"集成"。PDF 格式以 PostScript 成像描述模型为基础，能够将文字、图形、图像、音频、视频信息集成为一体，可以根据不同需要形成不同类型的出版物，正逐渐成为主要的数字化页面描述格式，特别是在集成化数字流程相关的系统中已得到广泛应用。

控制信息流是使印刷产品正确生产加工所需要的必要控制信息。例如，印刷成品规格信息（版式、尺寸、加工方式、造型数据）、印刷加工所需要的质量控制信息（印刷机油墨控制数据、印后加工的控制数据等）、印刷任务的设备安排信息等。控制信息的数字化是伴随着数控技术的出现和发展而实现的。随着信息数字化程度的不断加深，生产控制信息流的数字化也在逐步发展。JDF 格式文件使生产过程有序，信息管理和回馈自动完成，能实现远程控制，从而保证印前、印刷和印后真正做到数字流程一体化。客户提供图文原稿、版式和制作要求，印刷单位接收任务后，根据印刷产品的基本特点和客户要求确定适宜的工艺路线和印刷、印后加工设备。印前处理阶段的进行与 PDF 工艺大致相同，整版拼大版后，有关印刷品折手、裁切装订、套准线等信息已经确定下来。这些信息将直接用于印后设备调控时使用，经过 RIP 解释处理后得到每一张印版的记录信息；除了用于在胶片和印版上记录外，这些信息还可以用于统计印刷机各油墨区的基础数据，从而省去了印版扫描的步骤。印后加工的数据在印前处理过程中已确定，只需将相关数据输入相应的印后设备的控制系统中即可，设备预调过程将大大缩短，印后设备能很快进入工作状态，得到最终的成品。

三、基于 CIP3/CIP4 的油墨预置

随着 CIP3/CIP4 相关标准及数字化工作流程的推广，国内外著名厂商纷纷推出各种数字化工作流程应用系统，例如柯达公司的印能捷、网屏公司的汇智、海德堡公司的印通等。在这些系统中，油墨预置是其中一项典型的功能。

（一）CIP3/CIP4 相关标准

CIP3/CIP4 是一个由数十家国际著名的印前、印刷、印后厂家组成的国际合作组织，CIP3 现已改变为 CIP4，更明确地将"集成"的范围扩大到印前、印刷和印后的各个过程。

1. CIP3/PPF

CIP3（International Cooperation for Integration of Prepress，Press and Postpress）作为一个制定印刷业通用指令、规范或规格的组织，其制定的标准已在印刷业广泛应用。CIP3 意即计算机集成印前、印刷、印后，可将印前设备（如电脑、扫描仪、数字相机、照排机、直接制版机、数码打样机等）与印刷机及切纸机和折页机等通过数据交换方式连接起来，以数据代替原有的经验，以数据管理印刷过程，实现数据化、规范化管理，达到优质、高产、低成本。

CIP3 把整个印刷过程流程化、自动化，以 PostScript 语言为基础，建立工作指令，生成印刷生产格式文件 PPF，来携带和传递工作指令。采用 CIP3 制定的工作规范和指令，可以避免不同设备商、不同产品在印刷过程中各自为政、无法兼容的状况。PPF 文件格式涉及和处理的数据对整个印刷生产过程中使用到的技术参数的设定、计划安排以及相关的生产管理是非常必要的。通过采用统一的、与设备制造商无关的格式来组织数据（表 13-1），数据可以从一个工艺步骤传送到下一个工艺步骤，各工艺步骤各取所需，对印刷生产的过程进行控制，这就是 PPF 文件格式的优势所在。

表 13-1　　　　　　　　　　　　　　　PPF 文件内容

印前	印刷	印后
色彩管理描述信息	纸张构成	裁切参数
补漏白参数	油墨量的控制	折叠参数
文字、图像的管理	颜色质量控制	装订信息
版面描述	套准控制	……
拼大版	允许的误差	
数码打样信息	……	
……		

CIP3 的工艺流程如图 13-1 所示。在印前，CIP3 可用于实现文件的色彩管理、补漏白，进行字体、文稿、图像的管理、拼大版及生成 ICC 特性文件，以及用数码打样机打样。在印刷中，CIP3 在印刷机上可用于实现油墨量的控制、套准控制、颜色质量控制（颜色色度和密度测量）。在印后，通过传送裁切和装订的参数和信息，实现对印刷品的裁切控制和装订控制。

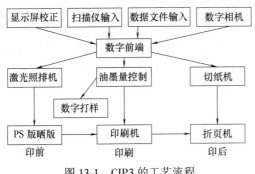

图 13-1 CIP3 的工艺流程

2. CIP4/JDF

PPF 文件格式能将印前的生产信息传送到印刷和印后各工序中，但也存在一定局限性，即印刷和印后设备虽然能得到生产信息，却得不到设备生产信息的反馈。基于该局限性，CIP3 和 JDF 合并组建了 CIP4 组织，并发布了 JDF 文件格式。该格式在 PPF 文件信息的基础上增加了过程信息、管理信息和远程控制信息。

CIP4（International Cooperation for Integration of Processes in Prepress, Press and Post-press）是在 CIP3 的 Prepress、Press、Postpress 基础上增加了 Data Processing（资料处理）。CIP4 组织基本上只是提供规范，本身不是软件、硬件的生产者。CIP4 把工作单改成 JDF 文档方式，把工件客户、名称规格、需求及特殊要求、注意事项，甚至 Lab 色彩值要求以及印后加工参数也包括进来了。如果各个墨区网点面积率完成后，也可以一并储存入 JDF 工作文档。JDF 文档改用 XML 可扩充性语言，比 CIP3 使用的 Postscript 语言能描述更多的新工作指示及规定。

CIP4/JDF 是一个数字化印刷生产过程的综合解决方案，其优点在于，它以一种数字化工作传票的形式记录印刷生产任务、各个工作过程的信息，为生产过程中各设备控制提供信息，如图 13-2 所示。

JDF 文件中描述的主要内容包括：

① 印前处理信息，包括图像色彩管理文件、补漏白、数码打样、拼大版、网点扩大补偿等。

② 印刷油墨预设、图像颜色控制、套准控制以及印张（单双面印刷、单张或卷筒纸）信息等。

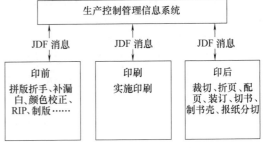

图 13-2 CIP4/JDF 工作流程

③ 印后加工工艺数据，包括模切、压痕、折页、装订方式等工艺参数信息。

④ 电子商务系统与客户实时联系的信息。客户对印刷产品的意见可以及时反馈到印刷生产中，方便客户对产品质量监督。

⑤ 信息管理系统对印刷活件进行的管理和流程安排。用于保证印刷生产的高效实施。另外，JDF 作业还包括印刷成本核算、各活件之间的网络传输数据等。

JDF 文件格式实现了信息的双向性、可跟踪性，实现了生产数据对工艺流程和设备的数字化控制，从而使生产过程更加有序、信息管理和反馈更加自动化，但同时也对相关各单位内部、单位之间的网络化提出了每个节点信息可跟踪的要求。JDF 是可把印刷任务当成一个要经过许多生产过程的活件，JDF 作业工单在水平方向上控制 JDF 印刷工作流程，JDF 的作业通信格式 JMF（Job Messaging Format）作用于垂直方向，各种状态数据和财务数据在管理信息系统和生产系统之间移动，如图 13-3 所示。

扩展学习:

查阅相关资料,了解 PostScript 语言与 XML 语言在数字化流程中有何作用。

图 13-3 JDF 的工作范围

(二)基于 CIP3/CIP4 的油墨预置技术

数字化工作流程可将印前流程生成的 CIP3/CIP4 数据传输到印刷机台上,实现印刷版面在印刷机墨区的墨量预置。

油墨预置技术是印前和印刷数字化的产物,伴随着印刷数字化的推进,其技术也在不断地演进中。传统方式的油墨预置,通常是由印刷机操作人员通过观察印版和色稿,根据经验对印刷机墨键和转速进行控制,由此控制放墨量,以达到跟色的目的。开机前,根据印版或样张的图文分布状况,估计各个墨区的大致油墨量,作为墨量的预先设定值,开机后再根据印刷品的具体变化作进一步调整。显然,这种放墨方式比较粗略,精度因人的操作经验和主观认识不同而形成较大的差异。

基于 CIP3/CIP4 标准的油墨预置技术,利用 PPF 或 JDF 文件数据对印刷图文油墨量预先运算和修正,将数据置入印刷机,生成相对比较准确的墨键值来指导完成自动放墨。这样就使印前与印刷直接相连,构成完整的数据链和信息流,使印刷流程一体化。油墨预置系统整合了印前与印刷,使复制过程更加准确,同时提升了印刷色彩的稳定性和一致性,提高了效率,降低了浪费。

1. 油墨预置系统的构成

油墨预置是印刷机控制系统的重要组成部分,但又不全是印刷机的控制系统所能包含的。整个油墨预置系统由版面数据导出系统、墨钉数据运算和修正系统、墨钉执行系统三部分组成。其中,印前数据导出系统由用户的印前输出系统生成,其格式需服从和服务于墨钉数据运算和修正系统的要求。墨钉数据运算和修正系统一般是印刷机控制部分的一个子模块,多数与生产方式相关联,也有单独的软件,如华彩、华光系统等,用于将版面信息根据墨钉的间距和版面布局,计算出各个墨钉对应的油墨覆盖率,再通过修正系统得出墨钉的实际预置值,形成相应的墨钉执行系统所需要的格式文件。墨钉执行系统实际上就是具有数据接收能力的数字化油墨遥控系统,接收数据后对墨钉进行预先的调整。

2. 油墨预置系统的配置

(1)文件转换模块(Ink-setter Converter) 该模块通过计算,从 RIP 产生的文件中得到油墨覆盖率信息。输入的文件格式可以是标准的 CIP3/CIP4 格式,也可以是标准的 1-bit TIFF 格式,甚至也可以是各个 RIP 自己特殊的格式。文件转换模块所能接收的格式还包括 Agfa Apogee PDF RIP, Nexus Artwork, Heidelberg Delta RIP, Kodak Prinergy, Screen True Flow 等。

(2)油墨预置模块(Ink-setter Preset) 该模块接收来自 Converter 模块的信息,把墨键放墨量信息发送到印刷机机台,完成油墨预置的动作。该模块的另外一项重要功能就是优化学习功能。因为墨键放墨信息来自电子文件,是标准的和理想的。而实际印刷机的状态可能千差万别,不同的材料也会对色彩有影响,因此初始放墨信息并不能反映印刷机当

215

前状态。通过印刷操作人员的手动调节，对初始设置进行修正并保存，Preset 模块可以根据保存的实际墨键设置，学习和了解印刷机当前状态，同时生成一条补偿曲线，并自动应用于下一个活件。这样的补偿曲线以材料类型分类，不同的纸张生成不同的曲线。

（3）闭环校正模块（Ink-setter Closed-Loop） 印刷机的状态总是在变化中的，同时影响印刷色彩的因素也不胜枚举，因此对印刷设备的标准化过程往往效率低下，成本高昂。该模块使用配套的扫描型分光密度计，在生产过程中，对印刷品的控制条进行扫描，计算出当前不同墨键区域墨量的实际密度值，反馈给系统。根据预先设定好的补偿规则，对颜色进行修正，并将修正后的墨键信息自动发送到印刷机控制台，达到实时控制色彩的效果。

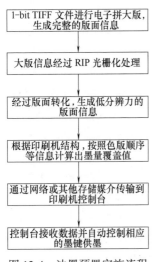

图 13-4　油墨预置实施流程

（4）硬件接口（Ink-setter Connector） 通过硬件接口，才能把墨键信息从预置模块所在的电脑传输到印刷机控制台。不同品牌的印刷机所使用的接口也不尽相同。

3. 油墨预置的具体流程

基于 CIP3/CIP4 标准的油墨预置技术通过分析经过 RIP 分色加网的输出文件，例如 1-bit TIFF，依据印刷机的结构、墨键数量、色版顺序对该版面信息进行分区，计算出各个区域对应的单色的网点覆盖面积率，再根据网点覆盖面积率和墨刀开度之间的关系得出油墨预置量。接着由 CIP3/CIP4 解释器解释生成油墨预置数据，经过油墨预置软件修正后，生成油墨预置文件，并通过数据交换机传输到印刷机控制台进行墨量预置，具体实施过程如图 13-4 所示。

第二节　计算机集成印刷系统

计算机集成印刷系统（CIPPS）是在提高单元制造设备数字化和智能化的基础上，通过网络技术将分散的印刷制造单元互联，并利用智能化技术及计算机软件，使互联后的印刷生产系统、管理系统集成优化，形成适用于小批量、多品种和交货期紧的柔性、敏捷、透明和高效的印刷制造系统。

一、CIPPS 的提出

随着印刷品消费的个性化，小批量多品种的印品生产需求骤增，同时，社会生活和经济活动节奏的加快使得印刷品交货期越来越短。传统印刷制造系统在降低制造成本、提高生产效率和高效化管理等方面面临巨大挑战。因此，印刷制造系统的柔性、敏捷、透明和高效成为急需解决的关键问题。

（1）柔性　要尽可能地缩短印刷制造系统从一个作业转换到另一个作业的时间，转换时间越短，则印刷制造系统越柔性。

（2）敏捷　要尽可能地缩短印刷制造系统响应客户印刷品生产需求的时间，响应时间越短，则印刷制造系统越敏捷。

（3）透明　在生产过程中，生产的管理者与操作者能够即时地获得印刷制造系统的生产情况，客户能够即时地获取其委托印品当前所处的生产状态。

（4）高效 在印刷品生产管理过程中，要使物流、信息流和资金流在透明的生产系统中高效协调地运转、使得生产和管理成本降低、生产效率提高。

在当前传统印刷制造系统中，技术信息流与管理信息流分别处于生产系统和管理系统中，两者独立分开，形成两大"信息孤岛"。信息孤岛间的信息交流需要信息编码格式转换与多重传递来实现，这样导致了信息传递效率低下和信息衰减，降低了生产效率，并提高了生产与管理成本。这种现象在小批量的短版印品生产过程中更为凸显。传统印刷制造系统中信息编码格式多样化，是典型的异构系统。为实现信息编码格式的统一，CIP4 组织提出基于 XML 的、统一的、与设备无关的、包含生产全过程的数据格式 JDF。由于生产管理信息、商业管理信息和生产控制信息都使用 JDF 数据格式编码，使得印刷制造系统内设备通信接口标准化。在新的管理模式及计算机集成制造（CIM）哲学的指导下，综合应用优化理论、信息技术，部门内部以至部门之间孤立的、局部的"自动化岛"通过计算机网络及其分布式数据库有机地被"集成"起来，构成一个完整的有机系统，即 CIPPS。

CIPPS 强调生产系统与管理系统的高度集成，体现了 CIM 中的系统观点和信息观点。

（1）系统观点 一个印刷制造企业的全部生产经营活动，从订单管理、产品设计、工艺规划、印刷加工、经营管理到售后服务是一个不可分割的整体，要全面统一地加以考虑。

（2）信息观点 整个印品加工过程实质上是一个信息的采集、传送和处理决策的过程，最终形成的印刷品可以看作是数据、控制信息和图文信息的物质表现。

CIPPS 最终实现物流、信息流、资金流的集成和优化运行，达到人、组织、管理、经营和技术各要素的集成，以缩短企业的作业响应时间，提高产品质量，降低成本，改善服务，有益于环保，从而提高企业的市场应变能力和竞争能力。

二、CIPPS 的功能

1. CIPPS 的功能

CIPPS 是 CIM 理论在印刷制造系统中进一步应用的结果。目前，CIPPS 存在两种类型的集成模式，即以 MIS（管理信息系统）为中心的 CIPPS 和以 JDF 为中心的 CIPPS，功能模型如图 13-5 所示。

图 13-5（a）中，CIPPS 以 MIS 为核心，订单系统、印前系统、印刷系统和印后加工系统在生产过程中根据生产管理与 MIS 进行 JDF 数据通信。在此 CIPPS 中，MIS 扮演管理者角色，其他 4 个子系统扮演操作者角色。

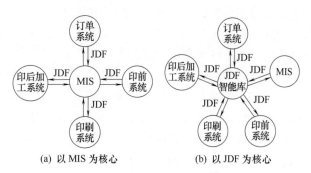

(a) 以 MIS 为核心　　(b) 以 JDF 为核心

图 13-5 CIPPS 的功能模型

图 13-5（b）中，"JDF 智能库"是一个管理 JDF 数据的智能数据库，能够智能分析

印刷制造系统中作业的生产状态与设备状态，在合适的时间和合适的设备单元进行 JDF 通信，从而实现对印刷制造系统的控制。

CIPPS 描述的是一种理想的印刷制造系统，系统实现的过程大致可以分为三个层次（阶段），即信息集成、过程集成和企业集成。

（1）信息集成　各印刷制造单元在实现自动化的基础上具有统一的信息编码格式，借助网络技术、信息技术和应用软件等实现自动化孤岛互联。信息集成是 CIPPS 实现的最低层次，是过程集成和企业集成的基础。

（2）过程集成　印刷制造系统在实现信息集成的基础上，通过优化传统印刷制造系统中的流程与工艺，并利用智能技术实现系统内数据和资源的高效实时共享，最终实现印刷制造系统内不同过程的高效交互和协同工作。

（3）企业集成　印刷制造系统在实现过程集成的基础上为提高自身市场竞争力，通过企业间信息共享与集成构建"虚拟企业联盟"或"动态企业联盟"，从而充分利用全球制造资源，以便更好、更快、更节省地响应市场。过程集成强调企业内部系统的集成，企业集成则强调企业间不同系统的集成。

2. CIPPS 的关键使能技术

CIPPS 集成了印刷生产系统和管理系统，其实现过程中不仅面临大量的技术难题，还面临管理难题。从技术方面看，在三个不同的集成阶段，需要解决的关键使能技术各有不同。根据当前我国印刷工业的发展现状，目前重点在于信息集成和过程集成阶段。

在信息集成阶段，需要解决的关键使能技术有以下两方面：

（1）信息标准化及其接口实现　目前，印刷设备的信息标准化集中于基于 XML 的 JDF 数据标准。当前 JDF 已逐渐成为行业标准，因此在信息标准化及其接口实现时，需要首先解决基于 JDF 数据标准的设备接口的研发和针对不同设备功能的 JDF 数据编辑器的研发。

（2）JDF 数据库实现与工厂网络化的互联　要实现印刷制造系统中各自动化单元的互联，实现信息高效实时共享，首先需要建立 JDF 数据库。JDF 基于 XML，如何在数据库中实现高效的 JDF 数据管理是基本问题。在实现 JDF 数据库的基础上，可利用网络通信技术，实现具备 JDF 数据传输和 JMF 即时消息通信能力的设备互联网络。

在过程集成阶段，需要解决的关键使能技术有以下两方面：

（1）CIPPS 建模与集成策略　对印刷制造系统内各单元进行集成，首先需要合适的策略来指导系统内信息和资源的共享与集成，然后对印刷制造系统进行过程建模，在建模的基础上进行相应流程控制软件的研发来支持印刷制造系统的集成。

（2）CIPPS 过程优化理论　对印刷制造系统内的单元设备进行集成，一般需要通过对原有的流程进行优化或再造，这样才能够在信息集成的基础上充分发挥设备单元的潜力，使得集成后的印刷制造系统实现最大目标价值。例如，可对印刷工序进行优化再造，实现计算机辅助工艺规划，从而提高工艺规划的效率，也可提高整个系统的生产效率。

CIPPS 的实现是一个系统工程，需要设备、技术和管理的协调发展。当前 CIPPS 正在印刷数字化技术的推动下开始起步，未来随着科技的不断发展，CIPPS 的具体形态将会逐渐清晰起来。另外，物联网技术在系统运行、跟踪与集成方面有着独特优势，其对 CIPPS 的信息集成、过程集成和企业集成都会有不同程度的推动作用。因此物联网技术的研究也将是一个值得注意的研究领域。

扩展学习：

了解什么是物联网？物联网技术可能对印刷生产起什么作用？

本章习题：

1. 什么是数字化工作流程？简述数字化工作流程的实现过程。
2. 简述 CIP3/CIP4 中油墨预置的具体流程。
3. 简述 JDF 在计算机集成印刷系统中的作用。

附录 中英文名词对照表

（按中文拼音排序）

凹版印刷　Intaglio Printing

凹版印刷机　Intaglio Press，Photogravure Press

比例积分微分控制　Proportional-Integral-Differential Control，PID Control

闭环　Closed-Loop

编码器　Encoder

变频器　Frequency Converter

步进电动机　Stepping Motor

侧规　Side Lay，Lateral Register

齿轮　Gear

传感器　Sensor

传墨辊　Ink Transfer Roller，Doctor Roller

传水辊　Dampening Distributor

传纸滚筒　Transfer Cylinder

传纸系统　Conveying Unit

串墨辊　Ink Vibrator，Vibrating Roller

串水辊　Dampening Vibrator Roller

伺服电动机　Servo-Motor

单张纸胶印机　Sheet-Fed Offset Press

单张纸印刷机　Sheet-Fed Press

刀式折页辊　Knife Folding Drum

刀式折页机　Knife Folder，Knife Folding Machine

导纸辊　Sheet Guide Roller

递纸牙　Transfer Gripper

递纸装置　Transfer Device

电路符号　Circuit Symbol

电路图　Circuit Diagram

电路元件　Circuit Element

叼纸牙　Gripper

调墨旋钮　Fountain Adjusting Screw

定时器　Timer

定位　Alignment，Position，Register

断路器　Circuit Breaker

发电机　Generator

翻转滚筒　Tumble Cylinder

反馈系统　Feedback System

飞达　Sheet Feeder

分纸吸嘴　Separating Sucker

复卷　Rewinding Unit

复卷装置　Rewinding Device

覆膜　Laminating，Lamination

干燥系统　Drying System

给纸台　Feeder Pile

给纸装置　Feeder

供墨　Ink Supply

供水　Dampening

固化干燥　Curing

刮墨刀　Doctor Blade

光源　Light Source

光栅图像处理器　Raster Image Processor，RIP

规矩部件　Gage Pin，Feed Gauge，Feed Guide

滚筒　Cylinder

滚筒包衬　Cylinder Packing，Cylinder Set-up

机器人技术　Robot Technology

计数器　Counter

计算机集成印刷系统　Computer Integrated Printing Production System，CIPPS

计算机印刷控制　Computer Printing Control，CPC

计算机直接制版　Computer to Plate，CTP

减速装置　Decelerating Device

胶印　Offset

胶印机　Offset Press

精装　Case Bound，Edition Bound

静电成像数字印刷机　Electrophotography Digital Printing Press

静电复印　Electrostatic Copying

静电印刷　Xerographic Printing

卷筒纸　Rolling Up Paper

卷筒纸印刷机　Web Press

开关　Switch

可编程逻辑控制器　Programmable Logic Controller，PLC

孔版印刷　Screen Process Printing，Stencil Printing

控制器　Controller

控制系统　Control System

冷却辊　Chill Roll

离合压部件　Engagement and Disengagement

连续给纸装置　Continuous Feeder

链轮　Sprocket

链条　Chain

轮转印刷机　Rotary Press

密度测量　Densitometry

密度计　Densitometer

模切　Embossing, Die Cutting

墨斗　Ink Fountain

墨斗辊　Duct Roller

木活字　Wooden Type

泥活字　Clay Type

配页　Collating

配页机　Collator

喷粉装置　Powder Sprayer

喷墨印刷　Ink Jet Printing

平版印刷　Planographic Printing

平压平印刷机　Platen Press

骑马订　Saddle-Wire Binding, Pamphlet Binding

气泵　Air Pump

前规　Front Lay

潜影　Latent Image

切纸机　Cutter

柔性版　Plastic Type

柔性版印刷　Flexography

柔性版印刷机　Flexography Press

润湿系统　Dampening System

润湿装置　Dampening Unit, Dampening Device

三相异步电动机　Three-phase Asynchronous Motor

色度测量　Colorimetry

上光　Varnishing

上光装置　Varnish Unit

收纸　Sheet Delivery

收纸滚筒　Delivery Cylinder

收纸台　Deliver Table, Delivery Board

收纸系统　Delivery System

收纸装置　Delivery Unit

书贴　Signature

输墨装置　Inking Unit, Inking System

输纸板　Feeder Board

输纸头　Sheet Feeder

输纸装置　Feeding Unit

数字化工作流程　Digital Workflow

数字印刷　Digital Printing

水斗辊　Dampening Fountain Roller

丝网印刷　Stencil Printing，Screen Printing

丝网印刷机　Screen Printing Press

烫金　Stamping

套准　Register

梯形图　Ladder Diagram

铁丝订　Stitching

凸版印刷　Relief Printing，Letterpress Printing

凸轮机构　Cam Mechanism

网纹辊　Anilox Roller

网穴尺寸　Cell Size

无线胶订　Perfect Binding

无轴传动　Shaftless Drive

物联网　Internet of Things，IoT

吸嘴　Sucker

显影机　Processor，Developer

橡皮布　Blanket

橡皮滚筒　Blanket Cylinder

压电陶瓷　Piezoelectric Ceramics，Piezoceramics

压痕　Scoring

压印滚筒　Impression Cylinder，Pressure Cylinder

咬纸牙　Gripper

印版　Plate

印版滚筒　Plate Cylinder

印刷机　Press

印刷装置　Printing Unit

油墨　Ink

圆压圆印刷机　Cylinder Press

匀墨　Ink Distribution

匀墨辊　Ink Distributing Roller

照排机　Phototype Machine

折页　Folding

折页滚筒　Folding Cylinder

折页机　Folder

折页装置　Folding Device

着墨　Inking-Up

着墨辊　Inking Roller

着水　Dampening-Up

着水辊　Dampening Roller，Dampener

直流电动机　Continuous Current Motor，Direct-Current Motor

纸带　Web，Paper Tape

纸张　Paper

纸张定位装置　Sheet Registration Device

制版　Platemaking

制动　Brake

装订　Binding

桌面出版　Desktop Publishing，DTP

紫外干燥　UV Curable

紫外上光　UV Coating

参 考 文 献

[1] 陈虹，赵志强. 图解单张纸胶印设备［M］. 北京：文化发展出版社，2019.

[2] 辛智青，胡堃. 印刷制造原理与技术［M］. 北京：文化发展出版社，2019.

[3] 肖维荣，齐蓉. 装备自动化工程设计与实践［M］. 北京：机械工业出版社，2019.

[4] 武秋敏，武吉梅. 印刷设备［M］. 北京：中国轻工业出版社，2018.

[5] 成刚虎. 印刷机械：第2版［M］. 北京：文化发展出版社，2018.

[6] 王浔. 机电设备电气控制技术［M］. 北京：北京理工大学出版社，2018.

[7] 王世玉. 印刷机结构与调节［M］. 北京：化学工业出版社，2017.

[8] 张改梅. 包装印后加工［M］. 北京：文化发展出版社，2016.

[9] 唐万有. 印后加工技术：第2版［M］. 北京：中国轻工业出版社，2016.

[10] 刘筱霞，陈永常. 数字印刷技术［M］. 北京：化学工业出版社，2016.

[11] 潘杰，金文堂. 印刷机结构与调节［M］. 北京：化学工业出版社，2016.

[12] 潘光华. 印刷设备：第2版［M］. 北京：中国轻工业出版社，2015.

[13] 施向东，蔡吉飞. 印刷设备管理与维护［M］. 北京：印刷工业出版社，2015.

[14] 王建平，朱程辉. 电气控制与PLC［M］. 北京：机械工业出版社，2015.

[15] 姚海根，孔玲君，徐东. 喷墨印刷［M］. 北京：印刷工业出版社，2011.

[16] 刘全香. 数字印刷技术及应用［M］. 北京：印刷工业出版社，2011.

[17] 魏先福. 印刷原理与工艺［M］. 北京：中国轻工业出版社，2011.

[18] 何晓辉. 印刷质量检测与控制［M］. 北京：中国轻工业出版社，2011.

[19] 程常现. 当代印刷专业英语［M］. 北京：印刷工业出版社，2010.

[20] 陈虹. 印刷设备概论［M］. 北京：中国轻工业出版社，2010.

[21] 孙玉秋. 机电系统综合课程设计指导［M］. 北京：印刷工业出版社，2010.

[22] 杨皋. 印刷设备电路与控制［M］. 北京：化学工业出版社，2010.

[23] 周世生，罗如柏. 印刷数字化与JDF技术［M］. 北京：印刷工业出版社，2008.

[24] 张选生，施向东. 印后加工工艺与设备［M］. 北京：印刷工业出版社，2007.

[25] 孙玉秋. 印刷过程自动化［M］. 北京：印刷工业出版社，2007.

[26] 孙玉秋. 印刷机电气自动控制［M］. 北京：中国轻工业出版社，2007.

[27] 王淑华，朱松林. 现代凹版印刷机使用与调节［M］. 北京：化学工业出版社，2007.

[28] 陈虹. 现代印刷机械原理与设计［M］. 北京：中国轻工业出版社，2007.

[29] 钱军浩. 印刷设备电气控制［M］. 北京：化学工业出版社，2006.

[30] 张海燕. 印刷机设计［M］. 北京：印刷工业出版社，2006.

[31] 王淑华，许鑫. 印刷机结构原理与故障排除［M］. 北京：化学工业出版社，2004.

[32] 冯瑞乾. 印刷概论［M］. 北京：印刷工业出版社，2004

[33] 谢普南. 印刷设备［M］. 北京：印刷工业出版社，2003.